# Praxishandbuch Stammdaten in der diskreten Fertigung mit SAP S/4HANA®

Roy Wendler

## Willkommen bei Espresso Tutorials!

Unser Ziel ist es, SAP-Wissen wie einen Espresso zu servieren: Auf das Wesentliche verdichtete Informationen anstelle langatmiger Kompendien – für ein effektives Lernen an konkreten Fallbeispielen. Viele unserer Bücher enthalten zusätzlich Videos, mit denen Sie Schritt für Schritt die vermittelten Inhalte nachvollziehen können. Besuchen Sie unseren YouTube-Kanal mit einer umfangreichen Auswahl frei zugänglicher Videos: *https://www.youtube.com/user/EspressoTutorials*.

Kennen Sie schon unser Forum? Hier erhalten Sie stets aktuelle Informationen zu Entwicklungen der SAP-Software, Hilfe zu Ihren Fragen und die Gelegenheit, mit anderen Anwendern zu diskutieren:

*http://www.fico-forum.de*.

## Eine Auswahl weiterer Bücher von Espresso Tutorials:

- Björn Weber, Nikolaus Fankhauser:
  **Schnelleinstieg in die Produktionsprozesse (PP) in SAP® ERP und S/4HANA®** – 3., erweiterte Auflage
  *http://5387.espresso-tutorials.de*
- Paul-Werner Neiss:
  **Schnelleinstieg in SAP S/4HANA® EAM (Anlagenmanagement)**
  *http://5423.espresso-tutorials.de*
- Stefan Körner & Christina Dietrich:
  **SAP® Solution Manager – Testautomatisierung mit CBTA**
  *http://5123.espresso-tutorials.com*
- Ilka Dischinger:
  **Lohnbearbeitung mit SAP S/4HANA® – Einkaufs- und Produktionsprozess** *http://5649.espresso-tutorials.de*
- Paul-Werner Neiss:
  **Schnelleinstieg in die Chargenverwaltung für SAP S/4HANA®**
  *https://es-tu.de/aCwc*
- Muhamed Karalic, Winfried Würzer, Matthew Johnson, Holger Brandenburg:
  **Praxishandbuch Materialstammdaten in SAP S/4HANA®** – 2., erweiterte Auflage *https://es-tu.de/yKXq4p*

**Bibliografische Information der Deutschen Nationalbibliothek**
Die Deutsche Nationalbibliothek verzeichnet diese Publikation in der Deutschen Nationalbibliografie; detaillierte bibliografische Daten sind im Internet über https://portal.dnb.de abrufbar.

Roy Wendler
**Praxishandbuch Stammdaten in der diskreten Fertigung mit SAP S/4HANA®**

**ISBN:** 978-3-960122-74-6

**Lektorat:** Bernhard Edlmann

**Korrektorat:** Die Korrekturstube – Lektorat & Korrektorat

**Coverdesign:** Philip Esch

**Coverfoto:** iStockphoto.com | jesterlsv No. 153719710

**Satz & Layout:** Johann-Christian Hanke

1. Auflage 2024



**URL:** *www.espresso-tutorials.de*



**Feedback**:
Wir freuen uns über Fragen und Anmerkungen jeglicher Art. Bitte senden Sie diese an: *info@espresso-tutorials.com*.

# Inhaltsverzeichnis

# Vorwort

Korrekte Stammdaten sind ein zentrales Thema für jedes Unternehmen und die Grundvoraussetzung für eine effektive sowie effiziente Abbildung der Geschäftsprozesse im SAP-System. Vor allem im Bereich der Produktionsprozesse sind viele Stammdaten zu pflegen und zu verknüpfen, bevor der erste Fertigungsauftrag in Arbeit gegeben werden kann. Die daraus resultierende Komplexität kann Anwender mit (noch) wenig Erfahrung schnell verwirren und viele Fragen aufwerfen: Welche Einstellungen sind notwendig? Was wird wo eingestellt? Wie beeinflussen sich die Einstellungen gegenseitig? Welche Anforderungen lassen sich überhaupt umsetzen? Worauf können wir verzichten?

Es spielt keine Rolle, ob Sie vor der ersten SAP-Einführung stehen, ein Upgrade auf S/4HANA in Planung ist oder einfach »nur« das laufende System optimiert werden soll: Das vorliegende Buch liefert Ihnen in jedem Fall ein kompaktes Nachschlagewerk, mit dem Sie sich sowohl ein grundlegendes Verständnis über die Stammdaten in der diskreten Fertigung erarbeiten als auch Ihre bereits vorhandenen Kenntnisse vertiefen und neue Erkenntnisse hinzugewinnen.

## An wen sich dieses Buch richtet

Sofern Sie ein Interesse an Stammdaten im Produktionsbereich haben, sind Sie hier richtig. Durch das Buch dürfen sich externe und interne SAP-Berater angesprochen fühlen, die das SAP-Modul Production Planning and Control (SAP PP) verantworten, aber ebenso Endanwender aus der Produktionsplanung, der Arbeitsvorbereitung und der Fertigungssteuerung, die in ihrer täglichen Arbeit mit der Stammdatenpflege in Berührung kommen.

Primär wendet sich die Darstellung an fortgeschrittene Nutzer. Eine grundlegende Vertrautheit mit dem SAP-System (S/4HANA oder ERP) wird vorausgesetzt. Das Buch enthält keine Tutorials, wie die einzelnen Stammdaten grundsätzlich angelegt werden, sondern jeweils nur kurze Navigationshinweise.

Ein Verständnis der Organisationseinheiten und Prozesse in der Produktion ist ebenso von Vorteil, um die Ausführungen einzuordnen und zu verstehen.

## Was Sie in diesem Buch erwartet

Dieses Buch beschreibt die Stammdaten im Produktionsbereich auf Basis eines durchgehenden Komplexbeispiels. Anhand daraus abgeleiteter Anwendungsszenarien und kurzer Beispiele, die den Kontext illustrieren, erläutert es die einzelnen Einstellungen.

Des Weiteren beschränke ich mich auf die diskrete Fertigung. Serien- und Prozessfertigung sowie Variantenfertigung werden nicht behandelt. Auch die Disposition und Bedarfsplanung sind keine Themen des Buches. Zweifellos bestehen dennoch viele Schnittstellen zwischen der Fertigung und der Disposition. Sie kommen immer dann zur Sprache, wenn sich durch dispositive Einstellungen konkrete Auswirkungen auf die Fertigung ergeben (z. B. für die Materialbereitstellung der Komponenten).

## Aufbau des Buches

In Kapitel 1 werden Ihnen die wesentlichen Stammdaten in der diskreten Fertigung kurz vorgestellt und in einen generellen Zusammenhang gebracht. Die Kapitel 2 bis 7 widmen sich jeweils einem Bereich im Detail: Materialstamm, Stückliste, Arbeitsplatz, Arbeitsplan, Fertigungsversion und Fertigungshilfsmittel. Hierbei beschreibe ich die einzelnen Einstellungen der Reihenfolge nach. Wo es inhaltlich sinnvoll ist, stelle ich zugehörige Customizing-Einstellungen vor.

In Kapitel 8 erfahren Sie, wie die einzelnen Stammdaten im Fertigungsauftrag integriert werden. Des Weiteren erläutere ich die Auftragsart und das Fertigungssteuerungsprofil. Das Buch schließt mit einer kurzen Zusammenfassung in Kapitel 9.

In den Text sind Kästen eingefügt, um wichtige Informationen besonders hervorzuheben. Jeder Kasten ist zusätzlich mit einem Piktogramm versehen, das diesen genauer klassifiziert:

**Hinweis**

Hinweise bieten praktische Tipps zum Umgang mit dem jeweiligen Thema.

**Beispiel**

Beispiele dienen dazu, ein Thema besser zu illustrieren.

**! Achtung**

Warnungen weisen auf mögliche Fehlerquellen oder Stolpersteine im Zusammenhang mit einem Thema hin.

### Die Form der Anrede

Um den Lesefluss nicht zu beeinträchtigen, verwenden wir im vorliegenden Buch bei personenbezogenen Substantiven und Pronomen zwar nur die gewohnte männliche Sprachform, meinen aber gleichermaßen Personen weiblichen und diversen Geschlechts.

### Hinweis zum Urheberrecht

Sämtliche in diesem Buch abgedruckten Screenshots unterliegen dem Copyright der SAP SE. Alle Rechte an den Screenshots hält die SAP SE. Der Einfachheit halber haben wir im Rest des Buches darauf verzichtet, dies unter jedem Screenshot gesondert auszuweisen.

# 1 Überblick

**Stammdaten bilden das Rückgrat jeder Prozessumsetzung in SAP. Dabei spielt nicht nur die Aktualität der Stammdaten eine wichtige Rolle, sondern vor allem auch die Sinnhaftigkeit der Einstellungen in ihrer Gesamtheit, um alle benötigten Prozesse bestmöglich zu unterstützen.**

In SAP und vielen anderen Enterprise-Resource-Planning-Systemen (ERP-Systemen) unterscheidet man grundsätzlich zwischen Stammdaten und Bewegungsdaten.

*Stammdaten* sind Daten im System, die über einen längeren Zeitraum stabil, d. h. ohne Änderungen, bleiben. Sie beziehen sich i. d. R. auf ein Objekt im Geschäftsprozess, z. B. ein Material, einen Lieferanten, eine Stückliste.

*Bewegungs-* oder *Transaktionsdaten* hingegen beschreiben einen Geschäftsvorgang bzw. eine konkrete Aktion im Geschäftsprozess, wie z. B. Materialbewegungen oder Fertigungsauftragsrückmeldungen. Bewegungsdaten referenzieren dabei immer auf Stammdaten. Das heißt, aktuelle und korrekte Stammdaten sind eine wichtige Voraussetzung, um Bewegungsdaten überhaupt erzeugen zu können.

## 1.1 Fertigungsrelevante Stammdaten

In fertigenden Unternehmen ist die Produktion der zentrale wertschöpfende Prozess. Der Fertigungsauftrag bildet dabei die wertschöpfende Tätigkeit im System ab.

Um nur einen einzelnen Fertigungsauftrag umzusetzen, müssen Sie im Vorfeld diverse Stammdaten anlegen. Diese umfassen Materialstämme für das zu fertigende Produkt und für die eingehenden Komponenten, eine Stückliste und einen Arbeitsplan mit Arbeitsplätzen.

Nahezu jedes produzierende Unternehmen arbeitet unter dem Einfluss verschiedener dynamischer Rahmenbedingungen, z. B. mit Zwischenprodukten, die je nach Auslastung fremdbeschafft oder intern gefertigt werden, mit alternativen Fertigungsverfahren in Abhängigkeit von Rohstoffen oder Maschinenverfügbarkeit, mit variablem Ausschuss in Abhängigkeit vom Material oder von verschiedenen Automatisierungsgraden in der Fertigung. Diese wenigen Beispiele verdeutlichen bereits, wie komplex und unterschiedlich Fertigungsprozesse gestaltet sein können. Diese Komplexität lässt sich nur durch eine strukturierte und sinnvolle Ausgestaltung der Fertigungsstammdaten bewältigen.

Die folgende Aufzählung liefert eine Übersicht über die wichtigsten Fertigungsstammdaten, die in diesem Buch behandelt werden:

- *Materialstamm:* Für jedes Material im Unternehmen legen Sie einen Materialstamm an. Der Materialstamm beinhaltet alle relevanten Informationen zum Material aus verschiedenen organisatorischen Sichten (Einkauf, Disposition, Fertigung, Lagerhaltung etc.).
- *Stückliste:* Eine Stückliste beschreibt, welche Komponenten oder Baugruppen in welcher Menge zur Fertigung eines bestimmten Produkts benötigt werden. Sowohl Komponenten als auch Zielprodukt sind dabei als Materialstamm angelegt.
- *Arbeitsplatz:* Ein Arbeitsplatz ist ein Bereich in der Fertigung, an dem bestimmte Tätigkeiten ausgeführt werden. Arbeitsplätze werden im Arbeitsplan referenziert.
- *Arbeitsplan:* Ein Arbeitsplan beschreibt die Tätigkeiten, die zur Fertigung eines Materials durchzuführen sind.
- *Fertigungsversion:* Eine Fertigungsversion beschreibt eine (technologisch) gültige Kombination aus Stückliste und Arbeitsplan zur Herstellung eines Materials.
- *Fertigungshilfsmittel:* Ein Fertigungshilfsmittel ist ein Betriebsmittel, das für den Fertigungsprozess benötigt wird, aber nicht als Komponente oder Bauteil in das Produkt eingeht (z. B. Werkzeuge, Öle und Fette, Dokumente).

Abbildung 1.1 zeigt den Zusammenhang zwischen den genannten Stammdaten. Grundlage ist der Materialstamm. Sowohl Stückliste als auch Arbeitsplan beziehen sich auf ein konkretes Material (Kopfdaten). Zudem bezieht sich auch jede Stücklistenposition, die ein Material beinhaltet, auf den entsprechenden Materialstamm. Die einzelnen Vorgänge (Tätigkeiten) des Arbeitsplans sind jeweils einem Arbeitsplatz zugeordnet. Des Weiteren werden dem jeweiligen Vorgang im Arbeitsplan die dort benötigten Positionen der Stückliste und bei Bedarf etwaige Fertigungshilfsmittel zugeordnet.

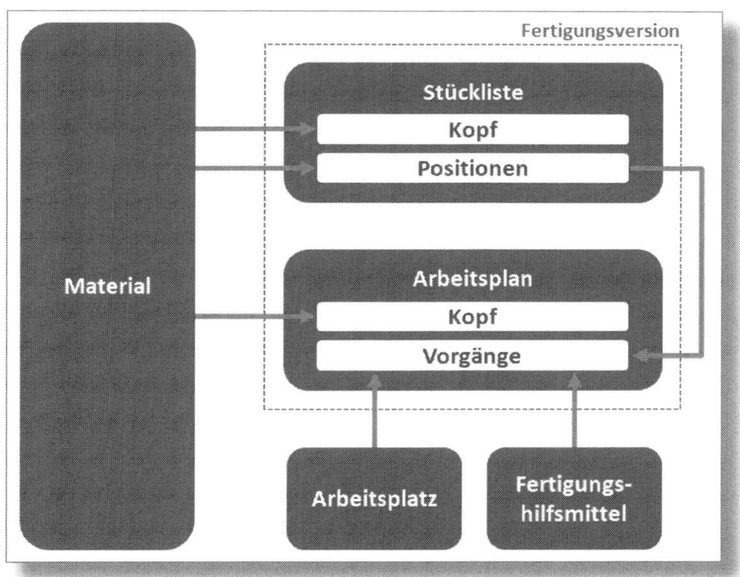


*Abbildung 1.1: Zusammenhang fertigungsrelevanter Stammdaten*

## 1.2 Schnittstellen zu weiteren Unternehmensbereichen

Die oben beschriebenen fertigungsrelevanten Stammdaten können nicht isoliert von anderen Unternehmensbereichen betrachtet werden. Wie bei nahezu allen Prozessen in einem Unternehmen gibt es auch in der Fertigung Schnittstellen zu weiteren logistischen und kaufmännischen Prozessen. Abbildung 1.2 fasst die wichtigsten Schnittstellen zu angrenzenden Unternehmensbereichen zusammen.

*Abbildung 1.2: Schnittstellen der Fertigung zu anderen Unternehmensbereichen*

Die Verbindung der Fertigung zur Produktionsplanung und Disposition ist naheliegend. Fertigungsaufträge werden nur im Ausnahmefall manuell erstellt (z. B. für Prototypen oder Nacharbeiten). In der Regel werden durch das Material-Requirements-Planning (MRP) Planaufträge zur Deckung von Kunden- oder Vorplanbedarfen erzeugt. Die Produktionsplanung setzt diese in konkrete Fertigungsaufträge um.

Des Weiteren ist die Disposition dafür verantwortlich, dass alle benötigten Komponenten für die Fertigung zum richtigen Zeitpunkt und in ausreichender Menge verfügbar sind. Die Kommissionierung und Bereitstellung am konkreten physischen Bedarfsort ist anschließend die Aufgabe der werksinternen Logistik zur Produktionsversorgung.

Die gefertigten Materialien unterliegen i. d. R. diversen Qualitätskriterien. Die Sicherstellung der Qualität kann durch fertigungsbegleitende

Prüfungen nach festgelegten Arbeitsschritten erfolgen. Auch am Ende der Fertigung, d. h. beim Wareneingang des Materials ins Lager, wird u. U. eine Qualitätsprüfung durchgeführt. Je nach Ergebnis und Anforderungen wird das Material ans Lager oder als Ausschuss gebucht, oder es schließen sich Nacharbeiten an.

Auch zum Einkauf existieren direkte Schnittstellen. Dieser ist nicht nur für die Beschaffung von Zukaufteilen oder Rohstoffen zuständig. Je nach Fertigungsstruktur sind Prozesse der Lohnbearbeitung erforderlich, die mit der internen Fertigung abgestimmt werden müssen. Die Auslagerung einzelner Vorgänge eines Arbeitsplans in Form einer verlängerten Werkbank beim Dienstleister ist ebenfalls möglich.

Das Controlling kommt ins Spiel, da Arbeitsplätze Kostenstellen zugeordnet sind und die einzelnen Tätigkeiten innerhalb des Arbeitsplans mit einem Tarif (Rüststunden, Maschinenstunden etc.) bewertet werden. Abgeschlossene Fertigungsaufträge werden abgerechnet und eventuelle Abweichungen ermittelt. Aus Stückliste und Arbeitsplan, dem sogenannten Mengengerüst, errechnet sich der Wert des gefertigten Materials.

## 1.3 Beispielszenario

Zum besseren Verständnis der Inhalte dieses Buches arbeite ich mit Screenshots und konkreten Beispielen. Um einen möglichst durchgängigen Bezug zu gewährleisten, orientiert sich das gesamte Buch an einem Komplexbeispiel mit mehreren Materialien, Stücklisten, Arbeitsplätzen und Arbeitsplänen. Bitte beachten Sie, dass es sich bei dem Szenario dennoch um eine Vereinfachung einer realen Produktionsumgebung ohne Anspruch auf Vollständigkeit und technische Richtigkeit handelt.

In unserem Beispielszenario bauen wir einen klassischen Wecker (siehe symbolisch Abbildung 1.3) in der Variante »Standard«, einer neu entwickelten Variante »Standard 2023« sowie einer »Luxusvariante« mit einem Gehäuse aus 925er Sterlingsilber.

*Abbildung 1.3: Wir bauen einen Wecker (Symbolbild)*

Die Stücklistenstruktur der Standardvariante mit allen beinhalteten Materialien ist in Abbildung 1.4 dargestellt. Die Zahlen in Klammern entsprechen der Komponentenmenge. Die abweichenden Varianten sind analog aufgebaut. Die meisten Darstellungen im vorliegenden Buch bedienen sich der Standardvariante. Sofern zur Illustrierung einzelner Sachverhalte andere Materialien genutzt werden, ist dies am jeweiligen Beispiel ersichtlich.

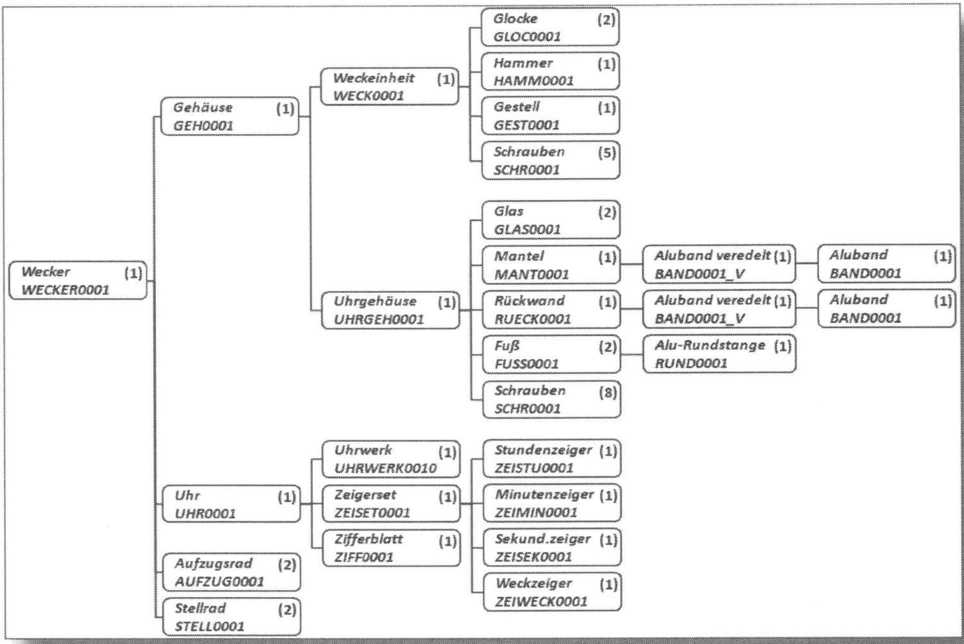

- Wecker (1) WECKER0001
  - Gehäuse (1) GEH0001
    - Weckeinheit (1) WECK0001
      - Glocke (2) GLOC0001
      - Hammer (1) HAMM0001
      - Gestell (1) GEST0001
      - Schrauben (5) SCHR0001
    - Uhrgehäuse (1) UHRGEH0001
      - Glas (2) GLAS0001
      - Mantel (1) MANT0001
        - Aluband veredelt (1) BAND0001_V
          - Aluband (1) BAND0001
      - Rückwand (1) RUECK0001
        - Aluband veredelt (1) BAND0001_V
          - Aluband (1) BAND0001
      - Fuß (2) FUSS0001
        - Alu-Rundstange (1) RUND0001
      - Schrauben (8) SCHR0001
  - Uhr (1) UHR0001
    - Uhrwerk (1) UHRWERK0010
    - Zeigerset (1) ZEISET0001
      - Stundenzeiger (1) ZEISTU0001
      - Minutenzeiger (1) ZEIMIN0001
      - Sekund.zeiger (1) ZEISEK0001
      - Weckzeiger (1) ZEIWECK0001
    - Zifferblatt (1) ZIFF0001
  - Aufzugsrad (2) AUFZUG0001
  - Stellrad (2) STELL0001

*Abbildung 1.4: Stückliste Komplexbeispiel – Standardvariante*

Zudem besteht unsere Fertigung und Montage aus neun unterschiedlichen Arbeitsplätzen, die in den Arbeitsplänen jeweils referenziert werden. Tabelle 1.1 fasst die wesentlichen Inhalte der Arbeitspläne der Standardvariante zusammen.

| Material | Arbeitsgänge | Arbeitsplatz |
|---|---|---|
| WECKER0001 (Wecker Standard) | Rückwand demontieren, Uhr einsetzen und justieren, Weckeinheit verbinden, Rückwand montieren, Aufzugs- und Stellräder montieren, Funktionstest | MONT_END (Endmontage) |
| GEH0001 (Gehäuse Standard) | Weckeinheit und Gehäuse verbinden | MONT_GEH (Gehäusemontage) |
| UHR0001 (Uhrenmodul Standard) | Gang Uhrwerk prüfen, Zifferblatt setzen, Zeiger setzen | MONT_UHR (Uhrenmontage) |
| WECK0001 (Weckeinheit Standard) | Weckeinheit vormontieren | MONT_GEH (Gehäusemontage) |
| UHRGEH0001 (Gehäuse Uhrenmodul Standard) | Füße verschrauben, Glas einpressen, Rückwand vormontieren | MONT_GEH (Gehäusemontage) |
| MANT0001 (Gehäusemantel Standard) | Aluband stanzen, entgraten, formen | STANZ_1 (Stanzmaschine 1, groß) |
| | schweißen | SCHWEISS (Schweißerei) |
| | polieren | POLIER (Poliererei) |
| RUECK0001 (Gehäuserückwand Standard) | Aluband stanzen, entgraten | STANZ_1 (Stanzmaschine 1, groß) |
| | polieren | POLIER (Poliererei) |
| FUSS0001 (Fuß Standard 5 mm) | Stangenmaterial abdrehen | DREH (Drehautomat) |
| | polieren | POLIER (Poliererei) |
| BAND0001_V (Band Al 300 mm veredelt) | Oberflächenreinigung, beizen, Zwischenbeschichtung, finale Beschichtung | GALVANIK (Galvanik) |

*Tabelle 1.1: Arbeitspläne des Komplexbeispiels – Standardvariante, Übersicht*

# 2 Materialstamm

**Der Materialstamm fasst die grundlegenden Einstellungen jedes Materials für alle betroffenen Organisationseinheiten und betriebswirtschaftlichen Prozesse zusammen. Für die Fertigung geben Sie im Materialstamm bereits viele Informationen an, auf die Sie später in Stückliste, Arbeitsplan und Fertigungsauftrag referenzieren.**

Produzierende Unternehmen arbeiten mit einer Vielzahl von Materialien. Als *Material* bezeichnet man hierbei nicht nur verkaufsfähige Produkte, sondern ebenso alle Baugruppen und Rohstoffe. Auch Hilfs- und Betriebsstoffe, Fertigungshilfsmittel oder Verpackungen werden als Material abgebildet.

Jedes Material wird in einem eindeutigen Datensatz im System abgespeichert. Diesen bezeichnet man als *Materialstamm*. Er beinhaltet mehrere betriebswirtschaftliche *Sichten* auf das Material, um die Anforderungen verschiedener Bereiche wie Einkauf, Vertrieb, Fertigung, Produktionsplanung oder Controlling strukturiert und konsistent abzulegen. Zudem werden die Angaben im Materialstamm nach *Organisationseinheiten* gegliedert. Damit pflegen Sie z. B. abweichende Einstellungen für ein und dasselbe Material, differenziert nach Werk oder Lagerort.

Einen neuen Materialstamm legen Sie über die Transaktion *MM01* an; vorhandene Materialstämme können Sie über die Transaktionen *MM02* und *MM03* ändern bzw. anzeigen (SAP MENÜ • LOGISTIK • MATERIALWIRTSCHAFT • MATERIALSTAMM • MATERIAL • ANLEGEN ALLGEMEIN • SOFORT/ÄNDERN • SOFORT/ANZEIGEN • ANZEIGEN AKT. STAND). Abbildung 2.1 zeigt einen Ausschnitt aus dem Materialstamm für unseren Wecker *WECKER0001*. Die ❶ Registerkarten repräsentieren die betriebswirtschaftlichen Sichten. Die ❷ aktuell ausgewählte Organisationseinheit wird im Kopfbereich angezeigt und kann über den Button OrgEbenen gewechselt werden.

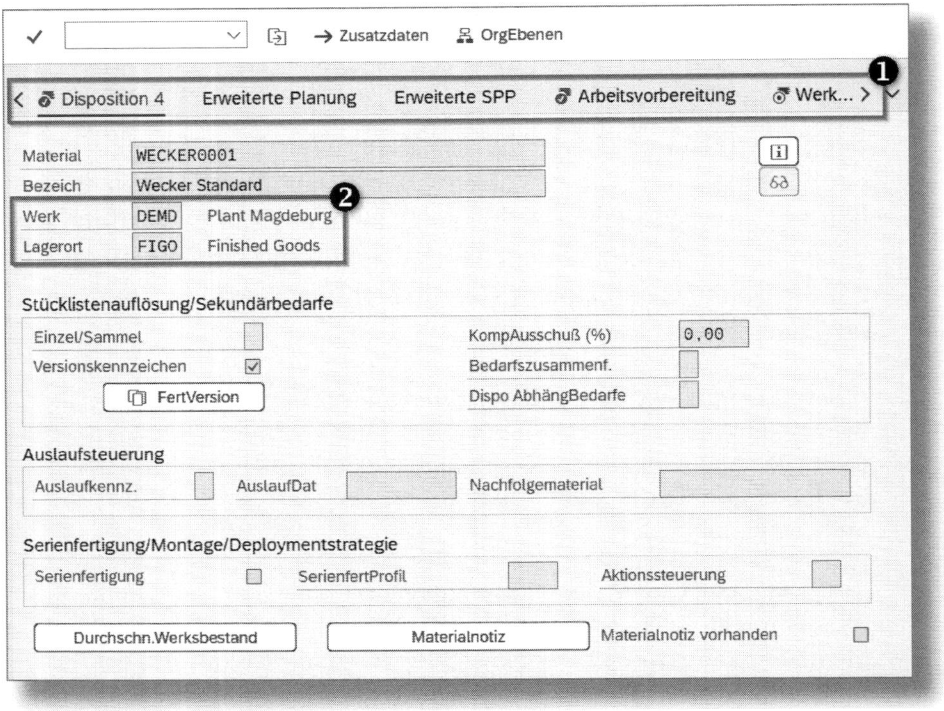

*Abbildung 2.1: Materialstamm – Ausschnitt*

Eine Gesamtdarstellung des Materialstamms würde den Rahmen dieses Buches bei Weitem sprengen. Im Folgenden werden deshalb zunächst nur wichtige Materialarten für die diskrete Fertigung vorgestellt. Anschließend erfolgt eine genauere Betrachtung der Sichten »Disposition 1« bis »Disposition 4« und »Arbeitsvorbereitung«. Hierbei gehe ich nur auf Felder ein, die direkt oder indirekt relevant für die Fertigung sind.

Für eine systematische Abhandlung des gesamten Materialstamms sei auf weiterführende Literatur wie z. B. »The SAP Material Master in SAP S/4HANA. A Practical Guide« (Johnson, 3. Aufl., Espresso Tutorials, 2023: *https://es-tu.de/ws3cga*) und »Praxishandbuch Materialstammdaten in SAP S/4HANA« (Karalic/Würzer/Johnson/Brandenburg, Espresso Tutorials, 2024: *https://es-tu.de/yKXq4p*) verwiesen.

## 2.1 Materialarten in der Fertigung

Da der Materialstamm für jedes Material im Unternehmen verwendet wird, ist eine Differenzierung verschiedener Arten von Materialien wichtig. Es ist schlicht unmöglich, Materialien wie z. B. einen Rohstoff für die Fertigung, ein verkaufsfähiges Produkt oder einen Schmierstoff gleichzubehandeln.

Eine der ersten und wichtigsten Angaben bei Anlage eines neuen Materials ist daher eine *Materialart*. Damit definieren Sie, für welchen betriebswirtschaftlichen Zweck das Material verwendet wird, und steuern, welche Sichten angelegt werden können. Die Materialart regelt außerdem, ob das Material intern (Fertigung) oder extern (Einkauf) beschafft werden kann, wie es bewertet und ob es mengenmäßig und/ oder wertmäßig fortgeschrieben wird. Die Materialart lässt sich nachträglich nicht ohne Weiteres ändern.

Abbildung 2.2 zeigt einen Ausschnitt aus dem Customizing der Materialart FERT (SPRO • LOGISTIK ALLGEMEIN • MATERIALSTAMM • GRUNDEINSTELLUNGEN • MATERIALARTEN • EIGENSCHAFTEN DER MATERIALARTEN FESTLEGEN). Im Bildbereich FACHBEREICHE sehen Sie z. B. die verfügbaren Sichten bei der Materialanlage.

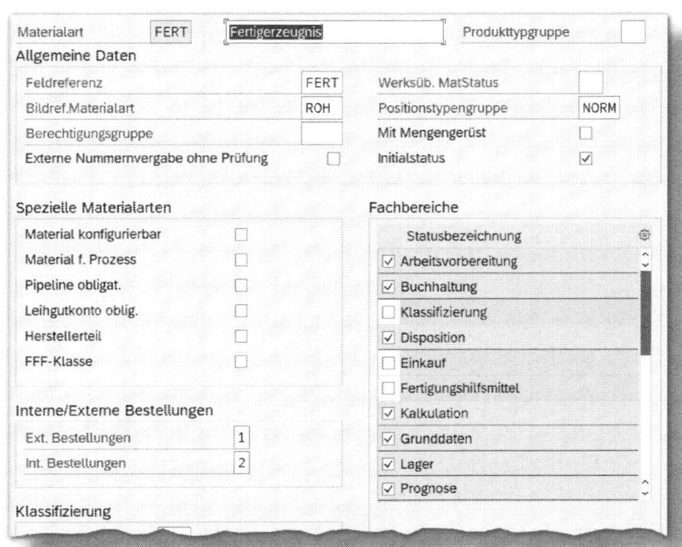


*Abbildung 2.2: Customizing der Materialart – Ausschnitt*

**! SAP-Standard-Materialarten nicht ändern**

Grundsätzlich ist zu empfehlen, dass Sie die SAP-Standard-Materialarten nicht abändern. Da der Materialstamm weitreichend in viele Prozesse eingreift, sind die Auswirkungen einer Änderung im Vorfeld nicht immer abzusehen. Die mitgelieferten Materialarten erfüllen oftmals nicht alle Anforderungen, deshalb sollten Sie sich im Customizing grundsätzlich eigene Materialarten als Kopie des Standards anlegen und Änderungen an diesen vornehmen.

Der SAP-Standard stellt bereits eine Reihe von Materialarten zur Verfügung, die jedoch nicht alle in der Fertigung Anwendung finden. Die folgende Aufzählung gibt Ihnen einen Überblick über die wichtigsten Materialarten in der diskreten Fertigung und deren Verwendung:

- FERT *(Fertigerzeugnis)*: Die Materialart FERT vergeben Sie i. d. R. an alle Endprodukte, die an Ihre Kunden verkauft werden. Die Materialien besitzen keine Einkaufssicht.
- HALB *(Halbfabrikat)*: Die Materialart HALB ordnen Sie allen Materialien zu, die während des Produktionsprozesses entstehen, aber keine Endprodukte sind. Normalerweise sind sämtliche Baugruppen und Zwischenprodukte Halbfabrikate. Sie können sowohl intern gefertigt als auch extern beschafft werden und sollten daher beide Beschaffungsarten zulassen.
- ROH *(Rohstoff)*: Die Materialart ROH erhalten alle Materialien, die Sie für die Produktion als Komponenten benötigen und ausschließlich extern beschaffen. Der Begriff »Rohstoff« ist dabei nicht im Sinne einer natürlichen Ressource zu verstehen, sondern als zugekaufter Grundstoff für die Produktion (für unseren Wecker z. B. Bleche, Gläser, Schrauben). Rohstoffe werden nicht intern gefertigt und können nicht verkauft werden.
- HIBE *(Hilfs-/Betriebsstoff)*: Materialien dieser Materialart werden für die Fertigung benötigt, gehen jedoch nicht als Komponenten in das Halbfabrikat oder Fertigerzeugnis ein (z. B. Öle, Chemikalien). Sie werden ausschließlich extern beschafft und nicht verkauft.

- FHMI *(Fertigungshilfsmittel)*: Ähnlich wie Hilfs- und Betriebsstoffe werden Fertigungshilfsmittel für die Fertigung benötigt, ohne als Komponenten in das Halbfabrikat oder Fertigerzeugnis einzugehen. Im Unterschied zu HIBE besitzen FHMI jedoch die Sicht »Fertigungshilfsmittel«, um sie Arbeitsplänen zuordnen zu können (vgl. Kapitel 7). Zudem sind sie intern und extern beschaffbar. Beispiele sind Werkzeuge, Vorrichtungen, Prüfmittel.
- VERP *(Verpackung)*: Die Materialart VERP nutzen Sie zur Anlage von Verpackungsmaterialien. Diese werden für die Lieferung von Produkten zu Kunden oder Lohnbearbeitern genutzt. Auch bei der innerbetrieblichen Logistik können Verpackungsmaterialien eingesetzt werden.

## 2.2 Disposition 1

Auf der Sicht DISPOSITION 1 legen Sie fest, ob und nach welchem Verfahren das Material disponiert wird und nach welchen Regeln Beschaffungsvorschläge erstellt werden. Die Eintragungen sind werksspezifisch, d. h., die Sicht muss für jedes zu disponierende Werk angelegt werden. Sie gliedert sich in die vier Bildbereiche ALLGEMEINE DATEN, DISPOVERFAHREN, LOSGRÖSSENVERFAHREN und DISPOSITIONSBEREICHE (siehe Abbildung 2.3).

Aus Sicht der Fertigung ist der Bildbereich ALLGEMEINE DATEN von geringerer Bedeutung. Einzig auf den werksspezifischen Materialstatus (WERKSSPEZ. MATSTATUS) lohnt ein genauerer Blick, sofern er gesetzt ist. Über dieses Feld können Sie dem Material einen allein für dieses Werk gültigen Status zuweisen, der sich vom werksübergreifenden Materialstatus (Sicht »Grunddaten 1«) unterscheidet. Damit ist es z. B. möglich, ein Material nur in einzelnen Werken als Auslaufmaterial zu kennzeichnen (vgl. Abschnitt 3.4.2).

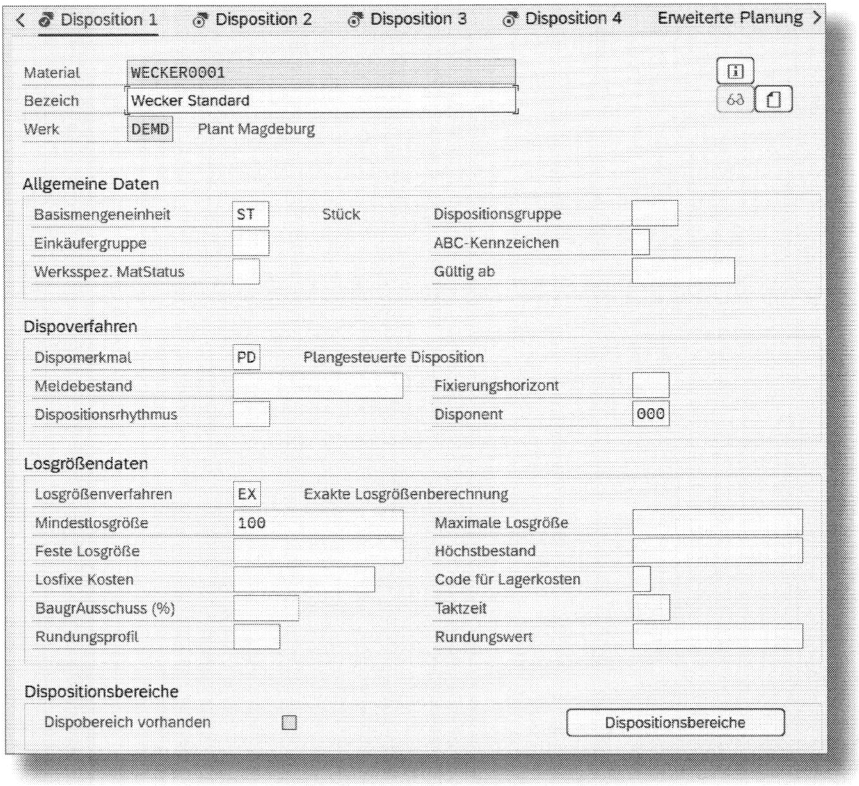

< Disposition 1 | Disposition 2 | Disposition 3 | Disposition 4 | Erweiterte Planung >

Material WECKER0001
Bezeich Wecker Standard
Werk DEMD Plant Magdeburg

Allgemeine Daten

Basismengeneinheit ST Stück
Dispositionsgruppe
Einkäufergruppe
ABC-Kennzeichen
Werksspez. MatStatus
Gültig ab

Dispoverfahren

Dispomerkmal PD Plangesteuerte Disposition
Meldebestand
Fixierungshorizont
Dispositionsrhythmus
Disponent 000

Losgrößendaten

Losgrößenverfahren EX Exakte Losgrößenberechnung
Mindestlosgröße 100
Maximale Losgröße
Feste Losgröße
Höchstbestand
Losfixe Kosten
Code für Lagerkosten
BaugrAusschuss (%)
Taktzeit
Rundungsprofil
Rundungswert

Dispositionsbereiche

Dispobereich vorhanden
Dispositionsbereiche

*Abbildung 2.3: Materialstamm – Sicht »Disposition 1«*

## 2.2.1 Dispositionsverfahren

Der Bildbereich DISPOVERFAHREN ist in erster Linie für die Produktionsplanung von Bedeutung. Hier legen Sie fest, nach welchem Verfahren das Material disponiert wird. Normalerweise erfolgt das bei intern gefertigten Materialien plangesteuert (DISPOMERKMAL *PD*), um die Planung terminlich und kapazitiv an den vorhandenen Ressourcen ausrichten zu können.

Mit dem FIXIERUNGSHORIZONT definieren Sie eine Zeitspanne in Arbeitstagen, in der durch den MRP-Lauf keine automatischen Änderungen an den Beschaffungsvorschlägen vorgenommen werden. Die Angabe richtet sich nach der Flexibilität Ihrer Fertigung und sollte gepflegt werden, sofern Sie erst nach einer bestimmten Zeitspanne neue Fertigungsaufträge bearbeiten können.

Zusätzlich müssen Sie ein Dispomerkmal mit aktiver Fixierung auswählen. Im Standard stehen für die plangesteuerte Disposition die Dispomerkmale *P1* bis *P4* zur Verfügung. Über den Customizing-Pfad SPRO • PRODUKTION • BEDARFSPLANUNG • STAMMDATEN • DISPOSITIONSMERKMALE ÜBERPRÜFEN sehen Sie die Einstellungen für die Dispomerkmale. Die ❶ FIXIERUNGSART steuert das Verhalten im Fixierungshorizont (siehe Abbildung 2.4).

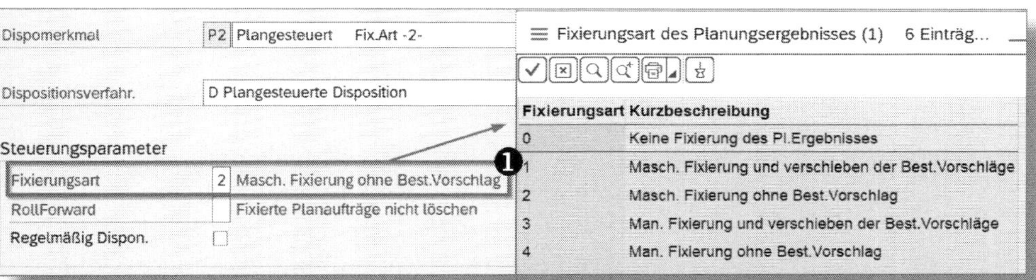


*Abbildung 2.4: Dispomerkmal – Fixierungsart, Beispiel P2*

## 2.2.2 Losgrößendaten

Der dritte Bildbereich in Abbildung 2.3 beinhaltet die LOSGRÖSSENDATEN. Die Pflege der Werte sollte in enger Abstimmung von Produktionsplanung und Fertigungssteuerung erfolgen, da sie die späteren Fertigungslose beeinflussen. Konkret wird hier die Höhe der durch den MRP-Lauf generierten Beschaffungsvorschläge (Planaufträge oder Bestellanforderungen) festgelegt.

Als Erstes geben Sie das anzuwendende LOSGRÖSSENVERFAHREN ein. Damit bestimmen Sie, wie die vorhandenen Bedarfe durch Fertigungslose gedeckt werden. SAP unterscheidet zwischen folgenden drei grundlegenden Verfahren:

- *Statische Losgrößenverfahren* ermitteln die Losgröße anhand fester Vorgaben im Materialstamm oder bedarfsgenau.
- *Periodische Losgrößenverfahren* fassen die Bedarfe einer definierten Zeitspanne zusammen.
- *Optimierende Losgrößenverfahren* berechnen die Losgrößen mithilfe betriebswirtschaftlicher Heuristiken.

Diese Verfahren werden weiter ausdifferenziert. Der SAP-Standard bietet bereits eine Reihe von Losgrößenverfahren, die die meisten Anwendungsfälle abdecken (siehe Abbildung 2.5). Für Sonderfälle definieren Sie über die Customizing-Transaktion *OMI4* (SPRO • PRODUKTION • BEDARFSPLANUNG • PLANUNG • LOSGRÖSSENRECHNUNG • LOSGRÖSSENVERFAHREN ÜBERPRÜFEN) eigene Losgrößenverfahren.

| Losgrößenverfahren | Name des Losgrößenverfahrens |
|---|---|
| EX | Exakte Losgrößenberechnung |
| FS | Fixieren und splitten |
| FX | Feste Losgrößenberechnung |
| H1 | Auffüllen bis Höchstbest. nach BedDeck. |
| HB | Auffüllen bis Höchstbestand vor BedDeck. |
| MB | Monatslosgröße |
| PB | Periodenlosgröße analog Buchhaltungsper. |
| PK | Periodenlosgröße nach Planungskalender |
| TB | Tageslosgröße |
| W2 | Woche - 2 |
| WB | Wochenlosgröße |

*Abbildung 2.5: Statische und periodische Losgrößenverfahren im SAP-Standard*

### Eigene periodische Losgrößenverfahren

Eigene Losgrößenverfahren werden meist bei den periodischen Losgrößenverfahren benötigt, da die optimale Zeitspanne zur Zusammenfassung von Bedarfen in Abhängigkeit von Unternehmen und Produkt sehr unterschiedlich ist. Am einfachsten ist es, wenn Sie sich für diesen Zweck ein vorhandenes Verfahren kopieren und anpassen.

Die beiden Felder MINDESTLOSGRÖSSE und MAXIMALE LOSGRÖSSE begrenzen die Menge der erzeugten Planaufträge absolut und sind mit allen Losgrößenverfahren kombinierbar. Beide Felder sind optional und müssen nicht zusammen gepflegt werden. Sie verwenden diese Angaben, wenn Sie aus technischen, wirtschaftlichen oder organisatorischen Gründen eine bestimmte Losgröße nicht unter- oder überschreiten dürfen. Ist der zu deckende Bedarf kleiner als die MINDESTLOSGRÖSSE, wird mehr produziert als zur Bedarfsdeckung benötigt. Ist der Bedarf größer als im Feld ❶ MAXIMALE LOSGRÖSSE, werden ❷ mehrere Lose zur Deckung des Bedarfs erzeugt (siehe Abbildung 2.6).

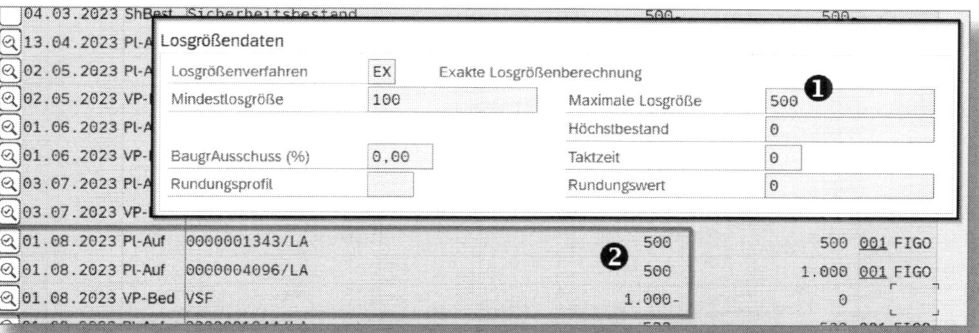


*Abbildung 2.6: Auswirkung einer maximalen Losgröße*

Eine *feste Losgröße* geben Sie lediglich bei den Losgrößenverfahren *FX* (FESTE LOSGRÖSSENBERECHNUNG) und *FS* (FIXIEREN UND SPLITTEN) an (siehe Abbildung 2.5). Sie erhalten damit immer exakt gleich große Lose. Die entsprechende Losgröße wird so oft eingeplant, bis der Bedarf gedeckt ist.

In Verbindung mit fester bzw. maximaler Losgröße wird die *Taktzeit* relevant. Wenn zur Deckung eines Bedarfs mehrere Lose erzeugt werden, fallen diese alle auf den gleichen Bedarfstermin; sie müssten also parallel gefertigt werden (siehe Abbildung 2.6). Da dies meist nicht möglich ist, geben Sie im Feld TAKTZEIT die Anzahl von Arbeitstagen an, um die der Produktionsstart des jeweils nächsten Loses verschoben wird.

Einen *Höchstbestand* definieren Sie, wenn Sie ein Losgrößenverfahren zum Auffüllen bis Höchstbestand (z. B. *HB*) verwenden. Das errechnete Los ist dann so groß, dass es den hier angegeben Wert erreicht. Dieses Verfahren wird meist bei räumlichen Restriktionen oder Silo-/Behältermaterial angewendet.

Im Feld Rundungswert geben Sie bei Bedarf an, auf welches Vielfache die Losgröße eines Beschaffungsvorschlags aufgerundet werden soll. Für komplexere Rundungsregeln mit Schwellwerten ordnen Sie ein Rundungsprofil zu, das Sie vorher im Customizing definieren (Transaktion *OWD1* bzw. SPRO • Produktion • Bedarfsplanung • Planung • Losgrössenrechnung • Rundungsprofil pflegen). Bedenken Sie dabei, dass für die Losgrößenberechnung nur statische Rundungsprofile herangezogen werden können.

**Berechnung der Losgröße mit Rundung**

Für die Montage unserer Gehäuse existiert eine kleine Fertigungsstrecke. Zur optimalen Auslastung sind mindestens 100 Gehäuse in einem Los zu montieren. Die Losgröße kann zwar beliebig erhöht werden, ein flüssiger Montageablauf ist aber nur bei Erhöhungen in 25er-Schritten gewährleistet. Wir stellen daher als Losgrössenverfahren *EX* (Exakte Losgrössenberechnung) ein und hinterlegen eine Mindestlosgrösse von *100* sowie einen Rundungswert von *25* (siehe Abbildung 2.7). Bei einem Bedarf von weniger als 100 Stück wird die Mindestlosgröße (100 Stück) montiert. Bei Bedarfen größer als 100 Stück wird auf das jeweilige Vielfache von 25 aufgerundet (z. B. Los von 125 Stück bei einem Bedarf von 101 bis 125 oder Los von 250 Stück bei einem Bedarf von 226 bis 250).

Losgrößendaten

| | | | |
|---|---|---|---|
| Losgrößenverfahren | EX | Exakte Losgrößenberechnung | |
| Mindestlosgröße | 100 | Maximale Losgröße | 0 |
| | | Höchstbestand | 0 |
| BaugrAusschuss (%) | 0,00 | Taktzeit | 0 |
| Rundungsprofil | | Rundungswert | 25 |

*Abbildung 2.7: Exakte Losgrößenberechnung mit Rundungswert*

**Exakte Losgrößenberechnung mit Rundung**

Wie aus Abbildung 2.7 ersichtlich, können Sie den RUNDUNGSWERT nutzen, um einen Kompromiss zwischen fester und exakter Losgrößenberechnung zu erreichen. Wenn in Ihren Fertigungsprozessen Mengenrestriktionen zu beachten sind (z. B. durch Transportbehälter oder Linienauslastung), müssen Sie nicht zwangsweise eine feste Losgröße verwenden, bei der im ungünstigen Fall zu viel über den eigentlichen Bedarf hinaus produziert wird. Über den Parameter EXAKTE LOSGRÖSSENBERECHNUNG *EX* orientieren Sie sich am tatsächlichen Bedarf und erhöhen die Produktionsmenge über den RUNDUNGSWERT um den kleinstmöglichen Faktor.

Einträge für die Felder LOSFIXE KOSTEN und CODE FÜR LAGERKOSTEN werden nur bei optimierenden Losgrößenverfahren benötigt. Da optimierende Verfahren weniger aus fertigungstechnischen, sondern eher aus betriebswirtschaftlichen Gründen zum Einsatz kommen, sei hierzu auf entsprechende Fachliteratur wie z. B. »Disposition mit SAP« (Gulyássy et al., SAP Press, 2014) verwiesen.

Der Baugruppenausschuss (BAUGRAUSSCHUSS (%)) wird detailliert in Abschnitt 3.3.1 behandelt.

## 2.3 Disposition 2

Die Sicht DISPOSITION 2 beinhaltet Daten zur Steuerung der Beschaffung des Materials und zur Lagerentnahme. Des Weiteren pflegen Sie grundlegende Informationen zur Terminierung in der Bedarfsplanung. Auch diese Sicht ist werksspezifisch und besteht aus den drei Bildbereichen BESCHAFFUNG, TERMINIERUNG und NETTOBEDARFSRECHNUNG (siehe Abbildung 2.8).

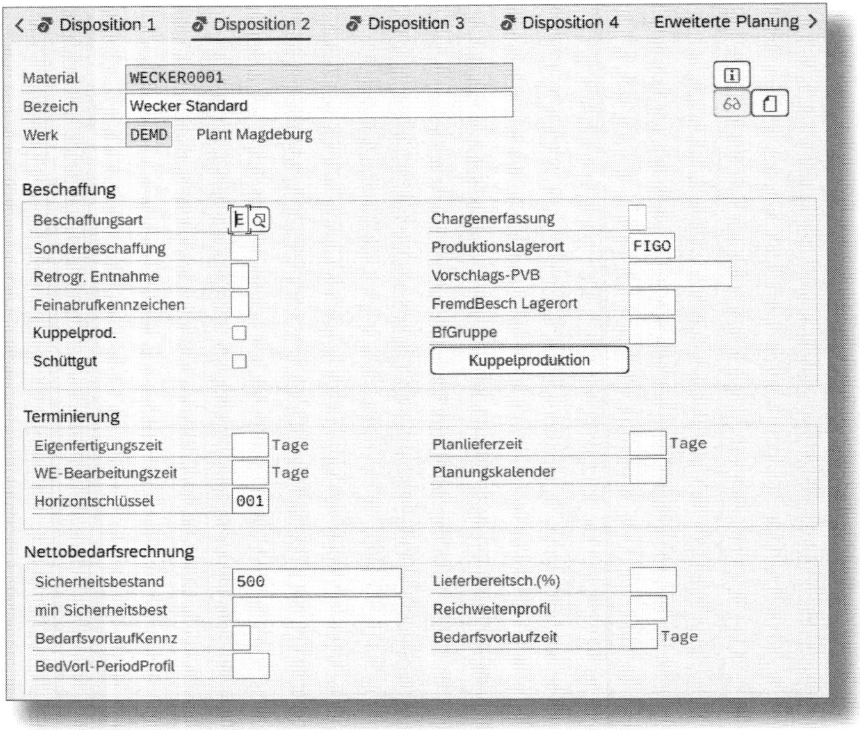

*Abbildung 2.8: Materialstamm – Sicht »Disposition 2«*

## 2.3.1 Beschaffung

Der erste Bildbereich BESCHAFFUNG hat weitreichende Auswirkungen auf die Fertigungssteuerung. Zunächst legen Sie über die BESCHAFFUNGSART fest, ob das Material überhaupt intern gefertigt wird. Es stehen vier Werte zur Auswahl (siehe Abbildung 2.9). Wird Ihr Material ausschließlich intern hergestellt, wählen Sie *E* (EIGENFERTIGUNG). Bei einer Kombination von interner und externer Beschaffung tragen Sie *X* (BEIDE BESCHAFFUNGSARTEN) ein. Beachten Sie, dass bei der Möglichkeit des Fremdbezugs auch die Einkaufssicht im Materialstamm gepflegt sein muss. Über das Feld SONDERBESCHAFFUNG konkretisieren Sie die Beschaffungsart bei Bedarf. Im SAP-Standard werden bereits einige Sonderbeschaffungsarten mitgeliefert. Eigene Einträge legen Sie über den Customizing-Pfad SPRO • PRODUKTION • BEDARFSPLANUNG • STAMMDATEN • SONDERBESCHAFFUNGSART FESTLEGEN an. Eine beispielhafte Übersicht ist aus Abbildung 2.9 ersichtlich. Der wohl häufigste Eintrag im Rahmen der Eigenfertigung ist die SONDERBESCHAFFUNG *50* (DUMMYBAUGRUPPE). Die Nutzung von *Dummy-Baugruppen* wird ausführlich in Abschnitt 3.1.2 behandelt.

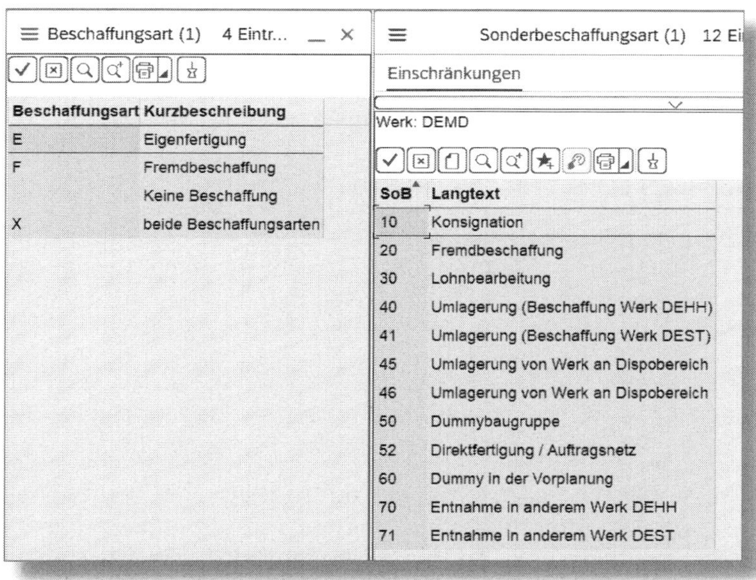


*Abbildung 2.9: Beschaffungsart und Sonderbeschaffungsart – Beispiele*

Aus Sicht der Fertigung sind zudem die Felder PRODUKTIONSLAGERORT und VORSCHLAGS-PVB (Produktionsversorgungsbereich) für die Materialbereitstellung relevant (siehe Abbildung 2.8). Über den PRODUKTIONSLAGERORT geben Sie an, von welchem Lagerort das Material als Komponente entnommen bzw. wo es als gefertigtes (Zwischen-) Produkt eingelagert wird. Der VORSCHLAGS-PVB wird vor allem bei Kanban-Materialien benötigt, um die Sekundärbedarfe dem richtigen PVB zuzuordnen.

Das Feld Chargenerfassung bezieht sich auf den Warenausgang von chargengeführten Materialien als Komponente. Es findet sich auch auf der Sicht »Arbeitsvorbereitung«. Dort legen Sie zudem fest, ob ein Material überhaupt chargenpflichtig ist (vgl. Abschnitt 2.6.1).

Auch das Feld Retrogr. Entnahme beeinflusst die Buchung von Warenbewegungen in der Fertigung. Unter *retrograder Entnahme* versteht man die nachträgliche und automatische Verbrauchsbuchung der Komponenten zum Zeitpunkt der Rückmeldung. Die Menge der Verbrauchsbuchung errechnet sich dabei anteilig zur rückgemeldeten Menge des gefertigten Produkts auf Basis der Mengenangaben in der Stückliste. Es erfolgt keine manuelle Buchung des Verbrauchs.

Das Feld kann drei Werte annehmen (siehe Abbildung 2.10):

- Bei einem *leeren* Feld erfolgt keine retrograde Entnahme, d. h., alle Verbräuche müssen explizit gebucht werden (manuell oder per Schnittstelle, z. B. aus einem System zur Betriebsdatenerfassung).
- Beim Wert *1* – Grundsätzlich retrograd entnehmen wird das Material immer retrograd verbucht. Eine manuelle Buchung würde hier zu falschen Verbrauchsmengen führen.
- Beim Wert *2* – Arbeitsplatz entscheidet, ob retrograde Entnahme erfolgt nur dann eine retrograde Entnahme, wenn Sie beim Arbeitsplatz das entsprechende Kennzeichen setzen (vgl. Abschnitt 4.2.1). Bei dieser Einstellung ist organisatorisch und/oder technisch sicherzustellen, dass die nötigen Buchungen bei allen anderen Arbeitsplätzen erfolgen.

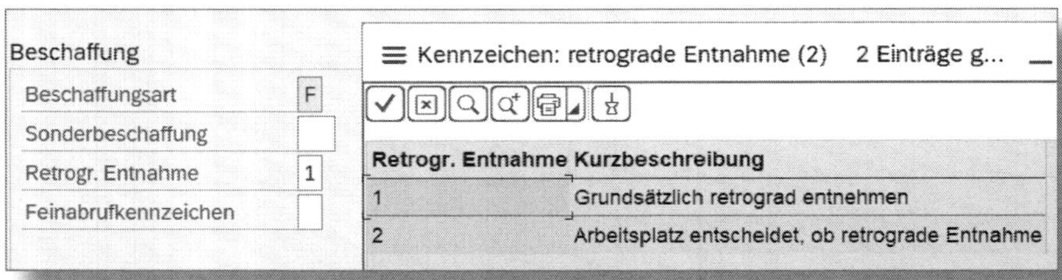


*Abbildung 2.10: Einstellungen zur retrograden Entnahme*

### Steuerung der retrograden Entnahme über den Arbeitsplatz

Das Aluminium für unsere Weckergehäuse wird als Streifenmaterial eingekauft. Da eine exakte Kommissionierung je Fertigungsauftrag hier nicht sinnvoll ist, soll das Material retrograd gebucht werden. Eine Ausnahme ist jedoch die »kleine« Stanzmaschine STANZ_2. Da hierüber meist Versuche oder Kleinserien gefertigt werden, ist eine genaue Kommissionierung gewünscht. Im Materialstamm pflegen wir daher im Feld RETROGR. ENTNAHME für das ❶ Bandmaterial BAND0001 den Wert *2* (siehe Abbildung 2.11). Im Arbeitsplatz der »großen« Stanzmaschine STANZ_1 für die Serienfertigung muss anschließend das ❷ Kennzeichen RETROGRADE ENTNAHME aktiviert werden.

### Retrograde Entnahme für einzelne Arbeitspläne

Das Kennzeichen für retrograde Entnahme kann auch im Arbeitsplan gesetzt werden. Es gilt dann speziell für den Arbeitsplan, unabhängig von den Einstellungen im Materialstamm (vgl. Abschnitt 5.5).

### ! Vergessen Sie die Transaktion COGI nicht!

Wenn Sie mit retrograder Entnahme arbeiten, muss regelmäßig die Transaktion *COGI* (SAP MENÜ • LOGISTIK • PRODUKTION • FERTIGUNGSSTEUERUNG • RÜCKMELDUNG • NACHBEARBEITUNG • WARENBEWEGUNGEN) auf fehlerhafte Buchungsversuche geprüft werden. Da die retrograden Entnahmen zu einem späteren Zeitpunkt im Hintergrund gebucht werden, kann es zu verschiedenen Fehlern kommen (Nutzersperre auf dem Material, Buchungsperiode geschlossen, freier Bestand unterschritten etc.). Um nur kurzfristige Fehlersituationen wie Nutzersperren nicht manuell nachbearbeiten zu müssen, führen Sie zur Unterstützung das Programm CORUPROC periodisch im Hintergrund aus.

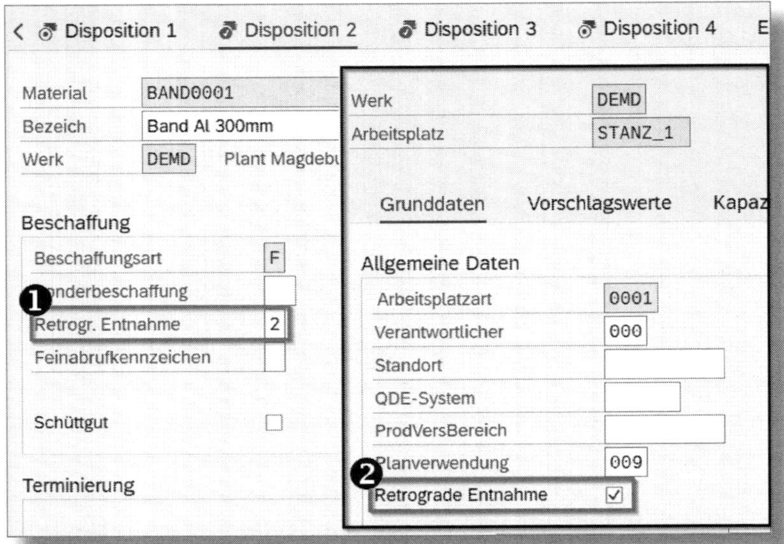


*Abbildung 2.11: Steuerung der retrograden Entnahme über den Arbeitsplatz*

Abschließend befinden sich noch zwei weitere Kennzeichen im Bereich BESCHAFFUNG (siehe Abbildung 2.8). Sie können ein Material hier als KUPPELPROD. oder SCHÜTTGUT kennzeichnen. Die Arbeit mit Kuppelprodukten wird ausführlich in Abschnitt 3.4.1 behandelt.

Als *Schüttgut* bezeichnet man Materialien, die weder geplant noch kommissioniert werden, sondern direkt am Arbeitsplatz zur Verfügung stehen. Fügen Sie in der Stückliste ein als Schüttgut gekennzeichnetes Material hinzu, erhalten Sie eine entsprechende Warnung. Es ist auch möglich, ein Material nur in einzelnen Stücklisten als Schüttgut zu führen (vgl. Abschnitt 3.3.2).

### 📌 Schüttgut im Fertigungsauftrag

Die Schrauben SCHR0001 (siehe Abbildung 2.12) für das Gehäuse unseres Weckers sind im Materialstamm als Schüttgut gekennzeichnet. Zu Informationszwecken und für den vollständigen Andruck der Komponenten auf den Fertigungspapieren werden die Schrauben auch in die Stückliste aufgenommen. In der Komponentenübersicht des Fertigungsauftrags erscheinen sie zunächst als normale Position. Dass es sich um ein Schüttgut handelt, erkennen Sie am gesetzten ❶ Schüttgutkennzeichen (Sc...) sowie am ❷ fehlenden Produktionslagerort (LAG...).

Komponentenübersicht

| | Pos... | Komponente | Bezeichnung | Bedarfsm... | M... | P... | Vor... | Folge | Werk | Lag... ❷ | B... | Bes... | Charge | A... | Sc... ❶ | R... |
|---|---|---|---|---|---|---|---|---|---|---|---|---|---|---|---|---|
| ☐ | 0020 | MANT0001 | Gehäusemantel Standard | 102 | ST | L | 0010 | 0 | DEMD | SEFI | | | | ☐ | ☐ | ☐ |
| ☐ | 0040 | FUSS0001 | Fuß silber 5mm | 208 | ST | L | 0010 | 0 | DEMD | SEFI | | | | ☐ | ☐ | ☐ |
| ☐ | 0050 | SCHR0001 | Schraube 4711 | 784 | ST | L | 0010 | 0 | DEMD | | | | | ☐ | ☑ | ☐ |
| ☐ | 0010 | GLAS0001 | Glas Standard | 103 | ST | L | 0020 | 0 | DEMD | RAMA | | | | ☐ | ☐ | ☐ |
| ☐ | 0030 | RUECK0001 | Gehäuserückwand Standard | 100 | ST | L | 0030 | 0 | DEMD | SEFI | | | | ☐ | ☐ | ☐ |

*Abbildung 2.12: Schüttgutmaterial im Fertigungsauftrag*

### 👉 Disposition von Schüttgut

Da Schüttgüter keine dispositiven Bedarfe erzeugen und nicht auf Fertigungsauftrag entnommen werden können (auch nicht retrograd), sollten Sie diese immer verbrauchsgesteuert disponieren. Sobald ein Schüttgut an einen Arbeitsplatz zur freien Verfügung abgegeben wird (das sogenannte Handlager), muss die entsprechende Menge vom Lager ausgebucht werden, z. B. per Entnahme auf Kostenstelle.

## 2.3.2 Terminierung

Im zweiten Bildbereich TERMINIERUNG (siehe Abbildung 2.8) pflegen Sie grundlegende Angaben zur Terminbestimmung von Beschaffungsvorschlägen. Die Einstellungen haben in erster Linie dispositiven Charakter, beeinflussen damit aber auch die zeitliche Lage der Planaufträge.

Für die Fertigung ist vor allem die Angabe der EIGENFERTIGUNGSZEIT interessant. Sie geben hier eine Eigenfertigungszeit in Arbeitstagen an, die das System für die *Eckterminierung* der Planaufträge heranzieht. Die Eigenfertigungszeit bestimmt hierbei den zeitlichen Abstand zwischen Eckstart- und Eckendtermin.

Sofern Sie für Planaufträge bereits eine *Durchlaufterminierung*, d. h. die Berechnung der Fertigungszeit aus den einzelnen Vorgängen des Arbeitsplans, nutzen, können Sie auf die Angabe einer Eigenfertigungszeit verzichten (vgl. hierzu die Terminierungseinstellungen in Abschnitt 8.2.2).

**! Eigenfertigungszeit ist losgrößenunabhängig**

Beachten Sie, dass die Eigenfertigungszeit eine pauschale Zeitangabe ohne Berücksichtigung der gefertigten Menge ist. Sie sollten sich daher an der Losgröße orientieren, die normalerweise gefertigt wird. Je ungenauer die Eigenfertigungszeit, desto mehr weichen die Ecktermine des Planauftrags und die terminierten Termine des Fertigungsauftrags voneinander ab. Alternativ steht Ihnen auf der Sicht »Arbeitsvorbereitung« eine losgrößenabhängige Eigenfertigungszeit zur Verfügung (vgl. Abschnitt 2.6.3).

Als weiteres Feld ist der HORIZONTSCHLÜSSEL hervorzuheben, da er Terminierungsanforderungen der Produktionsplanung und der Fertigungssteuerung vereint. Im *Horizontschlüssel* werden verschiedene Pufferzeiten (»Horizonte«) zusammengefasst, die bei der Terminierung der Fertigungsaufträge herangezogen werden. Sie definieren ihn werksspezifisch im Customizing über SPRO • PRODUKTION • BEDARFSPLANUNG • PLANUNG • TERMINIERUNGS- UND KAPAZITÄTSPARAMETER • PUFFERZEITEN (HORIZONTSCHLÜSSEL) FESTLEGEN. In Abbildung 2.13 sehen Sie beispielhaft drei Horizontschlüssel (H...) für das WERK *DEMD*.

| | Werk | Name 1 | H... | ErHor | VorgZeit | SichZeit | FreiHz |
|---|---|---|---|---|---|---|---|
| ☐ | DEMD | Plant Magdeburg | 000 | | | | |
| ☐ | DEMD | Plant Magdeburg | 001 | 1 | 1 | 1 | 1 |
| ☐ | DEMD | Plant Magdeburg | 002 | 10 | 2 | 1 | 5 |

*Abbildung 2.13: Customizing der Horizontschlüssel*

Die einzelnen Horizonte geben Sie in Arbeitstagen an. Ein leeres Feld steht für 0 Tage Puffer. Für folgende vier Horizonte können Sie Werte hinterlegen:

- Der *Eröffnungshorizont* (ERHOR) ist ein zeitlicher Puffer vor dem Eckstart des Planauftrags, der zur Berechnung des Eröffnungstermins herangezogen wird. Innerhalb des Eröffnungshorizonts soll der Disponent den Planauftrag in einen Fertigungsauftrag (oder eine Bestellanforderung) umsetzen. Sollte es in Ihrem Unternehmen eine technische oder organisatorische Frist geben, wie lange vor seinem eigentlichen Start ein Fertigungsauftrag im System vorhanden sein muss, sollten Sie die Dauer des Eröffnungshorizonts daran ausrichten.
- Die *Vorgriffszeit* (VORGZEIT) ist die Zeitspanne zwischen Eckstart und terminiertem Start des Fertigungsauftrags. Sie dient als Puffer zur Materialbereitstellung oder um noch auf Kapazitätsengpässe reagieren zu können.
- Als *Sicherheitszeit* (SICHZEIT) bezeichnet man den Puffer zwischen terminiertem Ende und Eckende. Durch die Nutzung der Sicherheitszeit können unvorhergesehene Verzögerungen abgefangen werden.

- Der *Freigabehorizont* (FREIHZ) dient zur Berechnung des Freigabetermins. Dazu wird die angegebene Dauer vom terminierten Start abgezogen, d. h., der Freigabetermin liegt i. d. R. innerhalb der Vorgriffszeit. Den Freigabetermin nutzen Sie z. B. als Selektionskriterium für die Sammelfreigabe von Aufträgen über die Transaktion *CO05N* (SAP MENU • LOGISTIK • PRODUKTION • FERTIGUNGSSTEUERUNG • STEUERUNG • SAMMELFREIGABE) im Dialog oder als Hintergrundjob.

In Abbildung 2.14 ist der zeitliche Zusammenhang nochmals grafisch dargestellt.

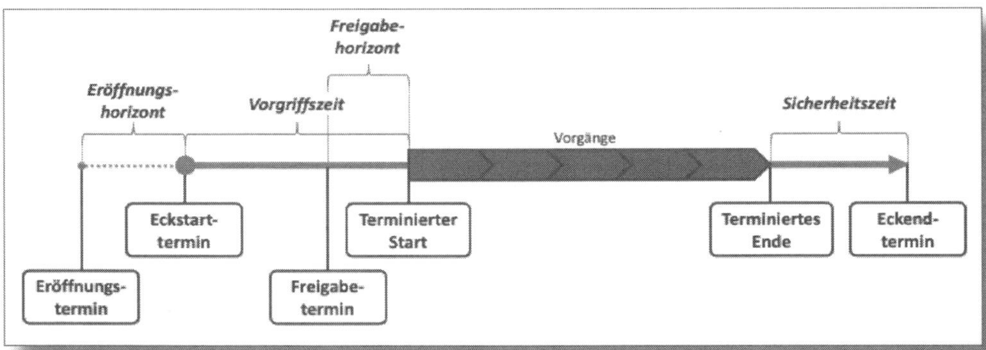


*Abbildung 2.14: Zeitlicher Zusammenhang der Pufferzeiten im Horizontschlüssel*

**! Kein Horizontschlüssel = 0 Tage**

Im Gegensatz zu SAP ERP ist der HORIZONTSCHLÜSSEL in SAP S/4HANA kein Pflichtfeld bei plangesteuerten Materialien. Sie werden also nicht mehr auf einen fehlenden Horizontschlüssel hingewiesen. Tragen Sie keinen Wert ein, geht SAP in der Berechnung automatisch von null Tagen für jeden Horizont aus.

### 2.3.3 Nettobedarfsrechnung

Die Angaben im dritten Bildbereich NETTOBEDARFSRECHNUNG (siehe Abbildung 2.8) haben, wie die Bezeichnung bereits vermuten lässt, hauptsächlich dispositiven Charakter und keine direkten Auswirkungen auf die Fertigungsprozesse.

Einzig den SICHERHEITSBESTAND sollten Sie auch aus Sicht der Fertigung im Auge behalten. Der *Sicherheitsbestand* ist die Menge eines Materials, die immer am Lager verfügbar sein soll, um unvorhergesehene Schwankungen wie erhöhten Bedarf oder verspätete Bereitstellung von Komponenten abzudecken. Bedenken Sie, dass der MRP-Lauf bei Unterdeckung des Sicherheitsbestands immer Planaufträge erzeugt, auch wenn keinerlei andere Bedarfe vorliegen.

## 2.4 Disposition 3

Auch die Sicht DISPOSITION 3 ist werksspezifisch. Sie enthält jedoch nur wenige fertigungsrelevante Daten und besteht aus den vier Bildbereichen PROGNOSEBEDARFE, VORPLANUNG, VERFÜGBARKEITSPRÜFUNG und WERKSSPEZIFISCHE KONFIGURATION (siehe Abbildung 2.15).

Der Bildbereich PROGNOSEBEDARFE beinhaltet Informationen für die stochastische Disposition. Die Steuerung des Materials in der Produktionsprogrammplanung wird im Bildbereich VORPLANUNG festgelegt. Die Angaben in beiden Bereichen haben keine direkten Auswirkungen auf die Fertigungsprozesse. Der letzte Bildbereich, WERKSSPEZIFISCHE KONFIGURATION, ist für die Variantenfertigung relevant.

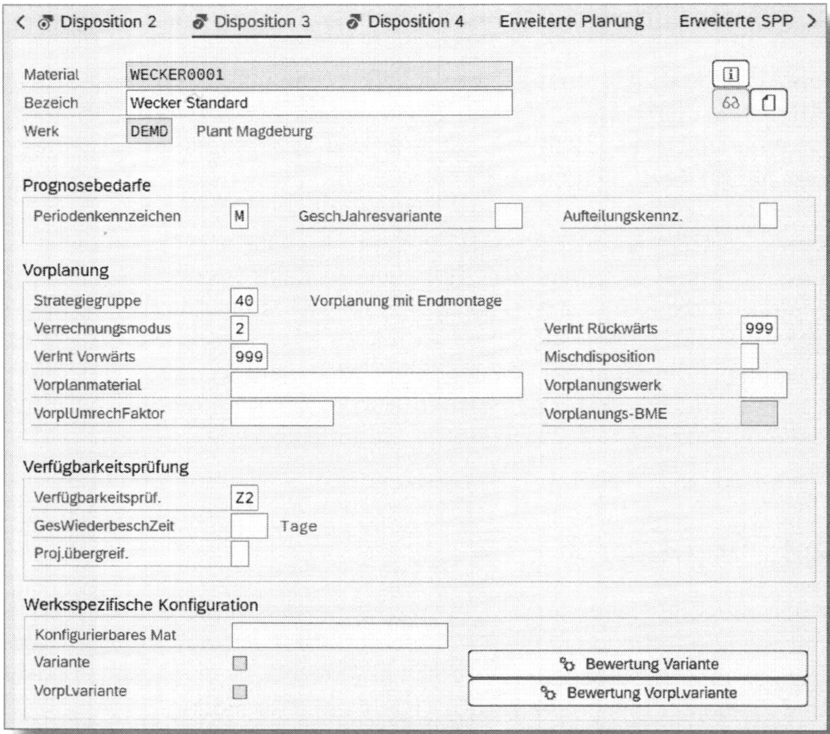

< Disposition 2 | Disposition 3 | Disposition 4 | Erweiterte Planung | Erweiterte SPP >

Material WECKER0001
Bezeich Wecker Standard
Werk DEMD Plant Magdeburg

Prognosebedarfe
Periodenkennzeichen M | GeschJahresvariante | Aufteilungskennz.

Vorplanung
Strategiegruppe 40 Vorplanung mit Endmontage
Verrechnungsmodus 2 | Verlnt Rückwärts 999
Verlnt Vorwärts 999 | Mischdisposition
Vorplanmaterial | Vorplanungswerk
VorplUmrechFaktor | Vorplanungs-BME

Verfügbarkeitsprüfung
Verfügbarkeitsprüf. Z2
GesWiederbeschZeit Tage
Proj.übergreif.

Werksspezifische Konfiguration
Konfigurierbares Mat
Variante | Bewertung Variante
Vorpl.variante | Bewertung Vorpl.variante

*Abbildung 2.15: Materialstamm – Sicht »Disposition 3«*

Ein direkter Einfluss auf die Fertigung ergibt sich jedoch durch die Angabe der VERFÜGBARKEITSPRÜFUNG im dritten Bildbereich. Eine *Verfügbarkeitsprüfung* wird für die Komponenten in Plan- und Fertigungsaufträgen durchgeführt. Damit wird geprüft, ob zum Bedarfszeitpunkt genügend freier und noch nicht reservierter Bestand an Komponenten zur Verfügung stehen wird. Dabei werden je nach Einstellungen bereits bekannte Zugänge und Abgänge mit einberechnet.

Die Konfiguration der Verfügbarkeitsprüfung besteht aus drei Teilen: der Prüfgruppe, der Prüfregel und dem Prüfungsumfang. Zunächst ordnen Sie Ihrem Material im Feld VERFÜGBARKEITSPRÜF. eine *Prüfgruppe* zu (siehe Abbildung 2.15). Sie gruppiert Materialien, bei denen die verfügbare Menge nach den gleichen Kriterien berechnet wird. Sofern

Sie die Einberechnung von Beständen, Zu- und Abgängen nicht für alle Materialien identisch gestalten wollen, legen Sie über die Customizing-Transaktion *OVZ2* (SPRO • PRODUKTION • FERTIGUNGSSTEUERUNG • VORGÄNGE • VERFÜGBARKEITSPRÜFUNG • PRÜFGRUPPE DEFINIEREN) eigene Prüfgruppen an. Hierbei empfiehlt sich zunächst eine Kopie der Standardeinträge (z. B. *Z2* als Kopie von *02*; siehe Abbildung 2.16).

| Vf | Bezeichnung | Sum.Verk. | Sum.Lfg. | Sperre Mng | Keine PVP | Kumul. | Rel PrVorP | Erweitertes ATP |
|---|---|---|---|---|---|---|---|---|
| 01 | | A | A | ☑ | ☐ | 3 | | Nicht aktiv |
| 02 | | A | A | ☑ | ☐ | 3 | | Nicht aktiv |
| Z2 | | A | A | ☑ | ☐ | 3 | | Nicht aktiv |

*Abbildung 2.16: Transaktion OVZ2 – Definition eigener Prüfgruppen*

Im zweiten Schritt benötigen Sie eine *Prüfregel*. Sie repräsentiert den Geschäftsprozess, bei dem die Verfügbarkeitsprüfung stattfindet; z. B. im Verkaufsauftrag, bei einer Auslieferung oder im Fertigungsauftrag. In den meisten Fällen brauchen Sie hier an den Standardeinstellungen nichts zu ändern. Die Standardprüfregel für die Fertigung lautet *PP* (siehe ❶ in Abbildung 2.17).

Sollten Sie dennoch eigene Prüfregeln anlegen wollen, erstellen Sie diese über den Customizing-Pfad SPRO • PRODUKTION • FERTIGUNGSSTEUERUNG • VORGÄNGE • VERFÜGBARKEITSPRÜFUNG • PRÜFREGEL DEFINIEREN. Eine eigene Prüfregel müssen Sie anschließend noch mittels Customizing-Transaktion *OPJK* (SPRO • PRODUKTION • FERTIGUNGSSTEUERUNG • VORGÄNGE • VERFÜGBARKEITSPRÜFUNG • PRÜFUNGSSTEUERUNG DEFINIEREN) der Fertigungsauftragsart zuordnen (siehe Abbildung 2.17).

**Prüfgruppe vs. Prüfregel**

Möchten Sie die Verfügbarkeitsprüfung für die Komponenten in den Aufträgen anpassen, sollten Sie zuvor überlegen, welches das differenzierende Element ist. Wollen Sie Gruppen von Materialien abgrenzen, nutzen Sie hierfür die Prüfgruppe im Materialstamm. Möchten Sie hingegen die gleichen Materialien in verschiedenen Auftragsarten unterschiedlich behandeln, so sind die Prüfregel und deren Zuordnung zur Auftragsart auszudifferenzieren.

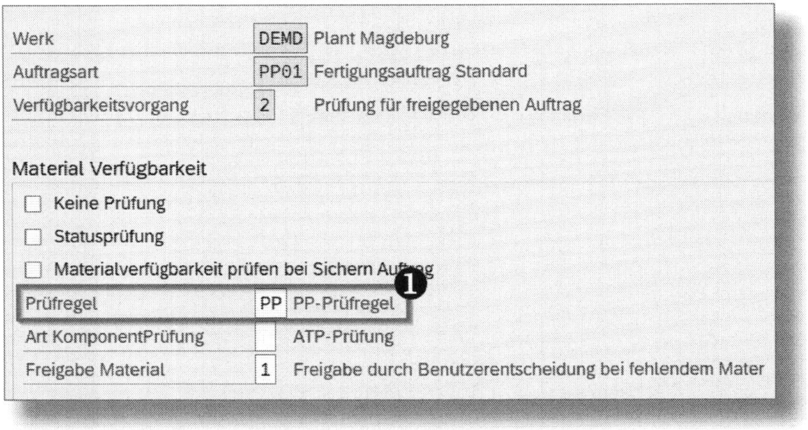

Werk DEMD Plant Magdeburg
Auftragsart PP01 Fertigungsauftrag Standard
Verfügbarkeitsvorgang 2 Prüfung für freigegebenen Auftrag

Material Verfügbarkeit
Keine Prüfung
Statusprüfung
Materialverfügbarkeit prüfen bei Sichern Auftrag
Prüfregel PP PP-Prüfregel ❶
Art KomponentPrüfung ATP-Prüfung
Freigabe Material 1 Freigabe durch Benutzerentscheidung bei fehlendem Mater

*Abbildung 2.17: Zuordnung der Prüfregel zur Auftragsart*

Im finalen Schritt definieren Sie den *Prüfungsumfang* auf Basis einer eindeutigen Kombination von Prüfgruppe und Prüfregel. Er enthält die eigentlichen Steuerungsinformationen zur Berechnung des verfügbaren Bestands. Den Prüfungsumfang pflegen Sie über die Customizing-Transaktion *OPJJ* (SPRO • PRODUKTION • FERTIGUNGSSTEUERUNG • VORGÄNGE • VERFÜGBARKEITSPRÜFUNG • PRÜFUNGSUMFANG DEFINIEREN).

Abbildung 2.18 zeigt beispielhaft den Prüfungsumfang für die Kombination ❶ Prüfgruppe *Z2* und PRÜFREGEL *PP*. Im Bereich ❷ BESTÄNDE markieren Sie diejenigen Bestandsarten, die in die verfügbare Menge einbezogen werden sollen. Welche bis zum Bedarfszeitpunkt eingeplanten Zugänge der verfügbaren Menge hinzugerechnet werden sollen, definieren Sie unter ❸ ZUKÜNFTIGER ZUGANG. Analog legen Sie im Bereich ❹ BEDARFE fest, welche zwischenzeitlich eingeplanten Abgänge die verfügbare Menge wieder reduzieren. Die weiteren Angaben erlauben zusätzliche Feineinstellungen, die Sie je nach Anforderungen aktivieren.

*Abbildung 2.18: Transaktion OPJJ – Definition des Prüfungsumfangs*

## 2.5 Disposition 4

DISPOSITION 4 ist die letzte der vier Dispositionssichten. Hier bestimmen Sie, wie Bedarfe über die Stückliste weitergegeben werden. Ausgehend von dieser Sicht gelangen Sie zudem zu den Fertigungsversionen und pflegen grundlegende Angaben zum Materialauslauf. Die Sicht besteht aus den drei Bildbereichen STÜCKLISTENAUFLÖSUNG/SEKUNDÄRBEDARFE, AUSLAUFSTEUERUNG und SERIENFERTIGUNG/MONTAGE/DEPLOYMENTSTRATEGIE (siehe Abbildung 2.19). Da die Serienfertigung nicht Teil dieses Buches ist, wird der letztgenannte Bildbereich nicht weiter behandelt.

*Abbildung 2.19: Materialstamm – Sicht »Disposition 4«*

## 2.5.1 Stücklistenauflösung und Sekundärbedarfe

Der erste Bildbereich STÜCKLISTENAUFLÖSUNG/SEKUNDÄRBEDARFE erfüllt zwei Funktionen. Zunächst legen Sie hier fest, welche Stückliste des Materials bei mehreren vorhandenen Alternativen aufgelöst werden soll (vgl. Abschnitt 3.1.1). In SAP ERP standen dafür noch mehrere Optionen zur Verfügung. In SAP S/4HANA erfolgt die Auswahl der Stückliste jedoch immer über die Fertigungsversion (vgl. hierzu Kapitel 6).

Ob bereits mindestens eine *Fertigungsversion* vorliegt, erkennen Sie am markierten VERSIONSKENNZEICHEN, das in dem Fall automatisch gesetzt wird. Über den Button FERTVERSION öffnet sich ein Pop-up-Fenster mit einer Kurzübersicht der vorhandenen Fertigungsversionen (siehe Abbildung 2.20). Sie haben außerdem die Möglichkeit, von hier aus Fertigungsversionen anzulegen oder zu bearbeiten.

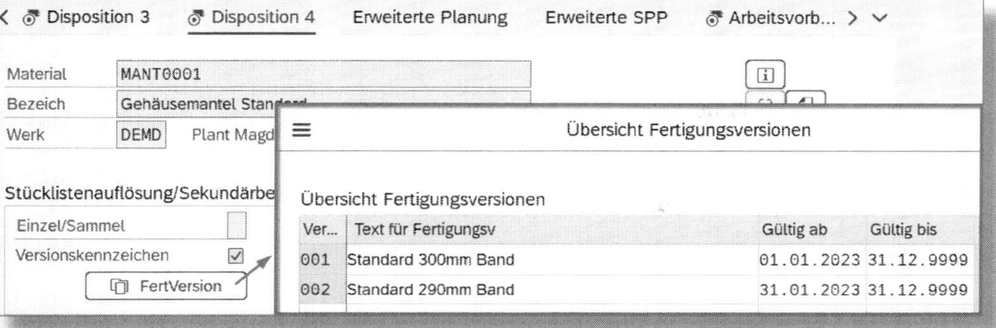


*Abbildung 2.20: Fertigungsversionen aus dem Materialstamm – Überblick*

Die zweite Funktion dieses Bildbereichs betrifft die Steuerung des Materials als Sekundärbedarf, d. h., wenn es eine Komponente ist. Hierzu dienen die weiteren Felder.

Der Komponentenausschuss (KOMPAUSSCHUß (%); siehe Abbildung 2.19) beschreibt den geplanten prozentualen Ausschuss einer einzelnen Komponente in der Produktion und wird in Abschnitt 3.3.1 im Zusammenspiel mit anderen Ausschussarten detailliert behandelt.

Die beiden letzten Felder des Bildbereichs (BEDARFSZUSAMMENF. und DISPO ABHÄNGBEDARFE) betreffen nur die Disposition. Ersteres erlaubt die Zusammenfassung mehrere Bedarfe eines Tages in der Transaktion *MD04*. Letzteres steuert, ob überhaupt Sekundärbedarfe für das Material erstellt werden; wenn bestimmte Baugruppen über Primärbedarfe geplant werden, kann es sinnvoll sein, das zu unterbinden.

Das Feld EINZEL/SAMMEL wird als *Sekundärbedarfskennzeichen* bezeichnet (siehe Abbildung 2.20). Über dieses Feld steuern Sie, ob die Sekundärbedarfe eines Materials als Einzelbedarf oder Sammelbedarf geführt werden.

Ein *Einzelbedarf* ergibt sich i. d. R. bei Kundeneinzelfertigung oder Projektfertigung. Die Bedarfe sind dabei dem konkreten Kundenauftrag oder PSP(Projektstrukturplan)-Element zugeordnet. Die Zuordnung bleibt auch über die Stücklistenauflösung bestehen. Auf jeder Stufe werden anschließend einzelne Bedarfsdecker (Plan-/Fertigungsaufträge) erzeugt, die ebenfalls konkret dem Kundenauftrag oder PSP-Element zugeordnet sind.

Im *Sammelbedarf* werden hingegen alle Bedarfe aus verschiedenen Bedarfsverursachern zusammengefasst und können durch gemeinsame Fertigungsaufträge gedeckt werden. Die Bedarfe sind sozusagen anonym und keinem konkreten Bezugsobjekt zugeordnet.

Folgende Eingabewerte für das Sekundärbedarfskennzeichen sind möglich:

- *(Leeres Feld):* Beide Bedarfsformen sind erlaubt. Ob ein Sekundärbedarf im konkreten Fall ein Einzel- oder Sammelbedarf ist, ergibt sich aus der Bedarfsform des übergeordneten Plan- oder Fertigungsauftrags.
- *1:* Das Material wird ausschließlich als Einzelbedarf geführt. Jeder Bedarf wird einzeln ausgewiesen und bedient; es erfolgt keine Zusammenfassung.
- *2:* Das Material wird ausschließlich als Sammelbedarf geführt. Alle Bedarfe im Werk oder Dispositionsbereich werden zusammengefasst und gemeinsam bedient.

Ob Sie im Einzel- oder Sammelbedarf arbeiten, wirkt sich primär auf Ihre Fertigungsstruktur aus. Während im Sammelbedarf auch große Lose und Massenfertigung möglich sind, zieht ein Einzelbedarf die Fertigung in Kleinserien oder Einzelstücken nach sich.

**»Entkopplungspunkt« der Einzelfertigung**

Auch wenn Sie Einzelfertigung nutzen, ist es für die meisten Materialien ausreichend, wenn das EINZEL/SAMMEL-Kennzeichen beide Bedarfsarten zulässt *(leeres Feld)*. Die Zuordnung der Bedarfe der obersten Ebene (i. d. R. das verkaufsfähige Produkt) ergibt sich aus der Planungsstrategie. Sobald hier ein Einzelbedarf vorliegt, wird er über alle Stücklistenstufen »vererbt«. Für viele untergeordnete Baugruppen oder Rohteile ist diese Zuordnung zum Kundenauftrag oder PSP-Element aber nicht mehr relevant oder sogar hinderlich, da Sie diese z. B. massenhaft für alle Fertigprodukte herstellen. Das erste Material in der Stücklistenhierarchie, das anonym im Sammelbedarf geführt wird, ist der sogenannte Entkoppelungspunkt. Ihm ordnen Sie das EINZEL/SAMMEL-Kennzeichen *2* (ausschließlich Sammelbedarf) zu. Damit werden alle wiederum untergeordneten Komponenten auch bei leerem EINZEL/SAMMEL-Kennzeichen im Sammelbedarf geführt.

**Beispiel »Entkopplungspunkt«**

Für die Weiterentwicklung unserer Wecker produziert die Entwicklungsabteilung von Zeit zu Zeit Versuchsreihen. Diese werden über die normale Fertigung und Montage abgewickelt, aber im Projekteinzelbedarf geführt. Die Einzelfertigung soll jedoch nicht bis in die unterste Stücklistenebene durchgeführt werden; z. B. nicht für das Abdrehen der Füße sowie die Beschaffung des zugehörigen Stangenmaterials. Daher tragen wir im Materialstamm *FUSS0001* das ❶ EINZEL/SAMMEL-Kennzeichen *2* (ausschließlich Sammelbedarf) ein (siehe Abbildung 2.21). Der Sekundärbedarf aus der Projektfertigung (Einzelbedarf) wird in die ❷ Bedarfe der Serienfertigung (Sammelbedarf) einsortiert und mit den dortigen Planaufträgen verrechnet. Zum Vergleich zeigt Abbildung 2.22 die Situation mit ❶ *leerem* EINZEL/SAMMEL-Kennzeichen. Der Einzelbedarf wird hier bis auf die unterste Ebene durchgereicht, was dazu führt, dass für die 13 Stück *FUSS0001* ein eigener ❷ Planauftrag im Projekteinzelsegment erzeugt wird, der wiederum zu einer einzelnen ❸ Bestellanforderung von 0,006 Kilogramm des Stangenmaterials *STANG0001* führen würde. Das soll verhindert werden.

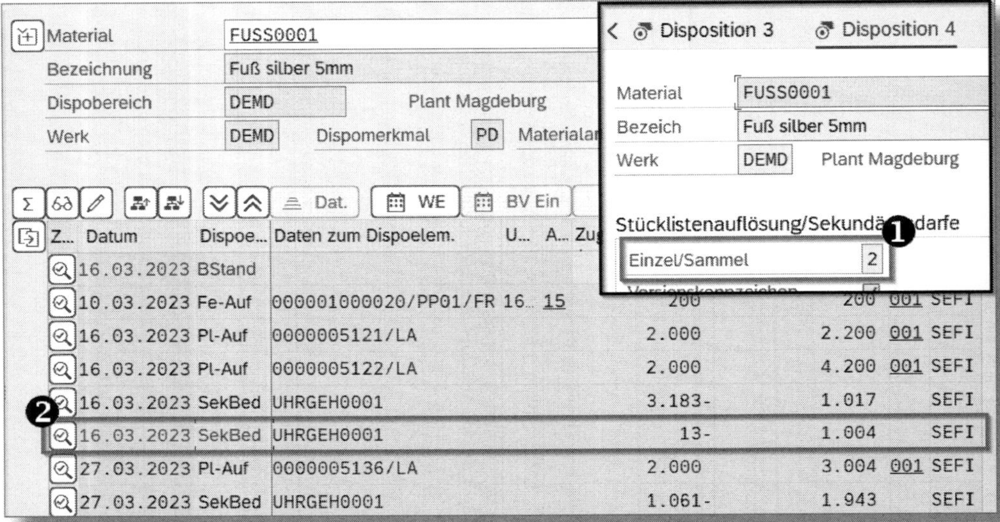


Abbildung 2.21: Sammelbedarf in der Einzelfertigung

## 2.5.2 Auslaufsteuerung

Die Auslaufsteuerung wird für die Umsetzung des *Materialauslaufs* benötigt, wenn ein Material durch ein anderes und i. d. R. neues Material ersetzt wird und vorher der vorhandene Bestand des bisherigen Materials aufgebraucht werden soll. Da die Einstellungen im Materialstamm nicht in jedem Auslaufszenario ausreichend sind, wird der Materialauslauf ausführlich im Kapitel zur Stückliste in Abschnitt 3.4.2 behandelt.

## 2.6 Arbeitsvorbereitung

Die Sicht ARBEITSVORBEREITUNG ist die zentrale Sicht der Fertigungssteuerung. Hier pflegen Sie abweichende Mengeneinheiten der Fertigung und bestimmen, ob das Material in Chargen oder Serialnummern

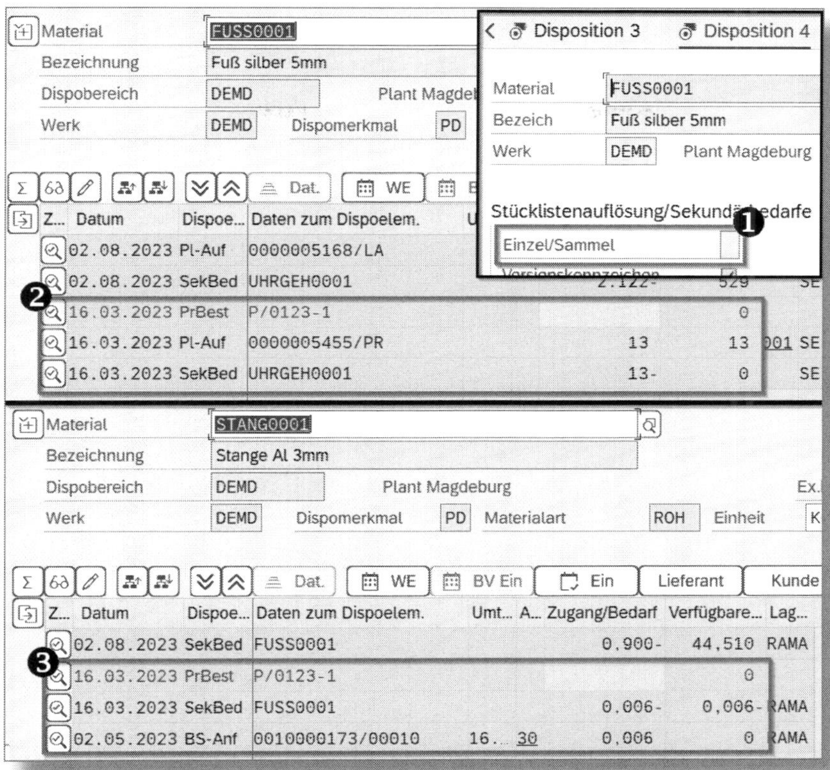


*Abbildung 2.22: Auswirkung des Einzelbedarfs*

geführt wird. Sie ordnen den zuständigen Fertigungssteuerer bzw. ein Fertigungssteuerungsprofil zu, wovon viele Steuerungsparameter für die Fertigungsaufträge abhängig sind (vgl. Abschnitt 8.4). Schließlich können Sie Toleranzen für die Fertigungsmengen erlauben sowie eine losgrößenabhängige Eigenfertigungszeit pflegen. Die Sicht ist werksspezifisch und gliedert sich in die drei Bildbereiche ALLGEMEINE DATEN, TOLERANZDATEN und EIGENFERTIGUNGSZEIT IN TAGEN (siehe Abbildung 2.23).

*Abbildung 2.23: Materialstamm – Sicht »Arbeitsvorbereitung«*

## 2.6.1 Allgemeine Daten

Der erste Bildbereich ALLGEMEINE DATEN hat zwar einen recht unspektakulären Titel, beinhaltet aber eine Reihe von Steuerungsfeldern mit weitreichenden Auswirkungen.

Zunächst finden Sie drei Felder für Mengeneinheiten vor. Die BASISMENGENEINHEIT wird von der Sicht »Grunddaten 1« übernommen. Zusätzlich pflegen Sie bei Bedarf zwei abweichende Mengeneinheiten:

- Die *Ausgabemengeneinheit* (AUSGABEMNGEINH.) ist die Einheit, in der das Material aus dem Lager für die Fertigung ausgegeben wird. Sie wird bei der Verwendung des Materials als Komponente in der Stückliste automatisch genutzt und damit auch zur Buchung des Warenausgangs auf den Auftrag vorgeschlagen.
- Die *Fertigungsmengeneinheit* (FERTIGUNGS-ME) bezieht sich auf die Einheit, in der das Material in der Fertigung geführt wird. Sie wird in den Kopf des Fertigungsauftrags übernommen und damit zur Buchung des Wareneingangs aus dem Auftrag ins Lager vorgeschlagen.

**Abweichende Mengeneinheiten optional**

Eine Pflege einer oder beider Mengeneinheiten ist nur notwendig, wenn sie von der Basismengeneinheit abweichen. Bei leeren Feldern wird automatisch die Basismengeneinheit verwendet.

Sobald Sie eine abweichende Mengeneinheit angeben, müssen Sie den Umrechnungsfaktor zwischen Basismengeneinheit und der ausgewählten abweichenden Mengeneinheit angeben. Das System weist Sie automatisch mit einem Pop-up-Fenster auf eine fehlende Umrechnung hin, sofern diese noch nicht eingetragen ist. Alternativ pflegen Sie die alternativen Mengeneinheiten in den Zusatzdaten des Materialstamms auf der Registerkarte MENGENEINHEITEN (siehe ❹ in Abbildung 2.24).

**Abweichende Produktionsmengeneinheiten**

Das Aluband für das Gehäuse unseres Weckers wird vor dem Stanzen galvanisch veredelt. Die veredelten Alubänder werden im Lager in Stück erfasst, wobei ein Band zwei Kilogramm wiegt. Aus technischen Gründen arbeitet die Fertigung mit der Einheit Kilogramm (kg). Auch die Kommissionierung des veredelten Materials für die Stanzerei ist in Kilogramm organisiert. Die ❶ BASISMENGENEIN-

HEIT für das Material BAND0001_V ist damit *ST*. Für die ❷ FERTIGUNGS-ME und ❸ AUSGABEMNGEINH. pflegen wir jeweils *KG* als Mengeneinheit. Als Umrechnungsfaktor haben wir in den alternativen MENGENEINHEITEN ein Verhältnis von ❹ *2* KG je *1* ST hinterlegt (siehe Abbildung 2.24).

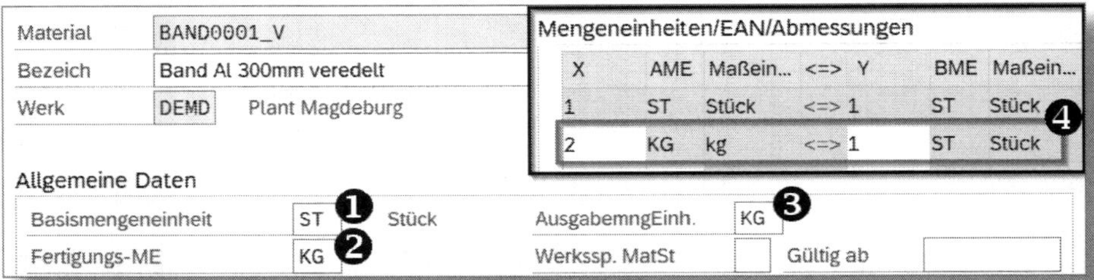


*Abbildung 2.24: Pflege abweichender Mengeneinheiten in der Fertigung*

Bedenken Sie, dass die Erfassung von Warenbewegungen in einer abweichenden Mengeneinheit bestandstechnisch immer auf die Basismengeneinheit umgerechnet wird. Das kann zu schwer interpretierbaren Lagerbeständen führen. Abbildung 2.25 zeigt die Bestandsübersicht des Materials *BAND0001_V* aus dem Beispiel. Im Ausschnitt ❶ der Materialbewegung ist ersichtlich, dass auch bei einer eigentlich nicht teilbaren Basismengeneinheit im Rahmen der Buchung eine exakte Umrechnung erfolgt. Die resultierenden ❷ *15,250* ST Lagerbestand bedeuten nicht, dass 15 ganze Stücke und sowie ein Viertelstück auf Lager liegen. Es können beliebige »Teilstücke« sein, die insgesamt diese Menge ergeben.

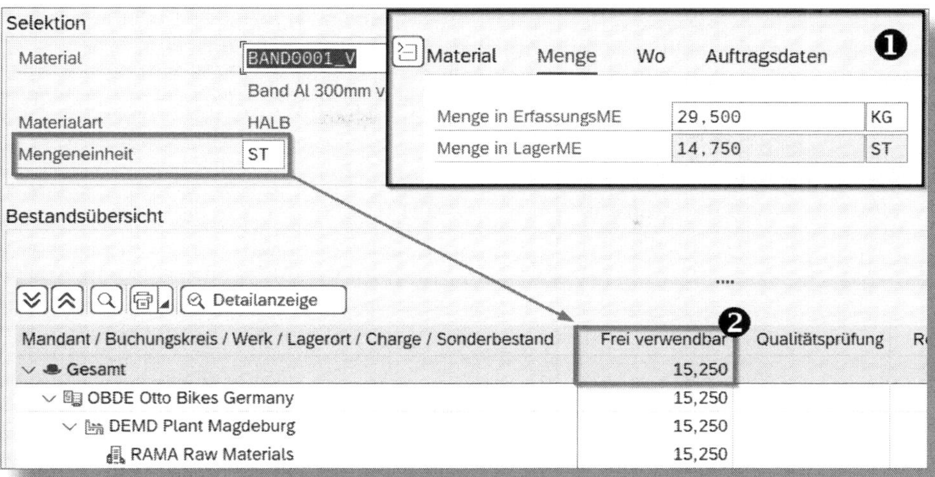


*Abbildung 2.25: Auswirkungen abweichender Mengeneinheiten auf die Bestandsbuchung*

**! Wahl der richtigen Basismengeneinheit**

Bestände werden grundsätzlich in der Basismengeneinheit geführt. Für Geschäftsprozesse mit Mengenbuchungen gibt es die Möglichkeit abweichender Mengeneinheiten, wie z. B. die Bestellmengeneinheit, Verkaufsmengeneinheit, Fertigungsmengeneinheit. Die Entscheidung über die Basismengeneinheit wird i. d. R. vom Controlling aus Sicht der Inventur getroffen. Dennoch zeigt die Praxis, dass die Nutzung der »gelebten« Mengeneinheit in der Fertigung als Basismenge durchaus Vorteile hat. So nutzt das MRP stets die Basismengeneinheit. Damit werden Planaufträge und Bestellanforderungen immer in der Basismengeneinheit erstellt. Außerdem bekommen Sie bei einer unteilbaren Basismengeneinheit und einer teilbaren Fertigungsmengeneinheit Stückbestände mit Kommastellen. Doch wie zählen Sie dann z. B. die *15,250* Stück Band in Abbildung 2.25?

Der Fertigungssteuerer (FERTSTEU.) und das Fertigungssteuerungsprofil (FERTIGUNGSST. PROFIL) gehören inhaltlich zusammen. Über den *Fertigungssteuerer* legen Sie einerseits die organisatorische Zuordnung fest, wer innerhalb der Fertigung oder Montage für das Material verantwortlich ist, z. B. eine Person, Personengruppe oder Abteilung. Fertigungssteuerer definieren Sie über die Customizing-Transaktion *OPJ9* (SPRO • PRODUKTION • FERTIGUNGSSTEUERUNG • STAMMDATEN • FERTIGUNGSSTEUERER DEFINIEREN; siehe Abbildung 2.26).

| Werk | FertSteu. | Bezeichnung | ProdProfil | Beschreibung Prod.profil |
|---|---|---|---|---|
| DEMD | 000 | MD Production Scheduler | 10 | Auto. Freigabe und Terminierung |
| DEMD | W01 | Fertigung | Z10 | Auto. Freigabe, Terminierung, Druck |
| DEMD | W02 | Montage | Z10 | Auto. Freigabe, Terminierung, Druck |

*Abbildung 2.26: Definition der Fertigungssteuerer*

Beim *Fertigungssteuerungsprofil* handelt es sich um eine Zusammenfassung verschiedener Einstellungen zum Fertigungsauftrag (vgl. Abschnitt 8.4). Die Zuordnung zum Fertigungssteuerer ist optional und kann bei Bedarf über das Feld PRODPROFIL im Customizing vorgenommen werden (siehe Abbildung 2.26). Alternativ hinterlegen Sie das Fertigungssteuerungsprofil direkt im Feld FERTIGUNGSST. PROFIL im Materialstamm.

### Zuordnung des Fertigungssteuerungsprofils

Durch die zwei Zuordnungsmöglichkeiten des Fertigungssteuerungsprofils haben Sie die Möglichkeit, einen Normalfall und einen Sonderfall abzubilden. Der Eintrag im Materialstamm hat Priorität. Daher ist zu empfehlen, grundsätzlich über die Zuordnung zum Fertigungssteuerer im Customizing zu arbeiten und in diesem Profil die normalerweise gültigen Parameter anzugeben. Sollten einige Materialien unter Verantwortung desselben Fertigungssteuerers abweichende Einstellungen benötigen, definieren Sie ein weiteres Fertigungssteuerungsprofil und weisen es dem Materialstamm direkt zu.

**Abweichende Fertigungssteuerungsprofile**

Für die einzelnen Gehäusebaugruppen unseres Weckers ist der Fertigungssteuerer W01 zuständig. Diesem ist das Fertigungssteuerungsprofil *Z10* zugeordnet (siehe Abbildung 2.26), womit eine automatische Freigabe bei Eröffnung des Auftrags erfolgt. Für die Luxusvariante des Weckers mit 925er Sterlingsilber sollen die Aufträge jedoch manuell durch die Fertigungssteuerung freigegeben werden. Dazu wurde das Fertigungssteuerungsprofil *Z10MAN* angelegt und dem ❶ Material RUECK0925 direkt zugeordnet (siehe Abbildung 2.27). Für alle nicht silberhaltigen Materialien (z. B. RUECK0001) bleibt der ❷ Eintrag frei.

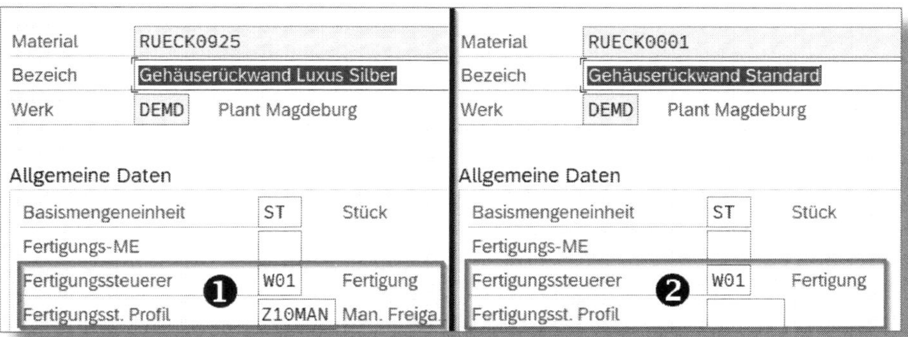


*Abbildung 2.27: Abweichende Fertigungssteuerungsprofile*

Über das Serialnummernprofil (SERIALNRPROFIL) aktivieren Sie die Bestandsführung mit Serialnummern (bzw. Individualnummern). Das Serialnummernprofil legen Sie zuvor mit der Customizing-Transaktion *OIS2* (SPRO • VERTRIEB • GRUNDFUNKTIONEN • SERIALNUMMERN • SERIALNUMMERNPROFILE FESTLEGEN) an. Dort steuern Sie u. a., welche betriebswirtschaftlichen Vorgänge zur Vergabe von Serialnummern führen und in welchen Prozessen Serialnummern verwendet werden können (siehe Abbildung 2.28).

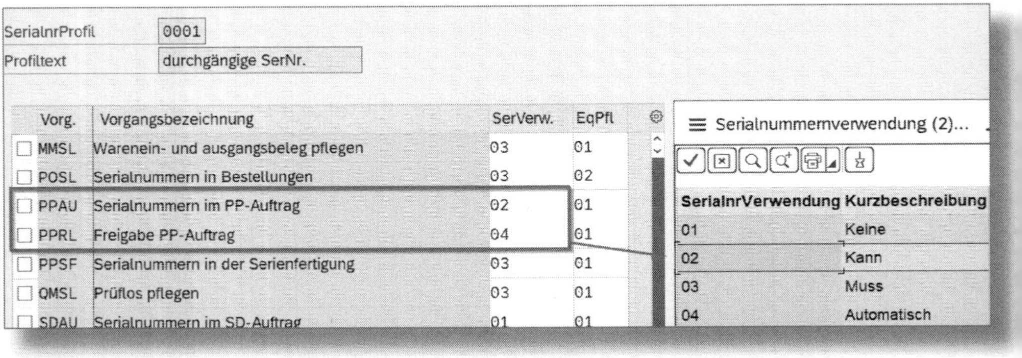

SerialnrProfil 0001

Profiltext durchgängige SerNr.

| Vorg. | Vorgangsbezeichnung | SerVerw. | EqPfl |
|---|---|---|---|
| MMSL | Warenein- und ausgangsbeleg pflegen | 03 | 01 |
| POSL | Serialnummern in Bestellungen | 03 | 02 |
| PPAU | Serialnummern im PP-Auftrag | 02 | 01 |
| PPRL | Freigabe PP-Auftrag | 04 | 01 |
| PPSF | Serialnummern in der Serienfertigung | 03 | 01 |
| QMSL | Prüflos pflegen | 03 | 01 |
| SDAU | Serialnummern im SD-Auftrag | 01 | 01 |

Serialnummernverwendung (2)...

| SerialnrVerwendung | Kurzbeschreibung |
|---|---|
| 01 | Keine |
| 02 | Kann |
| 03 | Muss |
| 04 | Automatisch |

*Abbildung 2.28: Serialisierungsvorgänge im Serialnummernprofil*

Über die Serialisierungsebene (SerEbene; siehe Abbildung 2.23) erreichen Sie eine mandantenweite Eindeutigkeit der Serialnummern. Standardmäßig ist bei leerem Feld eine Serialnummer nur in Kombination mit der Materialnummer eindeutig. Für die meisten Anwendungsfälle ist das auch ausreichend.

Zwei Felder werden von anderen Sichten übernommen. Der werksspezifische Materialstatus (Werkssp. MatSt) ist identisch mit der Angabe auf der Sicht Disposition 1 (vgl. Abschnitt 2.2). Das Gültig-ab-Datum bezieht sich auf diesen Status, hat aber nur in der Bedarfsplanung und im Einkauf Auswirkungen. Der Produktionslagerort (ProdLagerort) entspricht der Angabe auf Sicht Disposition 2 (vgl. Abschnitt 2.3.1).

Das Feld Materialgruppe ist speziell für die Feinsteuerung der Kapazitätsplanung in Bezug auf Maschinenrüstzeiten ausgelegt. Sie geben hier einen frei wählbaren Begriff ein, den Sie zur Gruppierung gleichartiger Materialien für Rüstaufwände nutzen. Die Gruppierungen können Sie anschließend in der Rüstmatrix nutzen (Transaktion *OPDA* bzw. Pfad SPRO • Produktion • Kapazitätsplanung • Stammdaten • Arbeitsplandaten • Rüstmatrix festlegen), um zielgenau (Um-) Rüstzeiten zwischen verschiedenen Materialien zu pflegen (vgl. Abschnitt 5.3.4).

**☛ Materialgruppe = Rüstfamilie**

Sofern Sie mit der Rüstmatrix arbeiten, sollten Sie Ihre Materialgruppen entsprechend Ihren Rüstfamilien benennen. Damit stellen Sie einen direkten inhaltlichen Bezug zwischen Materialgruppe im Materialstamm, Rüstmatrix und Rüstfamilie im Arbeitsplan (vgl. Abschnitt 5.3.4) her. Leider erfolgt keine systemseitige Verprobung der Angaben.

Das GESAMTPROFIL bezieht sich auf den Änderungsdienst für Fertigungsaufträge. Sie haben hier die Möglichkeit, einen Änderungsprozess ausgehend von z. B. Stammdaten- oder Kundenauftragsänderungen zu definieren.

Außerdem findet sich in dem Bildbereich eine Reihe von Kennzeichen. Das Kennzeichen VERSION und der Button FERTVERSION sind identisch zum Versionskennzeichen und dem gleichnamigen Button auf der Sicht DISPOSITION 4 (vgl. Abschnitt 2.5.1).

Das Kennzeichen KRITISCHES TEIL hat aus Sicht der Fertigung oder Disposition rein informativen Charakter. Es beeinflusst jedoch die Inventur der Materialien, sollte also nur in Absprache mit dem Controlling gesetzt werden.

Den Q-BESTAND markieren Sie nur, wenn Sie Material beim Wareneingang aus dem Fertigungsauftrag in den Qualitätsprüfbestand buchen wollen, ohne ein Prüflos zu erzeugen. Sofern Sie mit bestandsrelevanten Prüfarten über die Sicht QUALITÄTSPRÜFUNG arbeiten, wird dieses Kennzeichen automatisch deaktiviert.

Die *Chargenverwaltung* wird grundsätzlich über das Kennzeichen CHARGVERW. aktiviert. Mit der Eingabe im Feld CHRG. ERFASSEN steuern Sie, zu welchem Zeitpunkt für das Material als Komponente eines Fertigungsauftrags die Charge festgelegt werden muss. Es ist identisch zum Feld CHARGENERFASSUNG auf der Sicht DISPOSITION 2 (vgl. Abschnitt 2.3.1). Die Nutzung der verschiedenen Chargenfindungsmöglichkeiten sowie das Zusammenspiel mit der Lagerhaltung gehen über den Umfang dieses Buches hinaus. Interessierte Leser seien auf entsprechende Fachliteratur wie z. B. »Schnelleinstieg in die Chargenverwaltung für SAP S/4HANA« (Neiss, Espresso Tutorials, 2023: https://es-tu.de/aCwc) verwiesen.

## 2.6.2 Toleranzdaten

Im Bildbereich TOLERANZDATEN steuern Sie das Systemverhalten bei Abweichungen von der geplanten Auftragsmenge. Hierzu stehen Ihnen sowohl eine Unterlieferungstoleranz (TOL.UNTERLIEF) als auch eine Überlieferungstoleranz (TOL.ÜBERLIEF) zur Verfügung. Beide Werte geben Sie in Prozent an, bezogen auf die Auftragsmenge (siehe Abbildung 2.29). Das Kennzeichen UNBEGRNZT setzen Sie, wenn Aufträge in beliebiger Höhe überliefert werden dürfen. In dem Fall darf kein Eintrag im Feld TOL.ÜBERLIEF gepflegt sein. Ein entsprechendes Kennzeichen für eine unbegrenzte Unterlieferung existiert nicht. Sofern Sie keines der Felder pflegen, entspricht dies 0 % Toleranz.

*Abbildung 2.29: Erlaubte Toleranzen der Fertigungsmenge*

Die hier vorgenommenen Einstellungen beziehen sich auf die Mengen bei der Wareneingangsbuchung. Sofern durch die angegebene Menge eine der Toleranzen über- bzw. unterschritten wird, gibt das System eine Meldung aus.

**Eigenschaften der Systemmeldungen ändern**

In den Standardeinstellungen ist die Unterlieferung als Warnmeldung und die Überlieferung als Fehlermeldung eingestellt. Mit der Customizing-Transaktion *OMCQ* (SPRO • MATERIALWIRTSCHAFT •

BESTANDSFÜHRUNG UND INVENTUR • EIGENSCHAFTEN DER SYSTEMMELDUNGEN FESTLEGEN) haben Sie die Möglichkeit, die Art der Meldung anzupassen (Information, Warnung, Fehler). So könnten Sie auch die Warnmeldung bei Unterlieferung in eine Fehlermeldung ändern. Beachten Sie jedoch, dass durch eine Fehlermeldung bei Unterlieferung Teillieferungen verhindert werden.

Die getroffenen Toleranzeinstellungen können auch bei Rückmeldungen der Auftragsvorgänge genutzt werden. Hierzu aktivieren Sie zunächst die entsprechende Prüfung mit der Customizing-Transaktion *OPK4* (SPRO • PRODUKTION • FERTIGUNGSSTEUERUNG • VORGÄNGE • RÜCKMELDUNG • RÜCKMELDEPARAMETER FESTLEGEN; siehe Abbildung 2.30). Die ❶ Prüfung auf Unterlieferung und Überlieferung kann getrennt eingestellt werden. Sie haben jeweils die Wahl zwischen ❷ keiner Prüfung, einer Warnmeldung oder einer Fehlermeldung bei Nichteinhaltung der Toleranz.

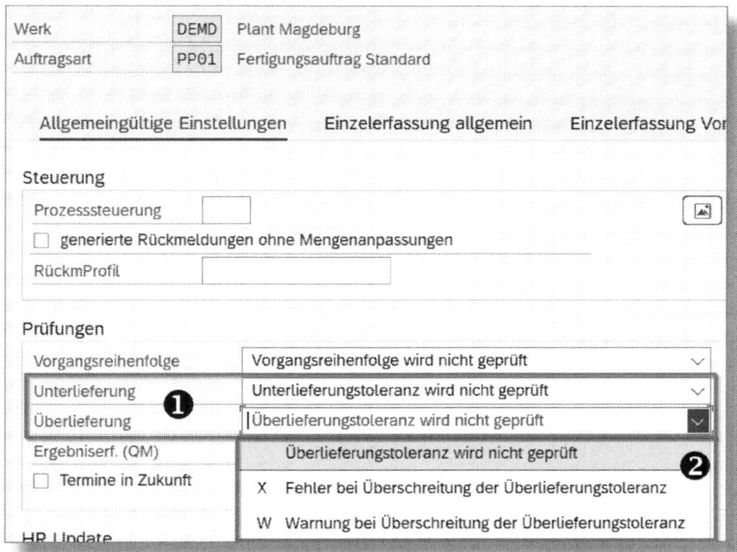


*Abbildung 2.30: Aktivierung der Toleranzprüfung bei der Auftragsrückmeldung*

Eine Prüfung auf Unterlieferung in der Rückmeldung findet nur bei einer Endrückmeldung statt. Auf Überlieferung wird auch bei Teilrückmeldungen geprüft.

**☛ Übersteuerung der Toleranzen im Fertigungsauftrag**

Die Toleranzdaten aus dem Materialstamm werden in den Fertigungsauftrag übernommen, können dort aber auf der Registerkarte WARENEINGANG überschrieben werden (vgl. Abschnitt 8.1). So ist es z. B. möglich, in Ausnahmefällen für konkrete Aufträge eine unbegrenzte Überlieferung einzustellen. Der nächste Fertigungsauftrag erhält wieder die Einstellungen aus dem Materialstamm.

**! Toleranz in Wareneingang und Rückmeldung**

Durch die gesonderte Steuerung der Toleranzen bei Rückmeldungen kann das Systemverhalten bei Über- oder Unterschreiten der Toleranz in den Prozessen des Wareneingangs und der Vorgangsrückmeldung voneinander abweichen. Dies kann gewollt sein, aber auch zu Unstimmigkeiten führen. Sie sollten bei der Arbeit mit Toleranzen also immer auch die Rückmeldeparameter überprüfen.

### 2.6.3 Eigenfertigungszeit

Der letzte Bildbereich EIGENFERTIGUNGSZEIT IN TAGEN ermöglicht Ihnen die Pflege einer losgrößenabhängigen Eigenfertigungszeit des Materials (siehe Abbildung 2.23). Bei schwankenden Losgrößen erreichen Sie mit einer losgrößenabhängigen Angabe eine höhere Genauigkeit bei der Eckterminierung der Planaufträge.

Hierzu spezifizieren Sie zunächst eine BASISMENGE (siehe Abbildung 2.31), also die Bezugsgröße für die Angabe der Fertigungszeiten, die alle in Arbeitstagen gepflegt werden. Die RÜSTZEIT fasst die Dauer aller Rüst- und Abrüstarbeiten zusammen. Mit der Bearbeitungszeit (BEARB-ZEIT) geben Sie an, wie viel Zeit die eigentliche Fertigung des Materials benötigt. In der ÜBERGANGSZEIT werden alle weiteren, nicht produktiven

Zeiten zusammengefasst, die jedoch während des Fertigungsprozesses notwendig sind (z. B. Liege- oder Transportzeiten). Sie müssen nicht alle drei Zeitangaben eintragen, sondern nur diejenigen, die Sie zur Berechnung verwenden wollen.

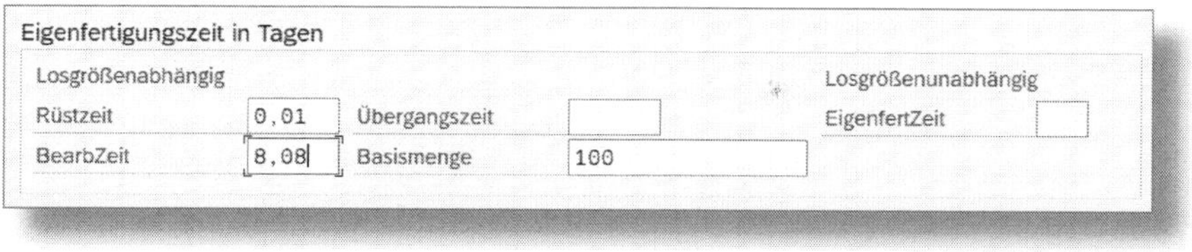

*Abbildung 2.31: Pflege der losgrößenabhängigen Eigenfertigungszeit*

Eine eventuell auf der Sicht DISPOSITION 2 gepflegte losgrößenunabhängige Eigenfertigungszeit (vgl. Abschnitt 2.3.2) wird im Feld EIGENFERTZEIT angezeigt. Diese müssen Sie löschen, wenn Sie mit einer losgrößenabhängigen Eigenfertigungszeit arbeiten wollen.

An dieser Stelle sei auf die Ausführungen zu den Terminierungseinstellungen in Abschnitt 3.3.1 verwiesen. Sofern Sie bereits bei Planaufträgen eine Durchlaufterminierung einsetzen, können Sie auf die Angabe einer Eigenfertigungszeit komplett verzichten.

### ☛ Eigenfertigungszeit aus dem Arbeitsplan übernehmen

SAP bietet die Möglichkeit, die summierten Zeiten aus dem Arbeitsplan in den Materialstamm zu übernehmen. Hierzu öffnen Sie den Arbeitsplan z. B. mit der Transaktion *CA02* (SAP MENÜ • LOGISTIK • PRODUKTION • STAMMDATEN • ARBEITSPLÄNE • ARBEITSPLÄNE • NORMALARBEITSPLÄNE • ÄNDERN). Die Terminierung des Arbeitsplans starten Sie über das Kopfmenü ZUSÄTZE • TERMINIERUNG • TERMINIEREN. Das Terminierungsergebnis können Sie für die Übernahme in den Materialstamm vormerken. Nach dem Sichern Ihrer Terminierung übernehmen Sie die berechneten Werte mittels Transaktion *CA96* als losgrößenabhängige Eigenfertigungszeit in die Sicht »Arbeitsvorbereitung«. Mithilfe der Transaktion *CA97* bzw. *CA97n* richten Sie diesen Vorgang als regelmäßigen Hintergrundjob ein. Die Transaktionen finden Sie unter dem Pfad SAP MENÜ • LOGISTIK • PRODUKTION • STAMMDATEN • ARBEITSPLÄNE • ZUSÄTZE • MATSTAMM.

# 3 Stückliste

**Eine Stückliste beschreibt aus Sicht der Produktionsplanung und Fertigungssteuerung, welche Komponenten oder Baugruppen in welcher Menge zur Herstellung eines bestimmten Produkts benötigt werden. Sie ist jedoch mehr als ein Teileverzeichnis, denn sie beinhaltet zentrale Steuerungsinformationen für den Fertigungsprozess.**

Die Pflege von Stücklisten erfolgt grundsätzlich über die drei Transaktionen *CS01* (Anlegen), *CS02* (Ändern) und *CS03* (Anzeigen), die Sie alle unter dem Pfad SAP MENÜ • LOGISTIK • PRODUKTION • STAMMDATEN • STÜCKLISTEN • STÜCKLISTE • MATERIALSTÜCKLISTE finden. Bevor wir jedoch direkt in die Stücklisten springen, erfahren Sie in den folgenden Abschnitten zunächst mehr über deren Aufbau. Anschließend erläutere ich systematisch die einzelnen Felder innerhalb der Stückliste und stelle wichtige Customizing-Einstellungen vor. Zum Abschluss des Kapitels werden am Beispiel ausgewählter Anwendungsfälle komplexe Stammdateneinstellungen betrachtet.

## 3.1 Aufbau

Jede Stückliste besteht aus einem *Stücklistenkopf* und mindestens einer *Stücklistenposition*. Der Stücklistenkopf repräsentiert das zu fertigende Material; die Stücklistenpositionen enthalten die benötigten Komponenten und deren Mengen.

Stücklisten sind in SAP grundsätzlich als *Baukastenstücklisten* umgesetzt. Das bedeutet, sie enthalten immer nur die benötigten Komponenten der nächsttieferen Fertigungsstufe. Sind Komponenten selbst wiederum Baugruppen, besitzen diese eine eigene Stückliste.

Somit setzt sich ein komplexes Produkt aus einer Vielzahl von einzelnen Baukastenstücklisten zusammen. Transaktionen der mehrstufigen Stücklistenauflösung wie *CS11* und *CS12* (SAP MENÜ • LOGISTIK • PRODUKTION • STAMMDATEN • STÜCKLISTEN • AUSWERTUNGEN • STÜCKLISTENAUFLÖSUNG • MATERIALSTÜCKLISTE • BAUKASTEN MEHRSTUFIG/ STRUKTUR MEHRSTUFIG) geben sie zusammenhängend aus. Abbildung 3.1 zeigt exemplarisch einen Ausschnitt unseres Fallbeispiels in der Transaktion *CS12*. So ist das Material WECK0001 eine Stücklistenposition des übergeordneten Materials GEH0001 (AUFLÖSUNGSSTUFE *2*). WECK0001 ist jedoch selbst auch eine Baugruppe und somit wiederum Stücklistenkopf mit den Komponenten GLOC0001, HAMM0001, GEST0001 und SCHR0001 (AUFLÖSUNGSSTUFE *3*).

**Material** WECKER0001
**Werk/Verw./Alt.** DEMD / 3 / 01
**Bezeichnung** Wecker Standard
**Basismenge (ST )** 1,000
**EinsatzMng (ST )** 1

| Auflösungsstufe | Pos. | Obj | Komponenten-Nr. | Objektkurztext | Menge | ME | PTp | D |
|---|---|---|---|---|---|---|---|---|
| .1 | 0010 | | GEH0001 | Weckergehäuse Standard | 1 | ST | L | |
| ..2 | 0010 | | WECK0001 | Weckeinheit Standard | 1 | ST | L | |
| ...3 | 0010 | | GLOC0001 | Glocke mittel, schwarz | 2 | ST | L | |
| ...3 | 0020 | | HAMM0001 | Glockenhammer Standard | 1 | ST | L | |
| ...3 | 0030 | | GEST0001 | Glockengestell Standard | 1 | ST | L | |
| ...3 | 0040 | | SCHR0001 | Schraube 4711 | 5 | ST | L | |
| ..2 | 0020 | | UHRGEH0001 | Gehäuse Uhrenmodul Stan.. | 1 | ST | L | |
| ...3 | 0010 | | GLAS0001 | Glas Standard | 1 | ST | L | |
| ...3 | 0020 | | MANT0001 | Gehäusemantel Standard | 1 | ST | L | |
| ....4 | 0010 | | BAND0001_V | Band Al 300mm veredelt | 0,100 | KG | L | |
| .....5 | 0010 | | BAND0001 | Band Al 300mm | 2 | KG | L | |

*Abbildung 3.1: Transaktion CS12 – mehrstufiger Stücklistenaufriss*

## 3.1.1 Mehrfachstücklisten

Eine Stückliste ist eindeutig einer Kombination von Materialnummer, Werk und Stücklistenverwendung zugeordnet (siehe zur Stücklistenverwendung Abschnitt 3.2.1). Gibt es zu einer solchen Kombination mehrere gültige Stücklisten, spricht man von einer *Mehrfachstücklis-*

*te* bzw. von *Stücklistenalternativen*. Eine Anlage von Alternativen kann u. a. durch folgende Gründe notwendig werden:

- Einsatz unterschiedlicher Fertigungsverfahren, die eine abweichende Mengenzusammensetzung oder andere Komponenten erfordern
- Nutzung abweichender Stücklisten für Nacharbeiten
- alternative Stücklisten für teilweise Auslagerung des Fertigungsprozesses an einen Lohnbearbeiter

**! Fertigungsversion zur Stücklistenauswahl**

Für die Auswahl der jeweils zu nutzenden Stücklistenalternative wird in SAP S/4HANA zwingend eine Fertigungsversion benötigt (vgl. Kapitel 6).

Eine neue Stücklistenalternative legen Sie über die Transaktion *CS01* (SAP Menü • Logistik • Produktion • Stammdaten • Stücklisten • Stückliste • Materialstückliste • Anlegen) an. Hierdurch wird eine vorhandene Stückliste um eine neue Alternative erweitert. Um zu prüfen, ob Stücklistenalternativen existieren, rufen Sie für das jeweilige Material die Transaktion *CS03* (SAP Menü • Logistik • Produktion • Stammdaten • Stücklisten • Stückliste • Materialstückliste • Anzeigen) auf. Sofern Alternativen vorliegen, zeigt Ihnen das System diese zunächst in einer Übersicht an (siehe Abbildung 3.2), aus der Sie eine Alternative per Doppelklick auswählen.

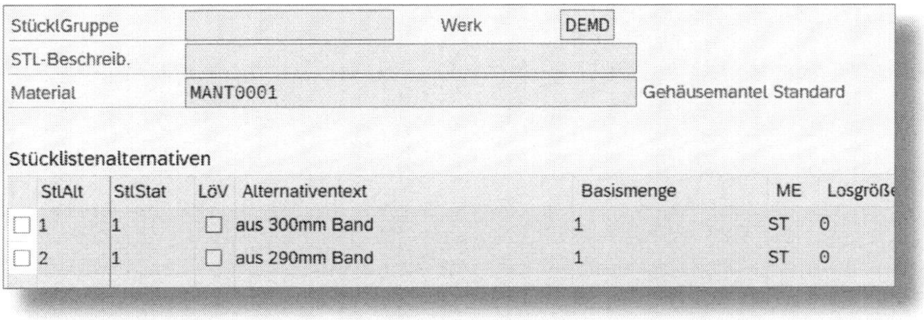

StücklGruppe | Werk DEMD
STL-Beschreib.
Material MANT0001 Gehäusemantel Standard

Stücklistenalternativen

| | StlAlt | StlStat | LöV | Alternativentext | Basismenge | ME | Losgröß |
|---|---|---|---|---|---|---|---|
| ☐ | 1 | 1 | ☐ | aus 300mm Band | 1 | ST | 0 |
| ☐ | 2 | 1 | ☐ | aus 290mm Band | 1 | ST | 0 |

*Abbildung 3.2: Stückliste mit zwei Alternativen*

**☛ Benennung der Alternativen**

Sie sollten Ihre Stücklistenalternativen prägnant benennen, damit Sie deren Inhalt in der Übersicht (siehe Abbildung 3.2) schnell identifizieren können, ohne in die Positionen aller Alternativen navigieren zu müssen. Die Benennung ist optional und wird im jeweiligen Stücklistenkopf im Feld ALTERNATIVENTEXT eingegeben.

### 3.1.2 Dummy-Baugruppen

Eine Besonderheit in der Stücklistenstruktur ist die *Dummy-Baugruppe*. Hierbei handelt es sich um eine logische Zusammenfassung von Komponenten. Im Gegensatz zu einer normalen Baugruppe wird die Dummy-Baugruppe nicht gefertigt bzw. montiert. Sie dient lediglich der besseren Strukturierung der Stücklisten (z. B. aus konstruktiver oder organisatorischer Sicht).

**Zeigerset als Dummy-Baugruppe**

Unser Zeigerset ZEISET0001 ist eine Dummy-Baugruppe, die nur zur Gruppierung der Zeiger erstellt wurde. Aus Sicht der Produktentwicklung ist das wichtig, da verschiedenartige Zeiger nicht willkürlich kombiniert werden dürfen. In der Montage werden die einzelnen Zeiger natürlich nicht vormontiert, sondern alle nacheinander auf das Zifferblatt unseres Weckers gesetzt.

Die Kennzeichnung einer Dummy-Baugruppe kann an zwei Stellen erfolgen:

- Ist die Baugruppe immer eine Dummy-Baugruppe und wird sie grundsätzlich nicht gefertigt, erfolgt die Pflege im Materialstamm. Sie tragen hierzu auf der Sicht DISPOSITION 2 die SONDERBESCHAFFUNG *50* ein (vgl. Abschnitt 2.3.1).

- Wird die Baugruppe für manche Zielprodukte gefertigt und für andere nicht, erfolgt die Pflege in der Stückliste. Die Stücklistenposition der Dummy-Baugruppe kennzeichnen Sie auf der Registerkarte GRUNDDATEN mit der SONDERBESCHAFFUNG *50* (vgl. Abschnitt *3.3.1*).

Im Plan- sowie im Fertigungsauftrag wird die Dummy-Baugruppe direkt weiter in ihre Komponenten aufgelöst und nur als Information mit aufgeführt. Abbildung 3.3 zeigt die KOMPONENTENÜBERSICHT eines Fertigungsauftrags für unser Material UHR0001. Die Dummy-Baugruppe *ZEISET0001* ist aufgeführt, aber entsprechend als ❶ Dummy-Position (D...) gekennzeichnet. Es erfolgt somit keine Reservierung auf diese Materialnummer, sondern die Stückliste der Dummy-Baugruppe wird direkt aufgelöst, und die ❷ jeweiligen Komponenten werden in den Fertigungsauftrag aufgenommen.

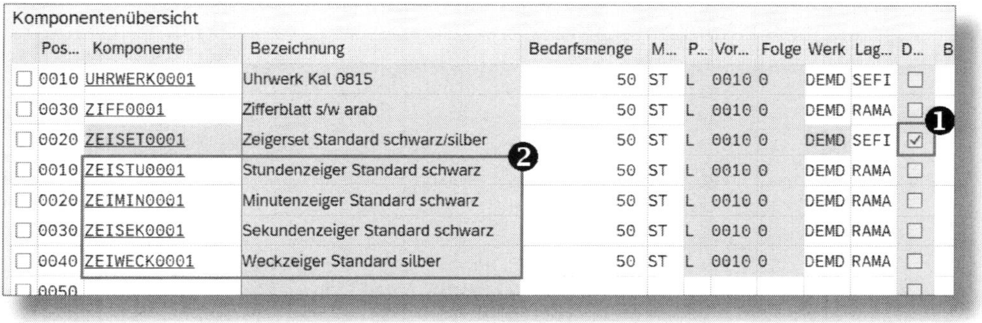

Komponentenübersicht

| Pos... | Komponente | Bezeichnung | Bedarfsmenge | M... | P... | Vor... | Folge | Werk | Lag... | D... | B |
|---|---|---|---|---|---|---|---|---|---|---|---|
| 0010 | UHRWERK0001 | Uhrwerk Kal 0815 | 50 | ST | L | 0010 | 0 | DEMD | SEFI | ☐ | |
| 0030 | ZIFF0001 | Zifferblatt s/w arab | 50 | ST | L | 0010 | 0 | DEMD | RAMA | ☐ | |
| 0020 | ZEISET0001 | Zeigerset Standard schwarz/silber | 50 | ST | L | 0010 | 0 | DEMD | SEFI | ☑ ❶ | |
| 0010 | ZEISTU0001 | Stundenzeiger Standard schwarz ❷ | 50 | ST | L | 0010 | 0 | DEMD | RAMA | ☐ | |
| 0020 | ZEIMIN0001 | Minutenzeiger Standard schwarz | 50 | ST | L | 0010 | 0 | DEMD | RAMA | ☐ | |
| 0030 | ZEISEK0001 | Sekundenzeiger Standard schwarz | 50 | ST | L | 0010 | 0 | DEMD | RAMA | ☐ | |
| 0040 | ZEIWECK0001 | Weckzeiger Standard silber | 50 | ST | L | 0010 | 0 | DEMD | RAMA | ☐ | |
| 0050 | | | | | | | | | | ☐ | |

*Abbildung 3.3: Auflösung von Dummy-Baugruppen im Fertigungsauftrag*

**! Fertigungsversion auch bei Dummy-Baugruppen**

Beachten Sie, dass Sie in SAP S/4HANA auch für eine Dummy-Baugruppe eine Fertigungsversion anlegen müssen (vgl. Kapitel 6), damit die Auflösung der Sekundärbedarfe funktioniert. Der Fertigungsversion der Dummy-Baugruppe ordnen Sie nur eine Stückliste zu, jedoch keinen Arbeitsplan.

## 3.2 Stücklistenkopf

Der Stücklistenkopf enthält Informationen, die für die gesamte Stückliste gültig bzw. keiner einzelnen Stücklistenposition zugeordnet sind. Aus den Transaktionen *CS02* und *CS03* (SAP MENÜ • LOGISTIK • PRODUKTION • STAMMDATEN • STÜCKLISTEN • STÜCKLISTE • MATERIALSTÜCKLISTE • ÄNDERN/ANZEIGEN) heraus navigieren Sie mittels des Buttons KOPF in den Stücklistenkopf.

Die Ansicht des Stücklistenkopfes gliedert sich in einen allgemeinen Teil sowie die Registerkarten MENGEN/LANGTEXT, WEITERE DATEN, VERWALTUNGSDATEN und DOKUMENTZUORDNUNG (siehe Abbildung 3.4).

Die allgemeinen Kopfdaten dienen in erster Linie der eindeutigen Identifikation der Stückliste. Das Feld MATERIAL beinhaltet die Nummer des Kopfmaterials der Stückliste, d. h. des Materials, das mit den Komponenten dieser Stückliste produziert wird. Die Angabe im Feld WERK identifiziert das zugeordnete Produktionswerk.

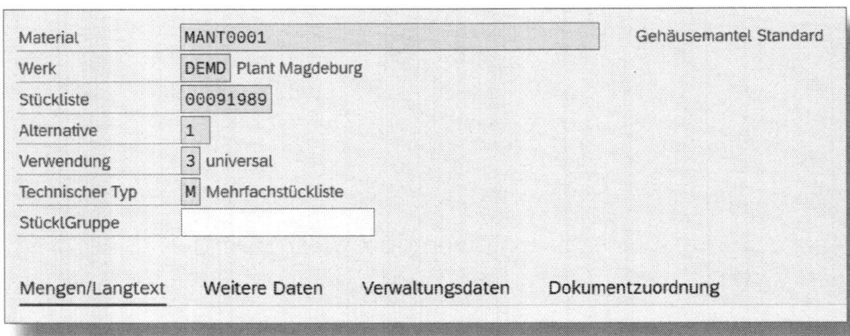


*Abbildung 3.4: Stücklistenkopf*

**Nutzung von Konzernstücklisten**

Das WERK ist bei der Stücklistenanlage kein Pflichtfeld. Sobald Sie eine Stückliste ohne Werksangabe anlegen, erzeugen Sie eine *Konzernstückliste*. Sie ist zwar werksübergreifend gültig, kann aber nicht in der Produktionsplanung oder im Fertigungsauftrag aufgelöst werden. Hierfür ist eine Werkszuordnung erforderlich. Konzernstücklisten haben ihren Nutzen daher eher in der Konstruktion als in der Fertigung. Eine Werkszuordnung legen Sie nachträglich über die Transaktion *CS07* (SAP MENÜ • LOGISTIK • PRODUKTION • STAMMDATEN • STÜCKLISTEN • STÜCKLISTE • MATERIALSTÜCKLISTE • WERKSZUORDNUNG • ANLEGEN) an.

Die Nummer im Feld STÜCKLISTE ist die systeminterne Identifikationsnummer (ID) der Stückliste. Normalerweise erfolgt eine automatische Nummernvergabe bei der Stücklistenanlage.

Sofern Sie eine Mehrfachstückliste angelegt haben, zeigt Ihnen das Feld ALTERNATIVE die Nummer der momentan ausgewählten Stücklistenalternative. Alle Stücklistenalternativen werden unter derselben Stücklisten-ID geführt. Die Wahl der VERWENDUNG der Stückliste hat weitreichende Auswirkungen und wird daher in Abschnitt 3.2.1 näher betrachtet. Das Feld TECHNISCHER TYP wird automatisch gefüllt, je nachdem, welche Art Stückliste vorliegt (einfache Stückliste, Mehrfachstückliste, Variantenstückliste).

Die Stücklistengruppe (STÜCKLGRUPPE) wird optional verwendet, um die Alternativen einer Stückliste über eine andere, frei wählbare Bezeichnung zu selektieren. Dies ist nützlich, wenn Sie keine »sprechenden« Materialnummern nutzen. Sie haben damit eine zusätzliche Selektionsmöglichkeit von Stücklisten, auf die Sie über die Transaktionen *CS05* und *CS06* (SAP MENÜ • LOGISTIK • PRODUKTION • STAMMDATEN • STÜCKLISTEN • STÜCKLISTE • MATERIALSTÜCKLISTE • STÜCKLISTENGRUPPE • ÄNDERN/ANZEIGEN) zugreifen.

## 3.2.1 Stücklistenverwendung

Die Stücklistenverwendung legen Sie bereits im Einstiegbild der Stücklistenanlage fest und können diese im Nachhinein auch nicht mehr ändern. Sie bestimmen damit, für welche Geschäftsprozesse die Stückliste verwendet wird. Im SAP-Standard wird eine Reihe von Stücklistenverwendungen mitgeliefert, die für die meisten Anwendungsfälle bereits ausreichend sind. Je nach System- oder Branchenanpassungen können in Ihrem System verschiedene Verwendungen vorliegen. Die meistgenutzten Standardstücklistenverwendungen im Bereich der Fertigung sind i. d. R.:

- *Fertigung* (Verwendung 1): Stückliste aus Sicht der Fertigung, d. h., sie enthält die nötigen Komponenten für den konkreten Fertigungsauftrag.
- *Konstruktion* (Verwendung 2): Stückliste aus Sicht der Konstruktion. Diese kann von der Fertigung abweichen (z. B. in Detaillierungsgrad, Baugruppen, Materialien).
- *Universal* (Verwendung 3): Stückliste, die für die meisten Geschäftsprozesse gültig ist und nahezu in jedem Bereich genutzt werden kann.

**! Einkaufsstücklisten in SAP S/4HANA**

Bitte beachten Sie, dass es die Einkaufsstückliste (Verwendung E) in SAP S/4HANA nicht mehr gibt. Die Lohnbearbeitung wird nun als Alternative einer Fertigungsstückliste abgebildet. Zur Lohnbearbeitung in SAP S/4HANA sei auf das Buch »Lohnbearbeitung mit SAP S/4HANA – Einkaufs- und Produktionsprozess« (Dischinger, Espresso Tutorials, 2021: *http://5649.espresso-tutorials.de*) verwiesen.

Die gewählte Stücklistenverwendung steuert, welche betriebswirtschaftlichen Prozesse mit der Stückliste und deren Positionen durchführbar sind. Über die Customizing-Transaktion *OS20* (SPRO • PRODUKTION • GRUNDDATEN • STÜCKLISTE • ALLGEMEINE DATEN • STÜCKLISTENVERWENDUNG • STÜCKLISTENVERWENDUNG DEFINIEREN) legen Sie fest, welche Kennzeichen im Positionsstatus für die einzelnen Stücklistenpositionen erlaubt sind, d. h., ob eine Stücklistenposition im Fertigungsauftrag genutzt werden darf, für die Kalkulation herangezogen werden soll usw. (vgl. Abschnitt 3.3.2).

Abbildung 3.5 zeigt einen Ausschnitt der Standardeinstellungen in der *OS20*. Für jede ❶ Verwendung steuern Sie, ob das jeweilige Kennzeichen im Positionsstatus verpflichtend (+), optional (.) oder verboten (-) ist. So kann z. B. neben der Fertigungsstückliste, bei der ❷ die Fertigungsrelevanz (FERTREL) verpflichtend ist, auch eine Konstruktions- oder Universalstückliste im Fertigungsauftrag aufgelöst werden, da die Fertigungsrelevanz hier ❸ optional für alle Positionen gesetzt werden kann.

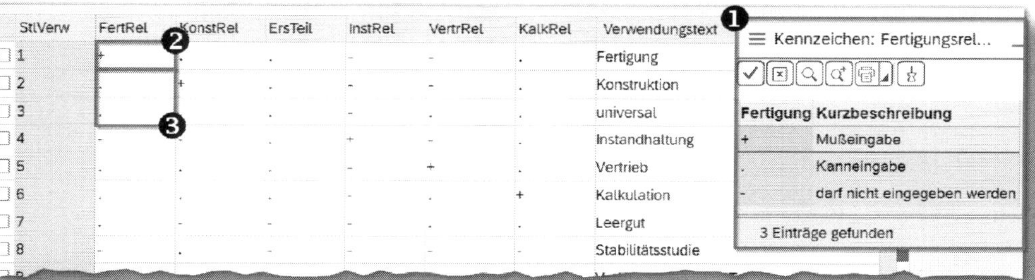

| StlVerw | FertRel | KonstRel | ErsTeil | InstRel | VertrRel | KalkRel | Verwendungstext |
|---|---|---|---|---|---|---|---|
| 1 | + | . | . | - | - | . | Fertigung |
| 2 | . | + | . | - | - | . | Konstruktion |
| 3 | . | . | . | - | . | . | universal |
| 4 | - | - | . | + | - | . | Instandhaltung |
| 5 | . | . | . | - | + | . | Vertrieb |
| 6 | . | . | . | - | . | + | Kalkulation |
| 7 | . | - | - | - | . | . | Leergut |
| 8 | - | . | - | - | - | - | Stabilitätsstudie |



*Abbildung 3.5: Transaktion OS20 – Customizing der Stücklistenverwendung*

### ☛ Nutzung einer Universalstückliste

Der Einsatz einer Universalstückliste ist dann sinnvoll, wenn Sie wenig bis keine Abweichungen zwischen den einzelnen Verwendungen der Stückliste haben. Für ein fertigendes Unternehmen sind hier i. d. R. die Bereiche Konstruktion, Fertigung und das Controlling (Kalkulation) zu berücksichtigen. Bei geringen Abweichungen kann für einzelne Stücklistenpositionen innerhalb der Universalstückliste ein abweichender Positionsstatus gesetzt werden (vgl. Abschnitt 3.3.2). Unterscheiden sich die Stücklisten jedoch in größerem Ausmaß, sollten Sie jeweils eigene Stücklisten mit entsprechender Verwendung anlegen.

Die Nutzung mehrerer Stücklisten mit unterschiedlicher Verwendung zu einem Material sorgt für eine neue Herausforderung. Sie müssen sicherstellen, dass bei der Anlage von Plan- und Fertigungsaufträgen die richtige Verwendung selektiert wird. Grundsätzlich wird hierfür in SAP S/4HANA die Prioritätenreihenfolge der Fertigungsversionen genutzt (vgl. Kapitel 6).

Unter Umständen kann es jedoch auch sinnvoll sein, die Stückliste über eine eigens definierte Prioritätsreihenfolge auszuwählen, statt eine fixe Priorität der Fertigungsversionen zu nutzen. Das gilt insbesondere dann, wenn Sie verschiedene Stücklistenverwendungen im Einsatz haben, der Arbeitsplan aber identisch bleibt.

Hierzu schalten Sie zunächst die Auflösung über die Fertigungsversion aus, indem Sie das Kennzeichen OHNE FERTIGUNGSVERSION AUFLÖSEN für die STÜCKLISTENANWENDUNG *PP01* setzen (siehe Abbildung 3.6). Der Customizing-Pfad hierzu lautet: SPRO • PRODUKTION • GRUNDDATEN • STÜCKLISTE • ALTERNATIVENBESTIMMUNG • STÜCKLISTENANWENDUNG FÜR STÜCKLISTENAUFLÖSUNG DEFINIEREN.

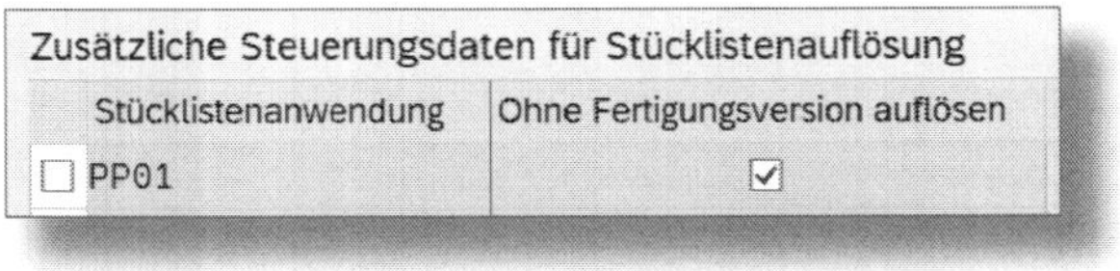

Zusätzliche Steuerungsdaten für Stücklistenauflösung

| Stücklistenanwendung | Ohne Fertigungsversion auflösen |
|---|---|
| PP01 | ☑ |

*Abbildung 3.6: Ausschalten der Fertigungsversion für die Stücklistenauflösung*

Damit »aktivieren« Sie die *Selektions-ID* in der Customizing-Transaktion *OS30* (SPRO • PRODUKTION • GRUNDDATEN • STÜCKLISTE • ALTERNATIVENBESTIMMUNG • ANWENDUNGEN DEFINIEREN). Sie steuert die Prioritätenreihenfolge je Verwendung, d. h. die Reihenfolge, nach der auf das Vorhandensein gültiger Stücklisten geprüft wird. Der Anwendung (ANWEN...) *PP01* ist im Standard die Selektions-ID *01* zugeordnet (siehe Abbildung 3.7), die Sie über die Transaktion *OS31* (SPRO • PRODUKTION • GRUNDDATEN • STÜCKLISTE • ALTERNATIVENBESTIMMUNG • PRIORITÄTENFOLGE DER STÜCKLISTENVERWENDUNGEN FESTLEGEN) anpassen.

| | Anwen... | SelID | AltAusw | FertVers | Bezeichnung Anwendung | Afl.BdPl | PlAuftr | Frg.Kalk | Frg.ArbPl | Frg.Auftr | SmlEntn | KndAuftr |
|---|---|---|---|---|---|---|---|---|---|---|---|---|
| ☐ | BEST | 01 | ☑ | ☐ | Bestandsführung | ☑ | ☑ | ☐ | ☐ | ☐ | ☐ | ☐ |
| ☐ | CC01 | CC | ☐ | ☐ | Anlagekonfiguration | ☐ | ☐ | ☐ | ☐ | ☐ | ☐ | ☐ |
| ☐ | DFPS | 99 | ☑ | ☐ | Externe Chargen | ☐ | ☐ | ☐ | ☐ | ☐ | ☐ | ☐ |
| ☐ | INST | 03 | ☐ | ☐ | Instandhaltung | ☐ | ☐ | ☐ | ☐ | ☐ | ☐ | ☐ |
| ☐ | IUID | 10 | ☐ | ☐ | IUID Eingebettete Positionen | ☐ | ☐ | ☐ | ☐ | ☐ | ☐ | ☐ |
| ☐ | PC01 | 05 | ☑ | ☑ | Kalkulation | ☐ | ☐ | ☑ | ☐ | ☐ | ☐ | ☐ |
| ☐ | PI01 | 40 | ☑ | ☑ | Prozeßfertigung | ☑ | ☑ | ☑ | ☑ | ☑ | ☐ | ☐ |
| ☑ | PP01 | 01 | ☑ | ☑ | Fertigung - allgemein | ☑ | ☑ | ☑ | ☑ | ☑ | ☐ | ☐ |
| ☐ | S4C1 | CM | ☐ | ☐ | Kundenmanagement | ☐ | ☐ | ☐ | ☐ | ☐ | ☐ | ☐ |
| ☐ | SD01 | 04 | ☑ | ☐ | Vertrieb | ☐ | ☐ | ☐ | ☐ | ☐ | ☐ | ☑ |

*Abbildung 3.7: Transaktion OS30 – Standardeinstellungen*

Besser ist jedoch, Sie legen eine eigene Selektions-ID an und ordnen diese der Anwendung *PP01* zu. Abbildung 3.8 zeigt beispielhaft die Selektions-ID Z1. Diese prüft nach der in Spalte Selektionspriorität (SELPR) angegebenen Reihenfolge auf vorhandene Stücklisten, d. h., zuerst erfolgt die Suche nach einer Fertigungsstückliste (STLVERW *1*), dann nach einer Universalstückliste (STLVERW *3*) und schließlich nach einer Konstruktionsstückliste (STLVERW *2*). Sobald eine gültige Stückliste selektiert wurde, wird diese genutzt. Findet sich auch nach Durchlaufen aller angegebenen Verwendungen keine gültige Stückliste, wird eine Fehlermeldung ausgegeben.

| | SelID | SelPr | StlVerw |
|---|---|---|---|
| ☐ | Z1 | 1 | 1 |
| ☐ | Z1 | 2 | 3 |
| ☐ | Z1 | 3 | 2 |

*Abbildung 3.8: Transaktion OS31 – Steuerung der Stücklistenselektion entsprechend der Stücklistenverwendung*

In der Customizing-Transaktion *OS30* legen Sie außerdem fest, welchen Status die Stückliste haben muss, um als Alternative selektiert zu werden (siehe Abbildung 3.7 sowie Abschnitt 3.2.2).

Zudem haben Sie die Möglichkeit, die zulässigen Materialarten für den Stücklistenkopf je nach Verwendung einzuschränken. Dazu nutzen Sie die Customizing-Transaktion *OS24* (SPRO • PRODUKTION • GRUNDDATEN • STÜCKLISTE • ALLGEMEINE DATEN • ZULÄSSIGE MATERIALARTEN FÜR DEN STÜCKLISTENKOPF FESTLEGEN). Im Standard sind alle Materialarten für alle Stücklistenverwendungen zugelassen. Eine Beschränkung ergibt i. d. R. nur bei speziellen Anforderungen in Kombination mit eigenen Stücklistenverwendungen und Materialarten Sinn. Abbildung 3.9 zeigt beispielhaft die Stücklistenverwendung Z, die nicht für Fertigmaterialien (FERT) verwendet werden darf und somit nur auf Baugruppenebene genutzt werden kann.

*Abbildung 3.9: Beschränkung der Materialart zu einer Stücklistenverwendung*

### 3.2.2 Mengen/Langtext

Die Registerkarte MENGEN/LANGTEXT enthält die meisten Steuerungsinformationen des Stücklistenkopfes und untergliedert sich weiter in die drei Bildbereiche STÜCKLISTE UND ALTERNATIVER TEXT, MENGENDATEN und GÜLTIGKEIT (siehe Abbildung 3.10).

#### Stückliste und alternativer Text

Der Bereich STÜCKLISTE UND ALTERNATIVER TEXT ist optional. Sie geben hier eine beschreibende Bezeichnung der gesamten Stückliste bzw. der gewählten Alternative ein. Ein Langtext für längere Beschreibungen steht in beiden Feldern über den Button zur Verfügung (siehe Abbildung 3.10).

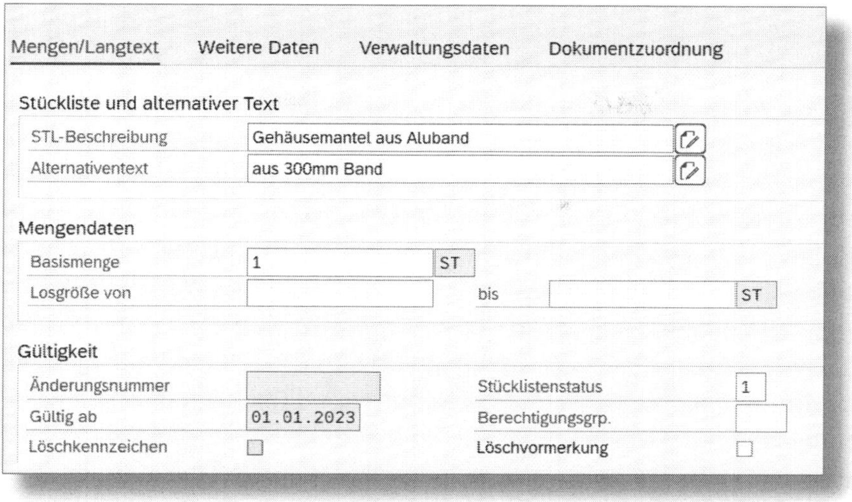

*Abbildung 3.10: Stücklistenkopf – Sicht »Mengen/Langtext«*

**! Erste Zeile Langtext = Kurzbeschreibung**

Beachten Sie, dass die erste Zeile im Langtext generell auch die Kurzbeschreibung des Stücklistenkopfes bzw. des Alternativentextes ist. Verändern Sie bei erfasstem Langtext die Kurzbeschreibung, ändert sich automatisch auch die erste Zeile im Langtext – und umgekehrt.

### Mengendaten

Im Bildbereich MENGENDATEN geben Sie mit der BASISMENGE an, welche Menge des zu fertigenden Produkts mit den angegebenen Komponentenmengen hergestellt wird (siehe Abbildung 3.11). Bei einer Veränderung der Basismenge müssen die Komponentenmengen folglich um den gleichen Faktor angepasst werden.

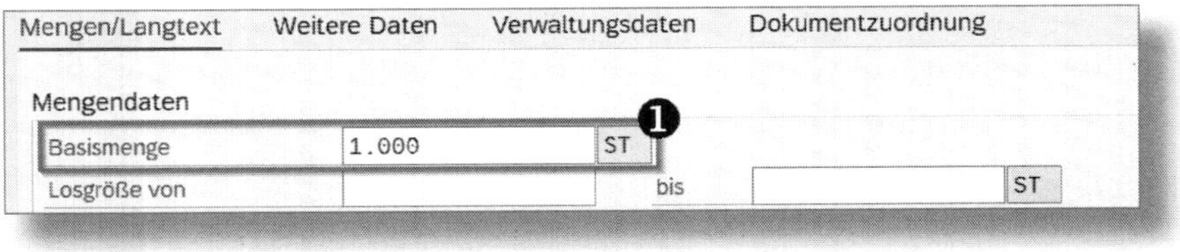

*Abbildung 3.11: Angabe der Basismenge*

Nicht immer ist es sinnvoll, eine Stückliste mit einer Basismenge von 1 anzulegen. Vielmehr sollten Sie eine Menge wählen, für die die Komponentenmengen sinnvoll ermittelbar sind. Die Basismenge bei Anlage einer Stückliste hinterlegen Sie als Vorschlagswert über die Customizing-Transaktion *OS28* (SPRO • PRODUKTION • GRUNDDATEN • STÜCKLISTE • STEUERUNGSDATEN FÜR DAS STÜCKLISTENWESEN • VORSCHLAGSWERTE FESTLEGEN).

### ! Aufrundung bei zu kleinen Mengen

Beachten Sie, dass SAP die Mengen der Sekundärbedarfe aufrundet, wenn diese zu klein für die angegebene Maßeinheit werden. So wird z. B. die Angabe Stück immer auf ganze Zahlen aufgerundet. Bei ungünstigen Mengenangaben in der Stückliste können somit Mehrbedarfe im System entstehen.

### Sehr kleine Rohstoffmengen

Erhöhen Sie die Basismenge, wenn Sie sehr kleine Rohstoffmengen für ein Stück des Zielprodukts benötigen. Die Füße FUSS0001 unseres Weckers werden aus Stangenmaterial abgedreht. Für einen Fuß werden 0,00045 kg Stangenmaterial benötigt. Deshalb ist es sinnvoll, die Mengen um den Faktor 1000 zu erhöhen, also 1.000 Stück als Basismenge und 0,45 kg als Komponentenmenge anzugeben.

> **Teilung von Stückware**
>
> Erhöhen Sie die Basismenge, wenn Sie in Ihrem Fertigungsprozess ein in Stück geführtes Material zerteilen und weiterbearbeiten. Angenommen, wir würden die Gläser GLAS0001 für unseren Wecker selbst herstellen, indem sie aus größeren Glasplatten geschnitten werden. Aus einer Platte erhalten wir z. B. 20 Gläser. Damit wären für ein Glas nur 0,05 Scheiben nötig. Da die Maßeinheit Stück nicht teilbar ist und damit zu aufgerundeten Bedarfsmengen führen würde, sollten auch hier die Mengen entsprechend erhöht werden. Beispielweise benötigen 20 Gläser eine Glasplatte (Basismenge 20) bzw. 100 Gläser fünf Glasplatten (Basismenge 100).

Über die Felder ❶ LOSGRÖẞE VON und BIS (siehe Abbildung 3.12) schränken Sie den *Losgrößenbereich* der Stückliste ein. Dieser gibt an, für welche Fertigungsmengen innerhalb eines Plan- oder Fertigungsauftrags die Stückliste genutzt werden darf. Beachten Sie, dass diese beiden Felder erst sichtbar werden, wenn Sie eine Mehrfachstückliste (Alternativen) zu einem Material anlegen. Die Pflege ist optional, d. h., alle Alternativen können auch für alle Losgrößenbereiche gültig sein.

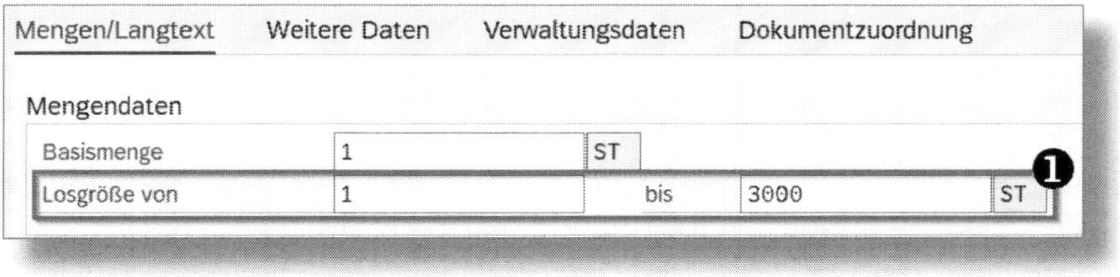

*Abbildung 3.12: Einschränkung der Losgrößen für eine Stücklistenalternative*

Die Einschränkung des Losgrößenbereichs hat auch Auswirkungen auf die zulässigen Kombinationen in der Fertigungsversion (vgl. Kapitel 6). Sie sollten immer darauf achten, dass die Angaben zwischen Stückliste, Arbeitsplan und Fertigungsversion übereinstimmen.

## Gültigkeit

Das zentrale Feld im Bildbereich GÜLTIGKEIT ist der STÜCKLISTENSTATUS (siehe Abbildung 3.10). Mit ihm bilden Sie den Lebenszyklus der Stückliste ab. Dies ist vor allem dann sinnvoll, wenn an der Erstellung und Pflege der Stücklisten viele Abteilungen oder Personen beteiligt sind. Der Standard stellt zunächst vier Status bereit (siehe Abbildung 3.13).

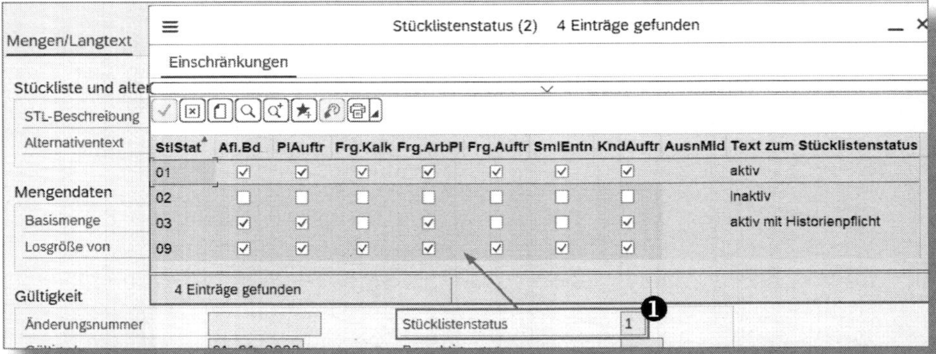


*Abbildung 3.13: Auswahl des Stücklistenstatus*

Sofern die Unterscheidung in AKTIV (01) und INAKTIV (02) für Ihre Anforderungen ungenügend ist, definieren Sie über die Customizing-Transaktion *OS23* (SPRO • PRODUKTION • GRUNDDATEN • STÜCKLISTE • ALLGEMEINE DATEN • STÜCKLISTENSTATUS DEFINIEREN) eigene Status. Der Status muss numerisch sein. Je Status kreuzen Sie an, ob die Stückliste in dem Status für die jeweilige *Stücklistenanwendung*, d. h. den betriebswirtschaftlichen Vorgang, zugelassen ist. Diese sind im Einzelnen:

- AFL.BD. (Auflösung in Bedarfsplanung): Die Stückliste kann über den MRP-Lauf aufgelöst werden.
- PLAUFTR (Freigabe für den Planauftrag): Die Stückliste kann in einem Planauftrag verwendet werden.
- FRG.KALK (Freigabe für die Kalkulation): Die Stückliste kann für die Kalkulation herangezogen werden.

- FRG.ARBPL (Freigabe für die Arbeitsplanung): Über die Stückliste können Komponenten einem Vorgang im Arbeitsplan zugeordnet werden (vgl. Abschnitt 5.5).
- FRG.AUFTR (Freigabe für Aufträge): Die Stückliste kann in Fertigungsaufträgen verwendet werden.
- SMLENTN (Sammelentnahme): Dies aktiviert die Möglichkeit der Sammelentnahme für die Komponenten der Stückliste.
- KNDAUFTR (Auflösung im Kundenauftrag): Dies erlaubt die Nutzung der Stückliste im Kundenauftrag für die Generierung von Unterpositionen.

**Lebenszyklusphasen von Stücklisten**

Sie haben mit dem Status vielfältige Möglichkeiten, Stücklisten, die sich in verschiedenen Erstellungsphasen befinden, voneinander abzugrenzen. Ein solcher Lebenszyklus könnte beispielsweise so aussehen: Stücklisten im Prototypenstatus sollen bereits für die Bedarfsplanung (AFL.BD.) und Kalkulation (FRG.KALK) verwendet werden, aber noch nicht in Aufträgen. Nach einer Freigabe der technologischen Arbeitsvorbereitung können Stückliste und Arbeitsplan mit Komponentenzuordnung zusammengeführt (FRG.ARBPL) und erste Planaufträge erstellt werden (PLAUFTR). Erst nach finaler Prüfung und Freigabe darf die Stückliste in Fertigungsaufträgen verwendet werden (FRG.AUFTR).

**Default-Status beim Anlegen**

Wenn Sie eigene Statusdefinitionen verwenden, ist es oftmals gewünscht, dass die Stückliste beim Anlegen automatisch einen »Startstatus« erhält. Diesen stellen Sie über die Customizing-Transaktion *OS28* (SPRO • PRODUKTION • GRUNDDATEN • STÜCKLISTE • STEUERUNGSDATEN FÜR DAS STÜCKLISTENWESEN • VORSCHLAGSWERTE FESTLEGEN) ein.

Des Weiteren finden Sie im Bildbereich Gültigkeit (siehe Abbildung 3.10) die Felder Änderungsnummer und Gültig ab, die beide den Werten auf der Registerkarte Verwaltung entsprechen. Eine Nutzung der Änderungsnummer setzt die Arbeit mit Änderungsstammsätzen voraus (vgl. Abschnitt 3.2.4).

Mit dem Kennzeichen Löschvormerkung markieren Sie die Stückliste für eine Löschung beim nächsten Archivierungslauf. Ein markiertes Löschkennzeichen hingegen zeigt an, dass die Stückliste mit Bezug auf die angegebene Änderungsnummer gelöscht wurde. Über den Parameter Berechtigungsgrp schränken Sie bei Bedarf die Berechtigungen zum Bearbeiten bestimmter Stücklisten ein.

### 3.2.3 Weitere Daten

Abbildung 3.14 zeigt die Registerkarte Weitere Daten. Die hier enthaltenen Angaben dienen lediglich der Information. Über das Feld Labor/Büro geben Sie bei Bedarf das zuständige Konstruktionsbüro an. Die Eingabewerte sind im Customizing über den Pfad SPRO • Produktion • Grunddaten • Stückliste • Allgemeine Daten • Labor/Konstruktionsbüro definieren zu pflegen.

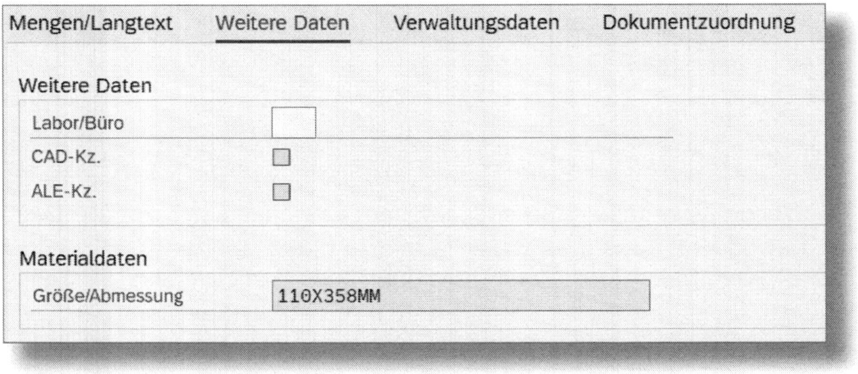

*Abbildung 3.14: Stücklistenkopf – weitere Daten*

Die beiden Kennzeichen CAD-Kz. und ALE-Kz. werden automatisch gesetzt, wenn die Stückliste über eine entsprechende Schnittstelle ins System eingespielt wurde. Das Feld GRÖSSE/ABMESSUNG ist in der Stückliste nicht änderbar und wird aus dem Materialstamm (Sicht »Grunddaten 1«) übernommen.

### 3.2.4 Verwaltungsdaten und Dokumentzuordnung

Die Registerkarte VERWALTUNGSDATEN (siehe Abbildung 3.15) enthält Informationen zur zeitlichen Gültigkeit der Stückliste sowie zu Zeitpunkt und Nutzer von Erstanlage und letzter Änderung der Stückliste.

Mengen/Langtext | Weitere Daten | Verwaltungsdaten | Dokumentzuordnung

Gültigkeit

| | | | |
|---|---|---|---|
| Änderungsnummer | | Änderungsnr bis | |
| Gültig ab | 01.01.2023 | Gültig bis | 31.12.9999 |

Verwaltungsdaten

| | | | |
|---|---|---|---|
| Angelegt am | 28.01.2023 | Angelegt von | WROYWENDLER |
| Geändert am | 01.02.2023 | Geändert von | WROYWENDLER |

*Abbildung 3.15: Stücklistenkopf – Verwaltungsdaten*

Der *Gültigkeitszeitraum* der Stückliste bestimmt den Datumsbereich, in dem die Stückliste verwendet werden darf. Außerhalb kann die Stückliste nicht zur Bedarfsauflösung oder im Fertigungsauftrag genutzt werden. Die Felder GÜLTIG AB und GÜLTIG BIS werden automatisch mit den Daten gefüllt, die Sie beim Anlegen oder Ändern der Stückliste eingeben.

**! Stücklisten immer gültig bis 31.12.9999?**

Während das GÜLTIG-AB-Datum bei jeder Stücklistenänderung im Startbildschirm eingegrenzt werden kann, fragen sich viele, wie das GÜLTIG-BIS-Datum herabgesetzt werden kann. Dieses Datum

> können Sie nur beeinflussen, wenn Sie mit *Änderungsstammsätzen* (Transaktion *CC01* bzw. Pfad SAP MENÜ • ANWENDUNGSÜBERGREIFENDE KOMPONENTEN • ÄNDERUNGSDIENST • ÄNDERUNGSNUMMER • ANLEGEN) arbeiten. In dem Fall werden auch die Felder zur ÄNDERUNGSNUMMER gefüllt.

Auf der Registerkarte DOKUMENTZUORDNUNG ordnen Sie dem Stücklistenkopf Dokumente zu (z. B. Konstruktionszeichnungen, Anweisungen). Beachten Sie, dass die Dokumentarten vorher im Customizing definiert und die Dokumente als Stammsatz angelegt sein müssen. Obgleich Sie diese Zuordnung als Information bzw. Dokumentation nutzen können, wird ein deutlicher Mehrwert erst durch die Verbindung mit einem Dokumentenmanagementsystem erreicht. Abbildung 3.16 zeigt beispielhaft eine zugeordnete Konstruktionszeichnung.

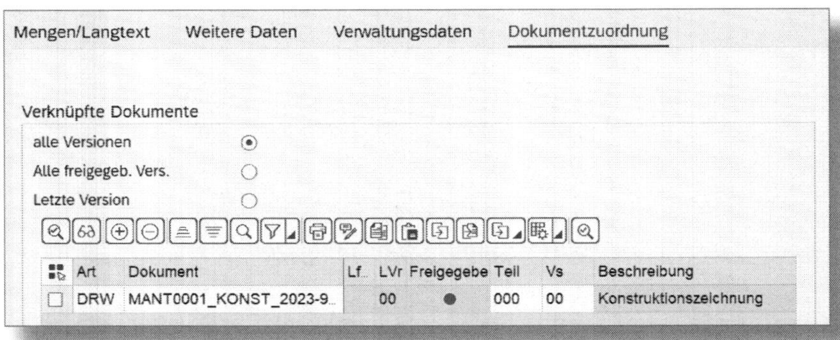


*Abbildung 3.16: Stücklistenkopf – Dokumentzuordnung*

## 3.3 Stücklistenpositionen

Eine *Stücklistenposition* repräsentiert einen einzelnen Eintrag einer Stückliste. Im Sinne der Materialstücklisten in der Fertigung entspricht eine Position i. d. R. einer Materialkomponente mit der benötigten Menge.

Nach dem Öffnen einer Stückliste bzw. einer Stücklistenalternative über die Transaktionen *CS02* oder *CS03* (SAP Menü • Logistik • Produktion • Stammdaten • Stücklisten • Stückliste • Materialstückliste • Ändern/Anzeigen) springen Sie direkt in die Positionsübersicht. Abbildung 3.17 zeigt die Positionsübersicht für das Uhrenmodul UHR0001 unseres Weckers. Hier sehen Sie auf den ersten Blick die wichtigsten Informationen. Dazu gehören u. a. die ❶ Materialnummer (Komponente), die ❷ Einsatzmenge (Menge) und ob es sich um eine ❸ Baugruppe (BGr) bzw. ❹ Dummy-Baugruppe (D...) handelt, d. h., ob die Komponente wiederum eine eigene Stückliste besitzt.

*Abbildung 3.17: Stücklistenpositionsübersicht – Ausschnitt*

Dies ist jedoch nur ein kleiner Ausschnitt aller Informationen und Steuerungsdaten der Positionen. Über einen Doppelklick auf die Positionsnummer (Pos.) in der ersten Spalte springen Sie in die *Positionsdetails* (alternativ Positionszeile markieren und Button ❺ wählen).

Die Ansicht der Positionsdetails gliedert sich in die vier Registerkarten Grunddaten, Status/Langtext, Verwaltung und Dokumentzuordnung (siehe Abbildung 3.18). Die Inhalte der beiden ersten Registerkarten werden in den folgenden Abschnitten detailliert behandelt. Die beiden letzten Registerkarten Verwaltung und Dokumentzuordnung sind analog zum Stücklistenkopf aufgebaut, wobei sich alle Angaben nur auf die ausgewählte Stücklistenposition beziehen.

## 3.3.1 Grunddaten

Die Registerkarte GRUNDDATEN beinhaltet eine Vielzahl an Steuerungsinformationen für die Stücklistenposition. Sie untergliedert sich daher weiter in die vier Bildbereiche STÜCKLISTENPOSITION, MENGENDATEN, ALLGEMEINE DATEN und DISPOSITIONSDATEN (siehe Abbildung 3.18).

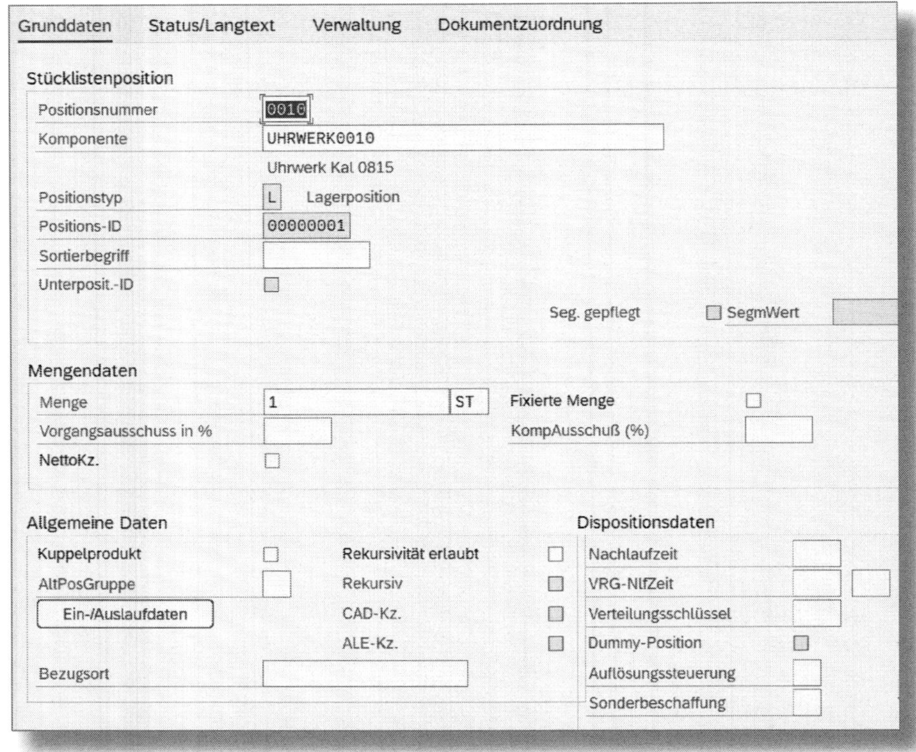


*Abbildung 3.18: Stücklistenposition – Sicht »Grunddaten«*

### Stücklistenposition

Das erste Feld enthält die POSITIONSNUMMER. Sie wird automatisch in Zehnerschritten vergeben. Das sollten Sie beibehalten, damit Sie bei späteren Ergänzungen eine Position optisch zwischen existierenden

Positionen einfügen können. Die eindeutige Identifikation der Position auf der Datenbank findet über das Feld POSITIONS-ID statt, die daher nicht manuell angepasst werden kann.

Sie geben die Materialnummer der Position im Feld KOMPONENTE an (Ausnahme: Positionstypen, die dies verbieten, z. B. Textpositionen; siehe unten). Die Materialart der verwendbaren Komponenten schränken Sie bei Bedarf je nach Stücklistenverwendung über die Customizing-Transaktion *OS14* (SPRO • PRODUKTION • GRUNDDATEN • STÜCKLISTE • POSITIONSDATEN • ZULÄSSIGE MATERIALARTEN FÜR STÜCKLISTENPOSITIONEN FESTLEGEN) ein.

Von entscheidender Bedeutung ist der *Positionstyp*. Er steuert, welche Prozesse mit dieser Position abgebildet werden können. Wenn Sie eine neue Stücklistenposition erfassen, ist der POSITIONSTYP eines der ersten Pflichtfelder und beeinflusst die nachfolgenden Eingabemöglichkeiten für die Position. Der Positionstyp kann im Nachhinein nicht mehr geändert werden.

Im SAP-Standard stehen Ihnen neun Positionstypen zur Verfügung (siehe Abbildung 3.19).

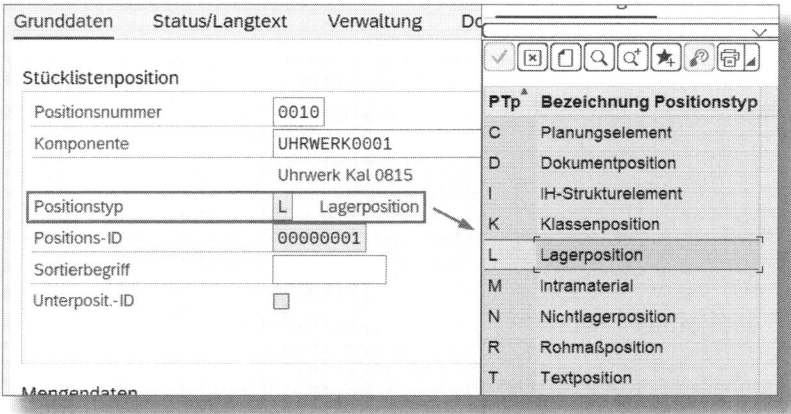


*Abbildung 3.19: Auswahl des Stücklistenpositionstyps*

Für Stücklisten in der diskreten Fertigung sind i. d. R. die folgenden Positionstypen von Relevanz:

- LAGERPOSITION *(L)*: Dies ist der mit Abstand am häufigsten genutzte Positionstyp. Er wird für alle Materialkomponenten verwendet, die bestandsgeführt sind und zur Fertigung bzw. Montage des Produkts benötigt werden.
- NICHTLAGERPOSITION *(N)*: Hiermit werden Komponenten gekennzeichnet, die nicht bestandsmäßig geführt werden. In der Disposition lösen sie eine Bestellanforderung zur Direktbeschaffung aus. Das heißt, das Material wird speziell für den Fertigungsauftrag beschafft und direkt ohne Lagerbuchungen in der Produktion weiterverarbeitet.
- ROHMAßPOSITION *(R)*: Wenn Sie aus größeren Rohstoffstücken die benötigten Teile für die Fertigung zuschneiden, verwenden Sie diesen Positionstyp. In den Positionsdetails müssen dann die benötigten Maße und eine Formel zur Berechnung des Zuschnitts angegeben werden.
- KLASSENPOSITION *(K)*: Sie wird in konfigurierbaren Materialstücklisten verwendet und dient als Platzhalter, um nicht alle Varianten in der Stückliste pflegen zu müssen.
- TEXTPOSITION *(T)*: Eine Textposition enthält beliebige Informationen und hat keine Auswirkungen auf die Disposition. Textpositionen können z. B. genutzt werden, um umfangreiche Stücklisten zu strukturieren oder eine Zusatzinformation zu einer Komponente zu hinterlegen (siehe beispielhaft Position *0029* in Abbildung 3.17).

**Eigene Stücklistenpositionstypen**

Ein potenzieller Anwendungsfall für eigene Positionstypen kann der Datenaustausch mit externen Systemen der Fertigungssteuerung, Maschinenplanung oder Feinplanung sein. Diese Systeme arbeiten teilweise mit anderen Stücklistenlogiken. Meist ist aber SAP das führende System. Mit einem eigenen Positionstyp haben Sie die Möglichkeit, im SAP zusätzliche Informationen zu pflegen, die zwar keine Auswirkungen auf die Disposition haben, aber im angebundenen System speziell über den Positionstyp ausgelesen und weiterverarbeitet werden können. In einem mir bekannten Anwendungsfall benötigte das Fertigungssteuerungssystem alle fertigungsgleichen alternativen Materialien des Stücklistenkopfes zur Belegungsplanung der Linien. Da SAP aber nur ein Kopfmaterial in der Stückliste kennt, wurden diese als zusätzliche Positionen mit dem Positionstyp »Z« in der Stückliste geführt. Eigene Stücklistenpositionstypen legen Sie über die Customizing-Transaktion *OS13* (SPRO • PRODUKTION • GRUNDDATEN • STÜCKLISTE • POSITIONSDATEN • POSITIONSTYPEN DEFINIEREN) an.

Der SORTIERBEGRIFF ist optional (siehe Abbildung 3.19); Sie verwenden ihn, wenn Sie keine sprechenden Materialnummern oder -bezeichnungen haben. Die UNTERPOSIT.-ID gibt an, dass zu der jeweiligen Position weitere Unterpositionen (UPos) existieren (siehe Abbildung 3.20). Das Kennzeichen SEG.GEPFLEGT und das Feld SEGMWERT finden im Rahmen der Segmentierung für konfigurierbare Materialien Anwendung (siehe Abbildung 3.18).

Stücklistenposition

| | |
|---|---|
| Positionsnummer | 0030 |
| Komponente | AUFZUG0001 |
| | Aufzugsrad 10 mm |
| Positionstyp | L Lagerposition |
| Positions-ID | |
| Menge | 2 ST |

Stücklistenunterpositionen

| UPos | Einbauort | UnterposMenge | Unterpositionstext |
|---|---|---|---|
| 0001 | Weckeinheit | 1,000 | Anschluss an Weckeinheit |
| 0002 | Uhr | 1,000 | Anschluss an Uhrwerk |
| 0003 | | | |

*Abbildung 3.20: Angabe von Unterpositionen zu einer Komponente*

**Eine Unterposition ist keine Baugruppe**

Die Angabe von Unterpositionen ist rein informativ. Diese beziehen sich nur auf das Material der Stücklistenposition, besitzen keine eigenen Materialnummern und werden genutzt, um den EINBAUORT der Komponente näher zu spezifizieren. Sie sind daher nicht mit Baugruppen zu verwechseln und haben auch keinerlei Auswirkung auf die Disposition (siehe hierzu beispielhaft die Angabe von zwei Unterpositionen zur Detaillierung der beiden Aufzugsräder AUFZUG0001 unseres Weckers in Abbildung 3.20).

### Mengendaten

Aus der Positionsübersicht ist lediglich die Komponentenmenge ersichtlich. In der STÜCKLISTENPOSITION können jedoch erweiterte Angaben zur Berechnung der *Einsatzmenge* gepflegt werden. Als Einsatzmenge bezeichnet man die tatsächlich benötigte Menge inklusive anfallender Ausschussanteile, die Sie im Bildbereich MENGENDATEN pflegen. Abbildung 3.21 zeigt die Mengendaten zu den Füßen FUSS0001 unseres Uhrgehäuses.

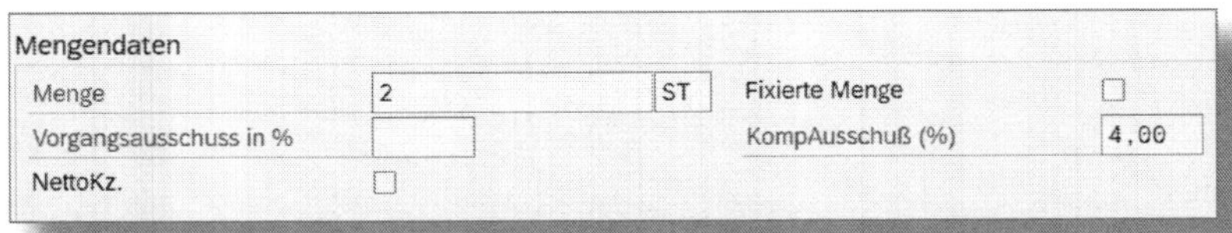


*Abbildung 3.21: Stücklistenposition – Mengendaten*

Im Feld MENGE spezifizieren Sie zunächst die grundsätzlich benötigte Menge der Komponente in Bezug auf die Basismenge der Stückliste (vgl. Abschnitt 3.2.2). Die Mengeneinheit wird aus dem Materialstamm übernommen (Basismengeneinheit oder Ausgabemengeneinheit; vgl. Abschnitt 2.6.1) und kann bei Bedarf im Rahmen der gepflegten alternativen Mengeneinheiten angepasst werden. Die Einsatzmenge der Komponente wird proportional zur Fertigungsmenge im Auftrag berechnet. In einigen Fällen ist die Menge einer bestimmten Komponente aber konstant, d. h. unabhängig von der Auftragsmenge. In diesem Fall muss das Feld FIXIERTE MENGE markiert werden.

Die Felder VORGANGSAUSSCHUSS IN %, KOMPAUSSCHUSS (%) und NETTOKZ. dienen der exakten Einsatzmengenberechnung bei geplantem Ausschuss. Daten zum Ausschuss pflegen Sie in der Stücklistenposition, im Materialstamm und im Vorgang des Arbeitsplans. Hierbei ist darauf zu achten, dass sich mehrere Ausschussarten kumulieren können und sich die Einsatzmenge der Komponenten entsprechend erhöht.

Zunächst ist zwischen *geplantem* und *ungeplantem Ausschuss* zu unterscheiden. Ungeplanter Ausschuss entsteht in der Fertigung durch unvorhergesehene Situationen wie z. B. Bruch oder Bedienfehler und wird daher nicht in den Stammdaten berücksichtigt, sondern bei der Mengenrückmeldung zum Auftrag angegeben. Er führt zu einer Mindermenge in der Ausbringung oder erhöhtem Komponentenverbrauch.

Ist jedoch aufgrund der Fertigungsprozesse oder der Qualität der eingesetzten Komponenten mit einem vorhersehbaren Ausschuss zu rechnen, kann dieser bei der Berechnung der Einsatzmenge der Komponenten bereits berücksichtigt werden. Man spricht in diesem Fall von geplantem Ausschuss. SAP unterscheidet dabei folgende Ausschussarten:

- Als *Baugruppenausschuss* bezeichnet man den prozentualen Ausfall einer kompletten Baugruppe, nachdem diese produziert worden ist (z. B. bei einer zerstörenden Prüfung). Beim Baugruppenausschuss erhöht sich die zu fertigende Menge und somit der Bedarf an allen Komponenten der Baugruppe. Die Pflege erfolgt im Materialstamm der Baugruppe auf der Registerkarte DISPOSITION 1 (vgl. Abschnitt 2.2.2).
- Der *Komponentenausschuss* beschreibt den prozentualen Anteil des Ausschusses einer einzelnen Komponente während der Fertigung oder Montage. Beispielsweise ist ein bestimmter Anteil eines Zukaufteils qualitativ nicht verwendbar, wobei sich die Eignung erst in der Produktion zeigt. Die Angabe eines Komponentenausschusses erhöht nur den Bedarf der jeweiligen Komponente. Die Pflege erfolgt wahlweise im Materialstamm auf der Registerkarte DISPOSITION 4 (vgl. Abschnitt 2.5.1) oder in der Stücklistenposition im Feld KOMPAUSSCHUSS (%). Die Angabe in der Stückliste hat Priorität.

- Unter *Vorgangsausschuss* versteht man den Ausschuss, der bei einem Arbeitsvorgang an den Komponenten entsteht. Die Pflege eines Vorgangsausschusses ist z. B. dann sinnvoll, wenn ein bestimmter Bearbeitungsschritt technologisch zu einer Beschädigung des Bauteils führen kann. Rechnerisch wird jedoch nur der Bedarf der Komponente erhöht, bei welcher der Vorgangsausschuss gepflegt ist. Die Pflege erfolgt in der Stücklistenposition im Feld VORGANGSAUSSCHUSS IN %. Eine analoge Angabe ist im Arbeitsplan möglich, hat jedoch dort keine Auswirkung auf die Einsatzmenge der Komponente (vgl. Abschnitt 5.3.4).

Neben der Angabe des Ausschussanteils befindet sich in der Stücklistenposition noch das *Netto-Kennzeichen* (NETTOKZ.; siehe Abbildung 3.21). Es steuert den Einfluss eines eventuell gepflegten Baugruppenausschusses:

- NETTO-KZ. markiert: Die Einsatzmenge der Komponente wird auf Basis der Nettoeinsatzmenge berechnet, d. h. ohne Berücksichtigung eines Baugruppenausschusses. Dies ist zwingend notwendig, wenn ein Vorgangsausschuss angegeben wird.
- NETTO-KZ. nicht markiert: Die Einsatzmenge der Komponente wird auf Basis der durch einen Baugruppenausschuss erhöhten Einsatzmenge berechnet.

**Pflege und Berechnung der Ausschussmengen**

Beim Uhrgehäuse kommen leider mehrere Faktoren zusammen, die zu einem Ausschuss führen. Das fertigmontierte Gehäuse erweist sich in ca. zwei Prozent der Fälle als nicht weiter benutzbar, da die Maße nach Montage außerhalb der Toleranz der internen Qualitätssicherung liegen. Vor allem das Einpressen des Glases sorgt meist für eine zu große Verformung. Jedoch brechen dabei auch Gläser, sodass der Ausschuss der Gläser bei diesem Arbeitsvorgang ca. fünf Prozent beträgt. Beim vorgefertigten Gehäusemantel fällt ein Ausschuss von ca. vier Prozent an, der teils auch ursächlich für den Ausschuss der gesamten Baugruppe ist. Während der Montage der Füße ans Gehäuse fallen zudem zusätzlich ca. vier Prozent der Füße aus Qualitätsgründen aus.

Somit tragen wir im Materialstamm des Uhrgehäuses UHRGEH0001 einen BaugrAusschuss (%) von *2* ein. In der Stückliste des Uhrgehäuses erhält die Komponente GLAS0001 einen Vorgangsausschuss in % von *5* und die Komponente MANT0001 einen KompAusschuss (%) von *4*. Bei beiden Komponenten wird zudem das NettoKz markiert, da beide bereits zum Baugruppenausschuss beitragen. Der Ausfall der Komponente FUSS0001 ist jedoch unabhängig vom Baugruppenausschuss. Daher wird ebenfalls ein KompAusschuss (%) von *4* gepflegt, aber **ohne** das NettoKz. Da die Schrauben SCHR0001 als Schüttgut geführt werden, sollen hier keinerlei Ausschussarten berücksichtigt werden. Wir setzen also **nur** das NettoKz., um den Baugruppenausschuss auszuschalten. In Abbildung 3.22 werden die Einstellungen des Beispiels zusammengefasst und die Berechnungen nachvollzogen.

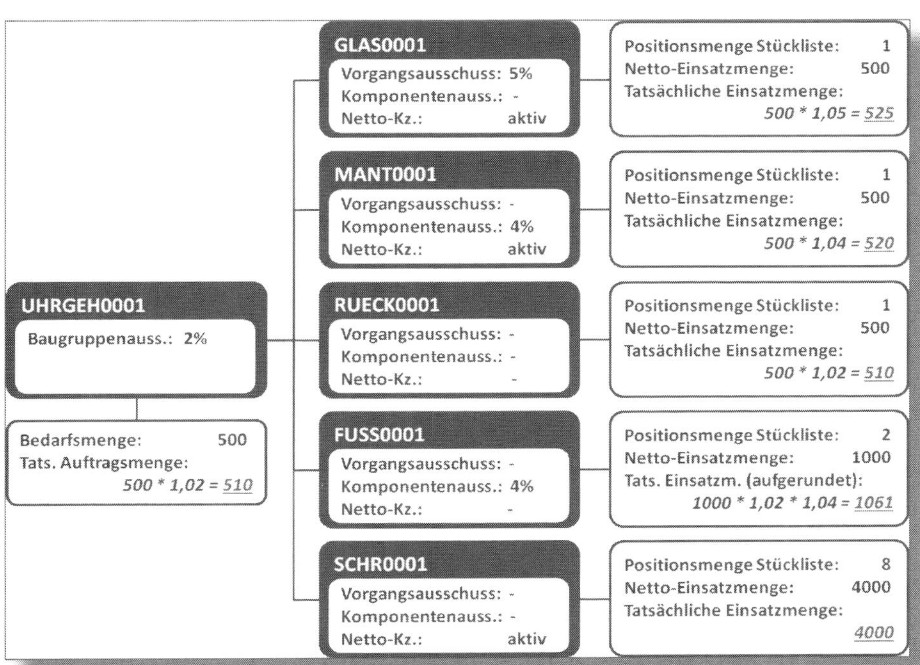


*Abbildung 3.22: Berechnung der Einsatzmengen unter Berücksichtigung verschiedener Ausschussarten*

Abbildung 3.23 zeigt einen Screenshot aus der Transaktion *MD04* (SAP MENÜ • LOGISTIK • PRODUKTION • BEDARFSPLANUNG • AUSWERTUNGEN • BEDARFS-/BESTANDSLISTE), auf dem die Auswirkungen des Baugruppenausschusses ersichtlich sind. Obwohl der ❶ Sekundärbedarf 500 Stück beträgt, werden ❷ 510 Stück für die Fertigung eingeplant. Abbildung 3.24 zeigt schließlich die Komponentenliste des Planauftrags mit den resultierenden Einsatzmengen der einzelnen Komponenten.

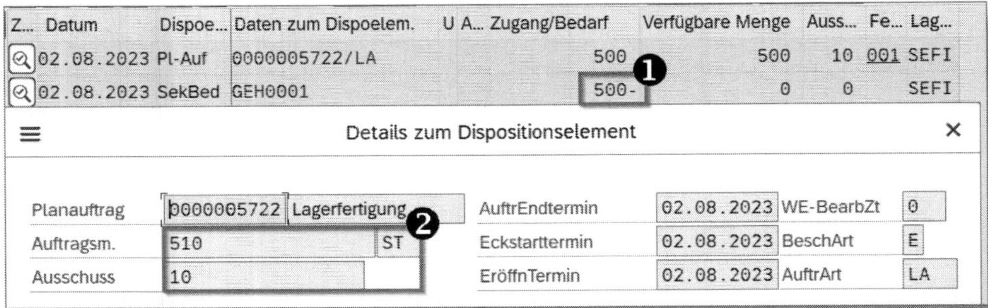

| Z... | Datum | Dispoe... | Daten zum Dispoelem. | U | A... | Zugang/Bedarf | Verfügbare Menge | Auss... | Fe... | Lag... |
|---|---|---|---|---|---|---|---|---|---|---|
| | 02.08.2023 | Pl-Auf | 0000005722/LA | | | 500 | 500 | 10 | 001 | SEFI |
| | 02.08.2023 | SekBed | GEH0001 | | | 500- ❶ | 0 | 0 | | SEFI |

Details zum Dispositionselement

| | | | | |
|---|---|---|---|---|
| Planauftrag | 0000005722 Lagerfertigung | AuftrEndtermin | 02.08.2023 | WE-BearbZt 0 |
| Auftragsm. | 510 ST ❷ | Eckstarttermin | 02.08.2023 | BeschArt E |
| Ausschuss | 10 | EröffnTermin | 02.08.2023 | AuftrArt LA |

*Abbildung 3.23: Transaktion MD04 – Auswirkung Baugruppenausschuss, Ausschnitt*

| | | | |
|---|---|---|---|
| Material | UHRGEH0001 | | |
| Bezeichnung | Gehäuse Uhrenmodul Standard | | |
| Produktionswerk | DEMD | Eckstarttermin | 02.08.2023 |
| Auftragsmenge | 510 ST | AuftrEndtermin | 02.08.2023 |

Komponentenübersicht

| Material | Bezeichnung | Bedarfsmenge | Er... |
|---|---|---|---|
| GLAS0001 | Glas Standard | 525 | ST |
| MANT0001 | Gehäusemantel Standard | 520 | ST |
| RUECK0001 | Gehäuserückwand Standard | 510 | ST |
| FUSS0001 | Fuß silber 5mm | 1.061 | ST |
| SCHR0001 | Schraube 4711 | 4.000 | ST |

*Abbildung 3.24: Komponentenliste Planauftrag mit Berücksichtigung von Ausschuss – Beispiel*

### Allgemeine Daten

So »allgemein«, wie die Bezeichnung vermuten lässt, sind die Angaben im Bildbereich ALLGEMEINE DATEN (siehe Abbildung 3.25) nicht. Im Gegenteil erfolgt hierüber ein wesentlicher Teil der Steuerung spezieller Anwendungsfälle: die Kuppelproduktion, die Arbeit mit Alternativpositionen, die Nutzung des Materialauslaufs sowie die Verwendung rekursiver Stücklisten. Diese vier Szenarien werden daher in Abschnitt 3.4 gesondert behandelt.

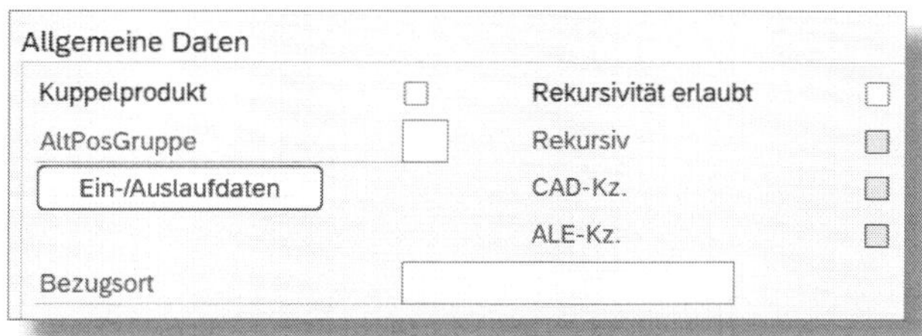


*Abbildung 3.25: Stücklistenposition – allgemeine Daten*

Die beiden Kennzeichen CAD-Kz. und ALE-Kz. zeigen an, dass die Komponente über eine entsprechende Schnittstelle ins System eingespielt wurde. Analog zum Stücklistenkopf werden diese Kennzeichen automatisch gesetzt. Der BEZUGSORT ermöglicht eine Verbindung zum SAP-Projektsystem, indem die Stücklistenposition über einen gemeinsamen Bezugsort mit einem Netzplanvorgang verknüpft wird.

### Dispositionsdaten

Die Angaben im Bildbereich DISPOSITIONSDATEN (siehe Abbildung 3.26) sind eng verknüpft mit der Bedarfsplanung und der Auftragsterminierung.

Die ersten drei Felder im Bereich der DISPOSITIONSDATEN dienen der Feinsteuerung der Bedarfstermine der Komponenten, d. h. der Sekundärbedarfe.

Die Felder AUFLÖSUNGSSTEUERUNG und SONDERBESCHAFFUNG werden genutzt, um Abweichungen in der Disposition der Stücklistenposition von den grundsätzlichen Einstellungen im Materialstamm abzubilden.

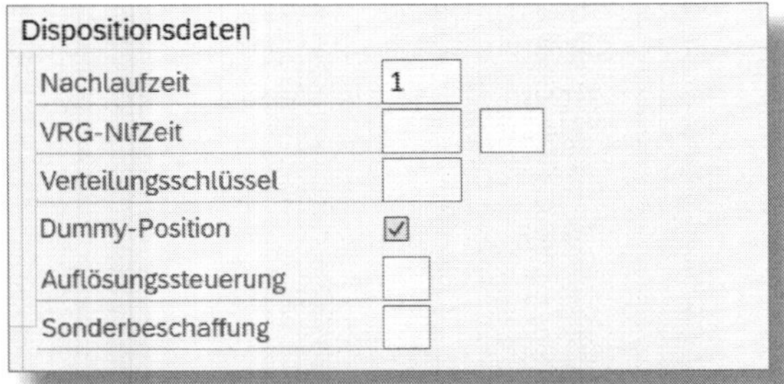


*Abbildung 3.26: Stücklistenposition – Dispositionsdaten*

**Nachlaufzeit**

Auf die Felder NACHLAUFZEIT und VRG-NLFZEIT (vorgangsbezogene Nachlaufzeit) lohnt sich dennoch ein genauerer Blick. Über beide Angaben verschiebt sich der Bedarfstermin einer Komponente nach hinten (positiver Wert) oder nach vorn (negativer Wert):

- Die *Nachlaufzeit* richtet sich nach dem Eckstarttermin des Plan- oder Fertigungsauftrags. Sie gibt an, ob die Komponente vor oder nach Auftragsbeginn zur Verfügung stehen soll, und wird in Arbeitstagen angegeben.
- Die *vorgangsbezogene Nachlaufzeit* orientiert sich am Vorgangstermin. Sie findet daher ausschließlich bei Ausführung der Durchlaufterminierung Anwendung und berechnet sich immer mit Bezug zum Vorgang, dem die Komponente zugeordnet ist. Sie kann in einer beliebigen Zeiteinheit angegeben werden.

**! Nachlaufzeit abhängig von Terminierungsparametern**

Die Ausrichtung der beiden Nachlaufzeiten am Eckstarttermin bzw. Vorgangstermin ist zunächst zwar korrekt, kann aber je nach Systemeinstellungen sehr unterschiedliche Effekte haben. Die Berechnung der Nachlaufzeit hängt davon ab, ob

- die Komponenten alle dem ersten Vorgang oder verschiedenen Vorgängen im Arbeitsplan zugeordnet sind (vgl. Abschnitt 5.5),
- Planaufträge durchlaufterminiert werden und wenn ja, ob
- die Terminierungsparameter der Plan- bzw. Fertigungsaufträge den Sekundärbedarf auf den Eckstart oder den Vorgangstermin legen (vgl. Abschnitt 8.2.2).

Je nach Szenario Ihrer Systemeinstellungen ergibt die eine oder andere Form der Nachlaufzeit Sinn. Sobald eine Durchlaufterminierung stattfindet und der Sekundärbedarf auf den Vorgangsterminen liegt, richtet sich auch die Nachlaufzeit nach den Vorgangsterminen und nicht nach dem Eckstart des Auftrags. Sie sollten daher bereits vor Nutzung der Nachlaufzeit Ihre Terminierungsparameter überprüfen (vgl. Abschnitt 8.2.2), um den gewünschten Effekt auf die Bedarfstermine zu erhalten.

Tabelle 3.1 liefert eine Entscheidungshilfe, welche Felder wann genutzt werden sollten. Sofern beide Felder gepflegt sind, ist zu beachten, dass keine Addition oder Verrechnung der Zeiten stattfindet und das System den jeweils zu den Terminierungsparametern passenden Wert selektiert.

| Bedarfstermine Planauftrag | Bedarfstermine Fertigungsauftrag | Pflege NACHLAUFZEIT | Pflege VRG-NLFZEIT |
|---|---|---|---|
| Eckstart | Eckstart | ja | nein |
| Eckstart | Vorgang | ja (für Planauftrag) | ja (für Fertigungsauftrag) |
| Vorgang | Vorgang | nein | ja |

*Tabelle 3.1: Entscheidungshilfe zur Pflege auftragsbezogener oder vorgangsbezogener Nachlaufzeit*

**! Vorgangsbezogene Termine und Nachlaufzeit**

Wenn Sie die Durchlaufterminierung mit vorgangsbezogenen Bedarfsterminen nutzen, können Sie keine positive (nicht vorgangsbezogene) NACHLAUFZEIT angeben. Sie erhalten eine Fehlermeldung. Nutzen Sie stattdessen explizit die vorgangsbezogene Nachlaufzeit (VRG-NLFZEIT, siehe Abbildung 3.26).

#### Verteilungsschlüssel

Der VERTEILUNGSSCHLÜSSEL dient ebenfalls der zeitlichen Beeinflussung der Sekundärbedarfe, indem diese über die Laufzeit des Auftrags bzw. Vorgangs gestreckt werden. Das hat vor allem bei längeren Arbeitsvorgängen den Vorteil, dass nicht die gesamte Bedarfsmenge bereits beim Start des Auftrags vorliegen muss, sondern kontinuierlich oder zu festgelegten Zeitpunkten bereitgestellt werden kann.

**! Verteilungsschlüssel bei Durchlauf- und Eckterminierung**

Beachten Sie auch beim Verteilungsschlüssel das unterschiedliche Verhalten je nach Terminierungsart. Bei Eckterminierung wird die Verteilung des Bedarfs über die Laufzeit des Auftrags berechnet. Bei Durchlaufterminierung bezieht sich die Laufzeit auf den Vorgang, dem die Komponente zugeordnet wurde.

Im Standard wird bereits der Verteilungsschlüssel GLEI mitgeliefert, der eine Gleichverteilung der Bedarfsmenge über die Vorgangs- bzw. Auftragsdauer vornimmt (siehe Abbildung 3.27). Wollen Sie eigene Verteilungsschlüssel für Ihre Anforderungen definieren, erstellen Sie zunächst über die Customizing-Transaktion *OPB2* (SPRO • PRODUKTION • BEDARFSPLANUNG • AUSWERTUNG • MENGENVERTEILUNG • VERTEILUNGSFUNKTION PFLEGEN) eine *Verteilungsfunktion*. Hier definieren Sie, ❶ welcher Anteil des Sekundärbedarfs (% BED.) nach welchem Anteil der Vorgangsdauer (% DAUER) zur Verfügung stehen soll. Im Standard werden hier bereits einige Einträge zur Orientierung mitgeliefert. Den konkreten Verteilungsschlüssel für das WERK und unter ❷ Zuweisung der eben definierten Verteilungsfunktion (FU...) erstellen Sie unter dem Customizing-Pfad SPRO • PRODUKTION • BEDARFSPLANUNG • AUSWERTUNG • MENGENVERTEILUNG • VERTEILUNGSSCHLÜSSEL PFLEGEN. Außerdem geben Sie noch ❸ die ART der Verteilung an, d. h., ob der Bedarf kontinuierlich *(01)* über die gesamte Vorgangsdauer oder diskret *(02)* zu den angegebenen prozentualen Schwellen der Vorgangsdauer eingeplant wird.

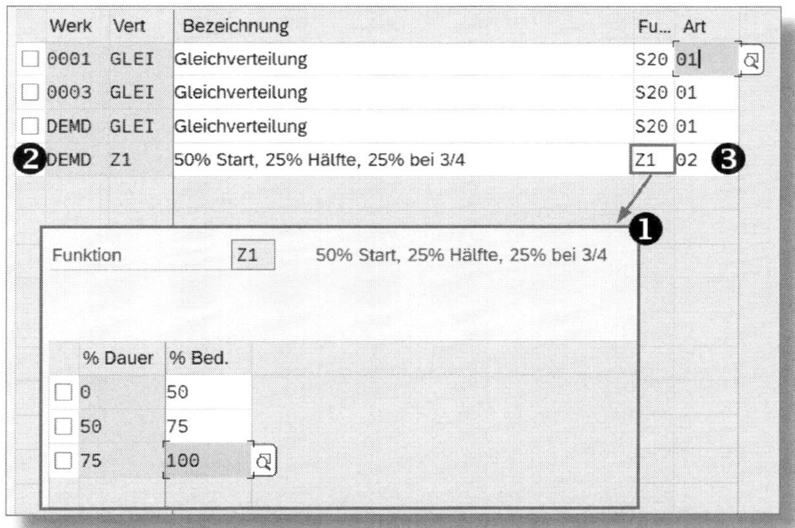


*Abbildung 3.27: Erstellung eines eigenen Verteilungsschlüssels*

### Erstellung eines eigenen Verteilungsschlüssels

Abbildung 3.27 zeigt die Erstellung des Verteilungsschlüssels *Z1* für das WERK *DEMD*, bei dem zum Start des Vorgangs (*0* % DAUER) zunächst nur *50* Prozent der benötigten Menge (% BED.) bereitgestellt werden sollen. Zur Hälfte der Vorgangsbearbeitung (*50* % DAUER) sollen weitere *25* % BED. zur Verfügung stehen und die restlichen *25* % BED., wenn der Vorgang zu drei Vierteln bearbeitet wurde (*75* % DAUER). Das Material soll diskret zu den errechneten Terminen bereitgestellt werden (ART *02*).

Das Resultat eines eckterminierten Planauftrags über 500 ST der Weckeinheit WECK0001 sehen Sie in Abbildung 3.28. Der Auftrag läuft vom ❶ 22.06.2023 bis 28.06.2023. Der Komponente HAMM0001 wurde der Verteilungsschlüssel *Z1* zugeordnet. Daraufhin werden die benötigten 500 ST HAMM0001 nicht auf den 22.06.2023 terminiert, sondern nur ❷ 250 ST (entspricht 50 %). Weitere 125 ST (entspricht 25 %) werden ❸ nach der Hälfte der Auftragsdauer am 26.06.2023 eingeplant (24./25.06.2023 sind keine Arbeitstage). Die restlichen 125 ST werden nach 75 Prozent der Dauer am 27.06.2023 benötigt (❹).

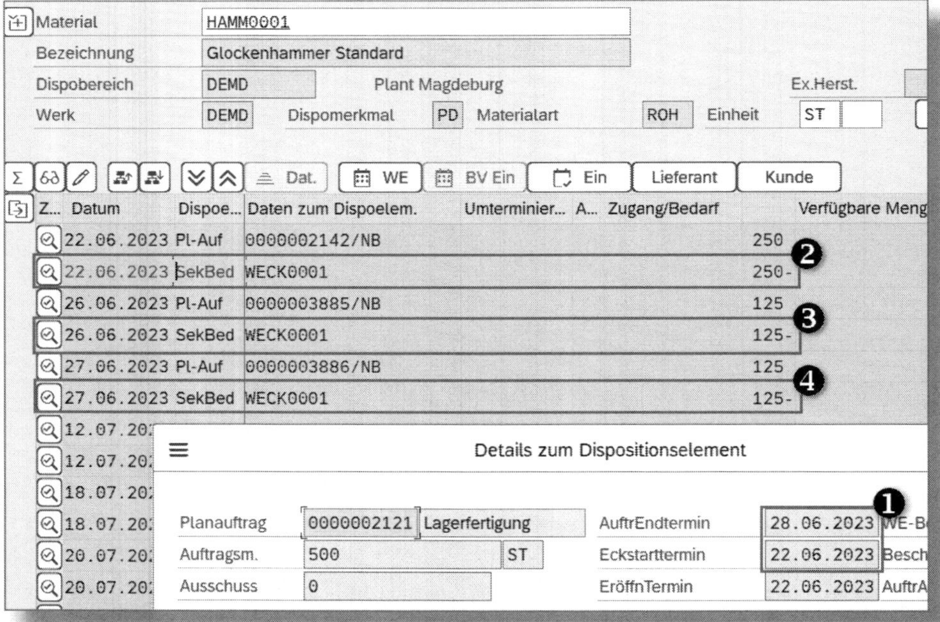


*Abbildung 3.28: Auswirkung des Verteilungsschlüssels auf den Komponentenbedarf*

**Auflösungssteuerung und Sonderbeschaffung**

Falls ein Material im Materialstamm als Dummy-Baugruppe gekennzeichnet wurde, übernimmt das System dies für jede Stückliste, in die das Material als Komponente eingetragen wird. Dies erkennen Sie am aktiven Kennzeichen DUMMY-POSITION im Bereich der DISPOSITIONSDATEN (siehe Abbildung 3.26).

Eine im Materialstamm definierte Dummy-Baugruppe können Sie über den Eintrag *D1* (Dummybaugruppe ausschalten) im Feld AUFLÖSUNGSSTEUERUNG übersteuern. Infolgedessen werden die Bedarfe in dieser konkreten Stückliste nicht an die Komponenten der Dummy-Baugruppe weitergegeben. Im Fertigungsauftrag wird dann die Baugruppe als einzusetzende Komponente geführt. Ebenso ist der umgekehrte Fall möglich. So kennzeichnen Sie über den Eintrag *50* im Feld SONDERBESCHAFFUNG eine Komponente als Dummy-Baugruppe. Damit werden die Bedarfe für die Baugruppe in dieser konkreten Stückliste direkt an deren Komponenten weitergegeben, obwohl es sich normalerweise um eine zwischengelagerte und eigenständig gefertigte Baugruppe handelt. Der Fertigungsauftrag bekommt damit die untergeordneten Komponenten statt der Baugruppe zugeordnet.

**Dummy oder nicht Dummy?**

Ob eine Komponente in der konkreten Stückliste als Dummy-Baugruppe behandelt wird, erkennen Sie immer an dem Kennzeichen DUMMY-POSITION. Dieses wird automatisch entsprechend den Einstellungen im Materialstamm und der Stücklistenposition gesetzt und kann nicht manuell geändert werden. Die Angaben in der Stücklistenposition haben bei der Prüfung eine höhere Priorität.

**Abweichung von der globalen Dummy-Baugruppendefinition**

Für die überarbeitete Produktlinie »Standard 2023« unseres Weckers wird die Produktstruktur analog den vorhandenen Linien in die Stücklisten überführt. Da wir uns jedoch noch in der Entwicklungsphase befinden, sollen keine einzelnen Fertigungsaufträge für alle Gehäusestufen erstellt werden, vielmehr werden die Gehäuse für die Testserie in der Entwicklungsabteilung in einem einzigen Auftrag montiert. In der Stückliste für das neue Gehäuse GEH0023 tragen wir daher bei der Weckeinheit WECK0023 und dem Uhrgehäuse UHRGEH0023 die Sonderbeschaffung *50* ein. Damit enthalten die Aufträge für das Uhrgehäuse alle Einzelkomponenten. Den Eintrag der Sonderbeschaffung können wir später entfernen, wenn wir in die Serienfertigung einsteigen. Damit müssen wir keine abweichenden Stücklistenalternativen pflegen.

Die Pflege der Auflösungssteuerung in der Stücklistenposition ist auch für andere Zwecke nutzbar. SAP liefert im Standard lediglich den Eintrag *D1* mit. Sie können jedoch im Customizing eigene Regeln zur Auflösungssteuerung definieren (SPRO • Produktion • Grunddaten • Stückliste • Positionsdaten • Auflösungssteuerung festlegen). Abbildung 3.29 zeigt die einzelnen Steuerungsmöglichkeiten, mit denen Sie die Auflösungssteuerung der Stücklistenposition beeinflussen können:

- DBgr.aus schaltet die Behandlung als Dummy-Baugruppe über den Materialstamm aus.
- Pl.aus schaltet die Planung für die Position aus, d. h., es werden keine Sekundärbedarfe erzeugt (nur in Verbindung mit Vorplanungsstrategien).
- Dir.aus schaltet die im Materialstamm eingestellte Direktfertigung bzw. Direktbeschaffung aus.
- LfPl.aus schaltet die Planung im Rahmen der Langfristplanung für die Position aus, d. h., es werden keine Simulationsbedarfe erzeugt (keine Auswirkung in der operativen Planung).
- E/S übersteuert die Einstellung des Einzel-/Sammelkennzeichens aus dem Materialstamm.

| AuflStrg | Bezeichnung | DBgr.aus | Pl.aus | Dir. aus | LfPl.aus | E/S |
|---|---|---|---|---|---|---|
| ☐ D1 | Dummybaugruppe ausschalten | ☑ | ☐ | ☐ | ☐ | |
| ☐ Z2 | nur Sammelbedarf | ☐ | ☐ | ☐ | ☐ | 2 |

*Abbildung 3.29: Stücklistenposition – Customizing Auflösungssteuerung*

**Einzelplanung auf Positionsebene ausschalten**

Während der Entwicklung neuer Produktlinien werden nicht immer alle Komponenten überarbeitet. Unveränderte Komponenten sollen daher auch in der Projekteinzelfertigung generell aus dem Sammelbestand entnommen werden. Wir definieren daher eine neue Auflösungssteuerung *Z2* (siehe Abbildung 3.29). Sie wird in die Stücklistenposition der nicht neu entwickelten Komponenten eingetragen und bewirkt, dass deren Sekundärbedarfe aus dem Projekteinzelbestand in den Sammelbestand umgeleitet werden (E/S = 2). Damit wird ein von der Bedarfsherkunft unabhängiges Verhalten für ausgewählte Komponenten erzwungen.

Das Feld SONDERBESCHAFFUNG wird generell genutzt, um die Beschaffungsform einer Stücklistenposition abweichend vom Materialstamm zu steuern. Ob ein Sonderbeschaffungsschlüssel in der Stücklistenposition nutzbar ist, steuern Sie über den Customizing-Pfad SPRO • PRODUKTION • BEDARFSPLANUNG • STAMMDATEN • SONDERBESCHAFFUNGSART FESTLEGEN. Im Bereich ALS STÜCKLISTENKOMPONENTE geben Sie an, welche Wirkung der Sonderbeschaffungsschlüssel in der Stücklistenposition hat (siehe ❶ in Abbildung 3.30). Nur wenn hier ein Eintrag markiert ist, ist der Sonderbeschaffungsschlüssel in der Stücklistenposition auswählbar.

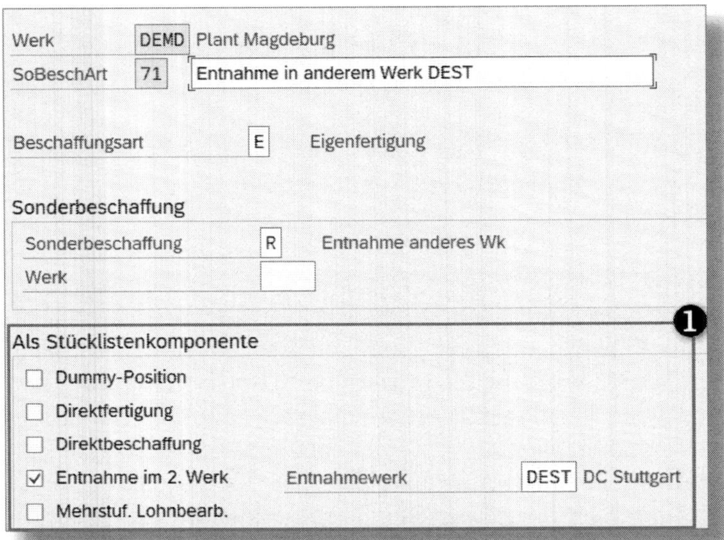


*Abbildung 3.30: Stücklistenposition – Definition Sonderbeschaffungsschlüssel*

## 3.3.2 Status/Langtext

Die Registerkarte Status/Langtext besteht aus den drei Bildbereichen STÜCKLISTENPOSITION, POSITIONSTEXT, POSITIONSSTATUS und WEITERE DATEN (siehe Abbildung 3.31).

Im Bildbereich STÜCKLISTENPOSITION werden einige Informationen der Registerkarte GRUNDDATEN erneut angezeigt (vgl. Abschnitt 3.3.1). Sie sind von hier nicht änderbar.

Eine Beschreibung der Stücklistenposition geben Sie optional im Bildbereich POSITIONSTEXT ein. Ihnen stehen wahlweise bis zu zwei Zeilen Kurzbeschreibung oder ein Langtext über den Button zur Verfügung.

*Abbildung 3.31: Stücklistenposition – Sicht »Status/Langtext«*

## Positionsstatus

Der Bildbereich POSITIONSSTATUS ist eine Zusammenfassung mehrerer Kennzeichen, welche die Verwendbarkeit der Stücklistenposition in Folgeprozessen steuern (siehe Abbildung 3.31).

Die möglichen Ausprägungen der einzelnen Kennzeichen im Positionsstatus hängen eng mit der gewählten Stücklistenverwendung zusammen, über die Sie festlegen, ob das jeweilige Kennzeichen im Positionsstatus verpflichtend gesetzt sein muss, optional gesetzt werden kann oder nicht gesetzt werden darf (vgl. Abschnitt 3.2.1).

Die einzelnen Kennzeichen haben folgende Auswirkung:

- *Konstruktionsrelevanz* (KONSTRUKTIONSREL.): Die Position ist aus konstruktiver Sicht bedeutsam. Sofern keine anderen Kennzeichen gesetzt sind, hat sie weder Auswirkungen auf die Fertigung noch auf die Kalkulation des Materials.
- *Fertigungsrelevanz* (FERTIGUNGSRELEVANZ): Die Position muss in der Fertigung berücksichtigt werden. Eine Position mit diesem Kennzeichen wird in die Plan- und Fertigungsaufträge übernommen und löst, abhängig von den dispositiven Einstellungen, Sekundärbedarfe aus.
- *Instandhaltungsrelevanz* (INSTANDHALTUNGSREL.): Die Position wird in der Instandhaltung oder im Kundenservice verwendet. Dieses Kennzeichen ist bis auf wenige Ausnahmen auf die Stücklistenverwendung 4 (Instandhaltung) beschränkt und kann nicht mit der Fertigungsrelevanz kombiniert werden.
- *Ersatzteil-Kennzeichen* (ERSATZTEIL-KENNZ.): Dieses Kennzeichen ist in den meisten Stücklistenverwendungen optional und ist in erster Linie informativ. Sie kennzeichnen damit im Rahmen von Instandhaltung oder Kundenservice eine Position als Ersatzteil bzw. gruppieren verschiedene Ersatzteile hierüber. Die möglichen Eingabewerte müssen zuvor im Customizing definiert werden (Transaktion *OS11* bzw. Pfad SPRO • PRODUKTION • GRUNDDATEN • STÜCKLISTE • POSITIONSDATEN • ERSATZTEILKENNZEICHEN DEFINIEREN).
- *Vertriebsrelevanz* (VERTRIEBSRELEVANZ): Die Position ist für den Vertrieb relevant und erzeugt Unterpositionen im Kundenauftrag. Die Vertriebsrelevanz hat keinerlei Auswirkungen auf die Fertigung, wobei jedoch Vertriebs- und Fertigungsstücklisten bei kundenindividueller Fertigung zum gleichen Erzeugnis führen müssen.
- *Kalkulationsrelevanz* (KALKRELEVANZ): Dieses Kennzeichen steuert, ob und in welchem Umfang die Position in die Kalkulation eingeht. Nur wenn dieses Kennzeichen gesetzt ist, fließt der Wert der Position in die Erzeugniskalkulation ein und hat damit Einfluss auf die Herstellkosten. Für die meisten Stücklistenverwendungen ist das Kennzeichen optional. Sie können somit z. B. Alternativpositionen (vgl. Abschnitt 3.4.3) gezielt von der Kalkulation ausschließen.

### ☛ Eine Kalkulationsstückliste nutzen

Wenn Sie viele Stücklistenalternativen einsetzen oder innerhalb der Stücklisten verhältnismäßig viele Alternativpositionen nutzen, häufig Materialausläufe haben oder generell öfters mit Änderungen arbeiten, kann es sinnvoll sein, eine gesonderte Kalkulationsstückliste (STÜCKLISTENVERWENDUNG *6*; vgl. Abschnitt 3.2.1) anzulegen. Dies hat den Vorteil, dass in den Fertigungsstücklisten nicht penibel darauf geachtet werden muss, wo die Kalkulationsrelevanz gesetzt wird. Des Weiteren kann die Kalkulationsstückliste auch vereinfacht aufgebaut sein.

**Weitere Daten**

Schließlich befindet sich auf der Registerkarte STATUS/LANGTEXT noch der Bildbereich WEITERE DATEN (siehe Abbildung 3.31).

Das *Beistellteilkennzeichen* (BEISTELLTEIL-KZ.) pflegen Sie nur dann, wenn das Kopfmaterial der Stückliste per Lohnbearbeitung bezogen wird (SONDERBESCHAFFUNG *30* in der Registerkarte DISPOSITION 2 im Materialstamm), d. h., es muss sich um eine Stückliste mit den Beistellmaterialien für den Lohnbearbeiter handeln. Sie kennzeichnen mit diesem Feld zudem nur Materialien, die nicht von Ihnen beigestellt werden, sondern vom Lohnbearbeiter selbst. Für solche Komponenten wird kein Sekundärbedarf erzeugt.

Die beiden Parameter SCHÜTTGUT und SCHÜTTGUT MATERIAL kennzeichnen eine Position als *Schüttgutposition*. In Abbildung 3.31 ist das Kennzeichen SCHÜTTGUT MATERIAL in der Stücklistenposition nicht eingabebereit; es wird automatisch gesetzt, wenn die Komponente im Materialstamm bereits als Schüttgut definiert wurde (vgl. Abschnitt 2.3.1). Zusätzlich können Sie auf Ebene der Stücklistenposition andere Komponenten für diese konkrete Stückliste als Schüttgut definieren, indem Sie den Haken bei SCHÜTTGUT setzen. Eine Schüttgutkennzeichnung im Materialstamm kann in der Stückliste jedoch nicht zurückgenommen werden.

**☛ Kalkulationsrelevanz von Schüttgütern**

Schüttgutpositionen sind grundsätzlich nicht kalkulationsrelevant und gehen somit auch nicht in die Produktkalkulation ein.

Die beiden Felder LAGERORT und PRODVERSORGBEREICH spezifizieren, wo die Komponenten für die Produktion entnommen werden. Sie werden genutzt, um für konkrete Stücklistenpositionen von der Angabe im Materialstamm (DISPOSITION 2; vgl. Abschnitt 2.3) abweichende Angaben zu treffen. Die Angaben in der Stücklistenposition haben eine höhere Priorität. Sollten keine Werte gepflegt sein, werden automatisch die Werte aus dem Materialstamm verwendet.

## 3.4 Spezielle Anwendungsfälle

### 3.4.1 Kuppel- und Nebenprodukte

Nicht immer entsteht bei einem Fertigungsauftrag genau ein Material. Bei manchen Fertigungsprozessen ist es unvermeidbar, dass gleichzeitig noch weitere Produkte erzeugt werden. Abhängig von der Wertigkeit der einzelnen Erzeugnisse unterscheidet man die folgenden vier Fälle, deren Eigenschaften in Tabelle 3.2 zusammengefasst werden:

- Das *Hauptprodukt* ist das eigentliche Zielmaterial, das primär gefertigt werden soll. Es steht im Kopf des Fertigungsauftrags und hat von allen anfallenden Produkten den höchsten Materialwert.
- Unter einem *Kuppelprodukt* versteht man ein Material, das bei der Fertigung des Hauptprodukts mitentsteht. Ein Kuppelprodukt hat i. d. R. einen geringeren Materialwert als das Hauptprodukt, kann aber in der Produktion weiterverwendet oder verkauft werden. Das Anfallen von Kuppelprodukten ist daher meist erwünscht.

- *Nebenprodukte* haben im Gegensatz zu Kuppelprodukten einen deutlich geringeren Materialwert. Daher ist man i. d. R. bestrebt, den Anteil von Nebenprodukten in der Fertigung zu minimieren oder zu vermeiden.
- Als *Abfallprodukte* bezeichnet man schließlich diejenigen Erzeugnisse, die bei der Fertigung zwangsläufig anfallen und keinen eigenen Mehrwert besitzen. Ihre Entstehung wird so weit wie möglich vermieden.

| | Hauptprodukt | Kuppelprodukt | Nebenprodukt | Abfallprodukt |
|---|---|---|---|---|
| Mehrwert | ja | ja | teilweise | nein |
| Entstehung erwünscht | ja | ja | nein | nein |
| Angabe im Fertigungsauftrag | Kopf (Zielprodukt) | Stückliste (neg. Komponentenmenge) | Stückliste (neg. Komponentenmenge) | Stückliste (neg. Komponentenmenge) |
| Teil der Abrechnungsvorschrift | ja | ja | nein | nein |
| Bestandsbewertung | ja | ja | ja | nein |

*Tabelle 3.2: Vergleich von Haupt-, Kuppel-, Neben- und Abfallprodukt*

**Kuppel- und Nebenprodukte beim Stanzen der Gehäuse**

Für die Luxuslinie unseres Weckers wird das Gehäuse aus 925er Sterlingsilber gefertigt. Beim Stanzen der Rückwand RUECK0925 fällt aufgrund der runden Form größerer Verschnitt an (Silberreste). Dieser wird an einen örtlichen Goldschmied zur Schmuckherstellung verkauft und daher als Kuppelprodukt geführt. Beim Entgraten entsteht zudem noch eine geringe Menge Silberspan. Obwohl die Späne gesammelt und zum Einschmelzen gegeben werden, wird versucht, die Menge zu minimieren. Die Silberspäne werden daher als Nebenprodukt deklariert.

Das Hauptprodukt und die Kuppelprodukte werden im Materialstamm auf der Registerkarte DISPOSITION 2 mit dem ❶ Kennzeichen KUPPEL-PROD. versehen (siehe Abbildung 3.32).

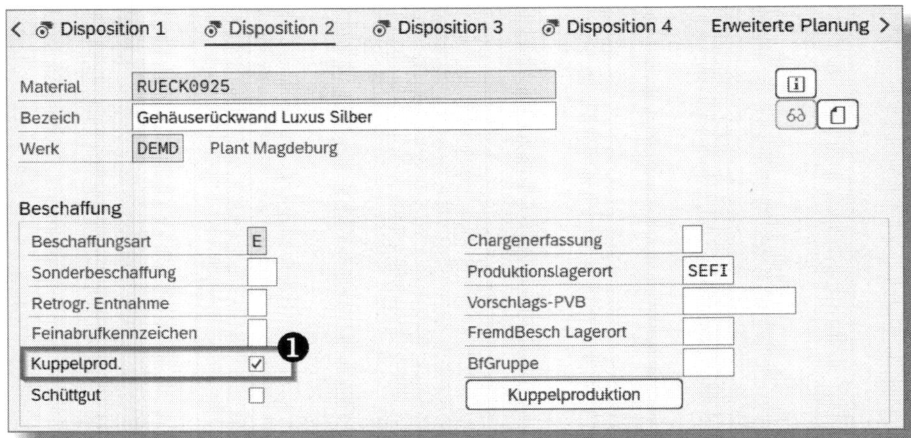


*Abbildung 3.32: Materialstamm – Kennzeichnung von Hauptprodukt und Kuppelprodukt*

Über den Button KUPPELPRODUKTION springen Sie in das *Aufteilungsschema*, mit dem Sie die Kostenanteile zwischen Haupt- und Kuppelprodukten definieren (siehe Abbildung 3.33). Sie können mehrere Schemata anlegen und vergeben dafür jeweils eine frei gewählte ❶ BEZEICHNUNG. Über den ❷ Button ÄQUIVALENZZIFFERN gelangen Sie zur Eingabemaske der ❸ Materialnummern für Haupt- und Kuppelprodukte. In der letzten Spalte ÄQU. geben Sie die prozentualen Kostenanteile der einzelnen Produkte ein. In Abbildung 3.33 erfolgt die Aufteilung beispielhaft anhand der Mengenanteile von *75* Prozent des Hauptprodukts RUECK0925 und *25* Prozent des Kuppelprodukts SILBERRESTE0925. Bei Eröffnung eines Fertigungsauftrags werden die Angaben zur Kostenaufteilung aus dem Materialstamm in die Abrechnungsvorschrift übernommen (siehe Abbildung 3.34).

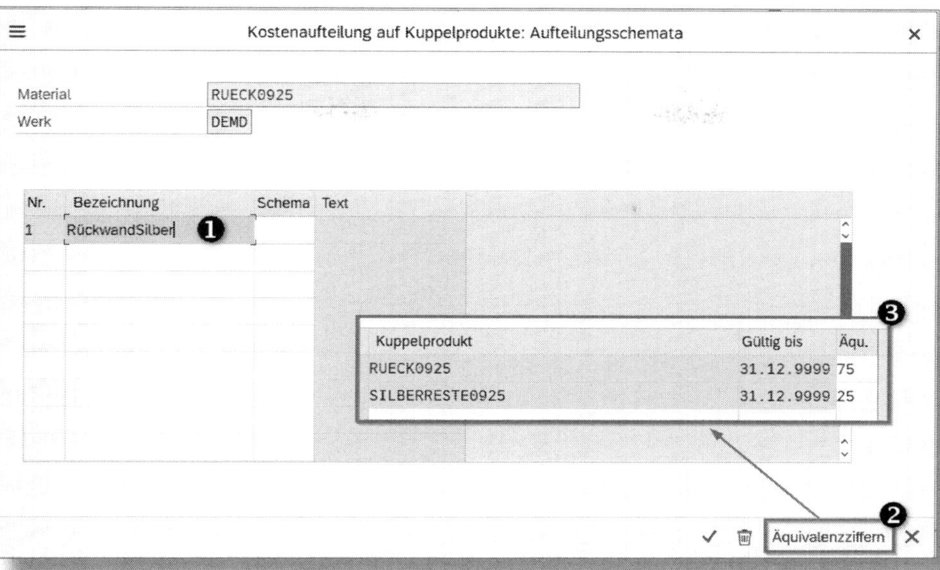


*Abbildung 3.33: Kostenaufteilung zwischen Kuppelprodukten*

Aufteilungsregeln

| Typ | Abrechnungsempfänger | Empfänger-Kurztext | % | Äquivalenzziffer | Abr... | Nr. |
|---|---|---|---|---|---|---|
| APO | %00000000001 0001 | RUECK0925 | | 75 | GES | 1 |
| APO | %00000000001 0002 | SILBERRESTE0925 | | 25 | GES | 2 |

*Abbildung 3.34: Abrechnungsvorschrift im Fertigungsauftrag bei Kuppelproduktion*

Im Auftragskopf des Fertigungsauftrags steht grundsätzlich das Hauptprodukt. Sowohl Kuppelprodukte als auch Neben- und Abfallprodukte pflegen Sie mit einer negativen Komponentenmenge in der Stückliste, was einem Zugang auf Komponentenebene entspricht (siehe Abbildung 3.35).

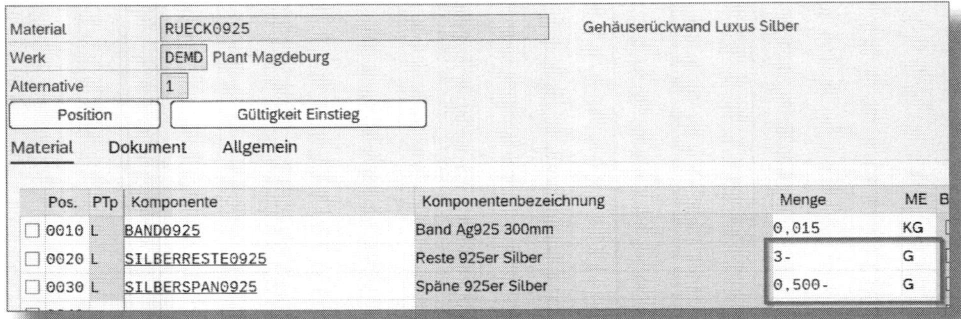

Material: RUECK0925 — Gehäuserückwand Luxus Silber
Werk: DEMD Plant Magdeburg
Alternative: 1

| Pos. | PTp | Komponente | Komponentenbezeichnung | Menge | ME |
|---|---|---|---|---|---|
| 0010 | L | BAND0925 | Band Ag925 300mm | 0,015 | KG |
| 0020 | L | SILBERRESTE0925 | Reste 925er Silber | 3- | G |
| 0030 | L | SILBERSPAN0925 | Späne 925er Silber | 0,500- | G |

*Abbildung 3.35: Stückliste – Angabe von Kuppel- und Nebenprodukten*

Eine Auftragsposition wird für jedes der Kuppelprodukte erzeugt (siehe Abbildung 3.36). Das erkennen Sie am ❶ Kennzeichen MEHRERE POSITIONEN im Auftragskopf. Die einzelnen Auftragspositionen sehen Sie auf der Registerkarte POSITIONEN. Das Nebenprodukt erhält keine eigene Auftragsposition, sondern wird nur in der Komponentenübersicht des Auftrags aufgeführt.

Auftrag: %00000000001 — Art: PP01
Material: RUECK0925 — Gehäuserückwand Luxus Silber — Werk: DEMD
Status: FREI FMAT ABRV — ❶ Mehrere Positionen

| Pos... | Material | Bezeichnung | Ursprungsauftr... | Menge | Rückg. Menge |
|---|---|---|---|---|---|
| 1 | RUECK0925 | Gehäuserückwand Luxus Silber | | 50 | 0 |
| 2 | SILBERRESTE0925 | Reste 925er Silber | | 150 | 0 |

*Abbildung 3.36: Auftragspositionen bei Kuppelproduktion*

### ! Zugangsbuchung von Kuppel- und Nebenprodukten

Obwohl es sich bei allen Produkttypen um Zugänge handelt, wird die Buchung unterschiedlich abgewickelt. Für Haupt- und Kuppelprodukte buchen Sie die Wareneingangsbuchung zum Auftrag mit der Bewegungsart *101*. Den Zugang von Nebenprodukten realisieren Sie buchungstechnisch als »Warenausgang« mit der Bewegungsart *531*.

## 3.4.2 Materialauslauf

Als *Materialauslauf* bezeichnet man den Ersatz eines Materials durch ein anderes, i. d. R. neues Material. Gründe hierfür können technologischer, qualitativer oder wirtschaftlicher Natur sein. Ein Materialauslauf kann sowohl für Rohstoffe als auch für Baugruppen oder Zukaufteile angewandt werden. Dieser Prozess wird in SAP mithilfe der *Auslaufsteuerung* abgebildet. Dabei wird ein Sekundärbedarf für eine auslaufende Materialkomponente auf ein Nachfolgematerial übertragen, sobald der vorhandene Lagerbestand zur Deckung nicht mehr ausreicht. Der wesentliche Vorteil bei Nutzung der Auslaufsteuerung ist, dass zunächst der vorhandene Bestand des Auslaufmaterials aufgebraucht wird. Anschließend erfolgt das »Umschalten« auf das Nachfolgematerial ohne weitere manuelle Eingriffe.

*Abbildung 3.37: Materialstamm – Pflege der Auslaufsteuerung*

Im Materialstamm pflegen Sie die AUSLAUFSTEUERUNG auf der Registerkarte DISPOSITION 4 (siehe Abbildung 3.37). Das Auslaufkennzeichen (AUSLAUFKENNZ.) steuert, ob es sich um den Hauptausläufer *(1)* oder einen abhängigen Parallelausläufer *(3)* handelt. Das Auslaufdatum (AUSLAUFDAT) bestimmt, ab wann SAP Sekundärbedarfe auf das Nachfolgematerial umleitet. Sollte der Bestand bereits vorher nicht mehr ausreichen, wird noch eine Beschaffung angestoßen. Im Feld

NACHFOLGEMATERIAL spezifizieren Sie die Materialnummer des zukünftig genutzten Materials.

> **! Plangesteuerte Disposition bei Materialauslauf**
>
> Beachten Sie, dass sowohl das Auslaufmaterial als auch das Nachfolgematerial plangesteuert disponiert werden müssen.

Mit der Pflege dieser drei Felder ist die Auslaufsteuerung sofort nach dem Sichern des Materialstamms aktiv. Das erkennen Sie auf einen Blick in der Transaktion *MD04* (SAP MENÜ • LOGISTIK • PRODUKTION • BEDARFSPLANUNG • AUSWERTUNGEN • BEDARFS-/BESTANDSLISTE). Wie aus Abbildung 3.38 ersichtlich, wird das gesetzte AUSLAUFDATUM *30.03.2023* hervorgehoben. Danach werden vom MRP-Lauf keine neuen Beschaffungselemente mehr erstellt. Sobald der Bestand gleich null ist, werden weitere Bedarfselemente auf das Nachfolgematerial verschoben.

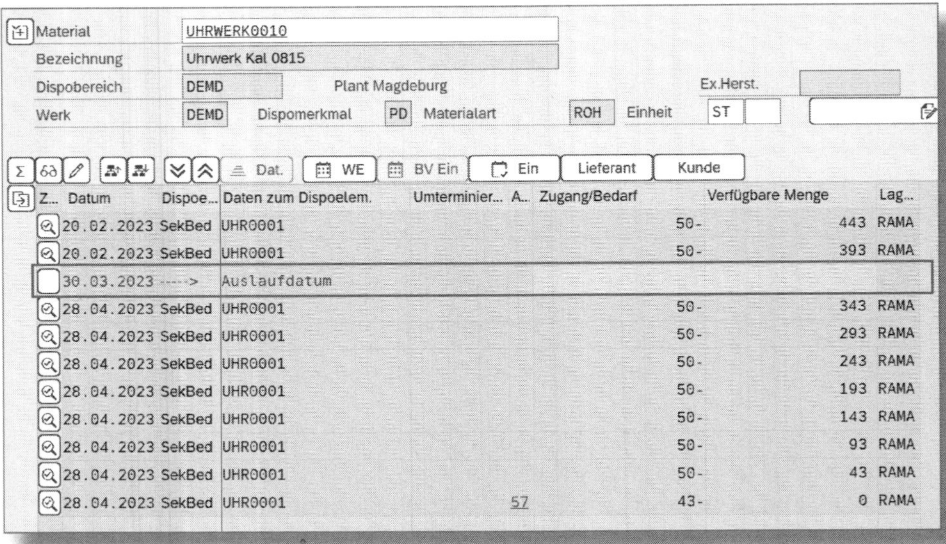


*Abbildung 3.38: Transaktion MD04 – Auslaufdatum*

Der MRP-Lauf löst nun automatisch die Nachfolgematerialien auf, sobald der Bestand des Auslaufmaterials jenseits des Auslaufdatums aufgebraucht ist. Abbildung 3.39 zeigt einen entsprechenden Planauftrag. Das ❶ Auslaufmaterial UHRWERK0010 wird noch mit der BEDARFSMENGE 0 aufgeführt. Da kein Bestand mehr vorhanden ist, wird die Bedarfsmenge an das Nachfolgematerial UHRWERK0011 weitergereicht. Zudem werden Nachfolgematerialien in ❷ Spalte N entsprechend gekennzeichnet.

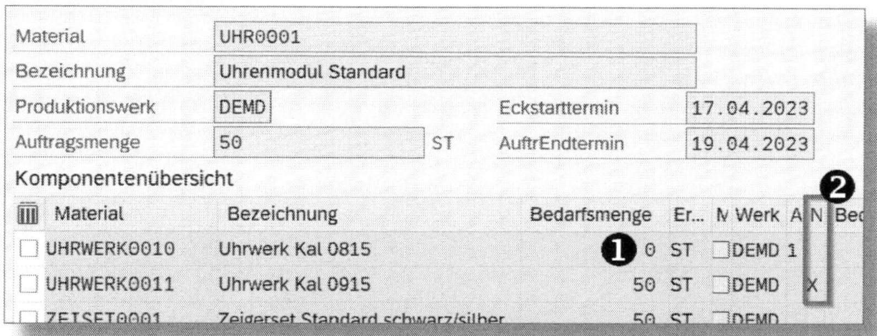


*Abbildung 3.39: Planauftrag mit Auslauf- und Nachfolgekomponenten*

### ☛ Materialstatus »Auslauf« setzen

Es ist empfehlenswert, zusätzlich zur Pflege der Auslaufsteuerung dem Auslaufmaterial einen entsprechenden Materialstatus zuzuweisen. Dieser sollte die Beschaffung des Materials unterbinden oder zumindest eine Warnung ausgeben (Einkauf, Fertigungsauftragskopf). So wird verhindert, dass auslaufendes Material versehentlich noch einmal beschafft oder gefertigt wird. Einen solchen Materialstatus definieren Sie über die Customizing-Transaktion *OMS4* (SPRO • LOGISTIK ALLGEMEIN • MATERIALSTAMM • EINSTELLUNGEN ZU ZENTRALEN FELDERN • MATERIALSTATUS DEFINIEREN).

**! Sicherheitsbestand beim Materialauslauf**

Beachten Sie, dass ein eingestellter Sicherheitsbestand auch beim Materialauslauf unangetastet bleibt. Sofern Sie nicht gezielt eine Reserve des Auslaufmaterials behalten wollen, reduzieren Sie den Sicherheitsbestand auf null.

Die Auslaufsteuerung in SAP unterstützt grundlegend drei verschiedene Szenarien, die eine jeweils angepasste Pflege des Materialstamms und der Stückliste erfordern:

- *Einfachauslauf* (1 zu 1): Ein Material wird durch genau ein neues Material ersetzt.
- *Mehrfachauslauf* (1 zu n): Ein Material wird durch mehrere neue Materialien ersetzt.
- *Parallelauslauf* (n zu 1/n zu n): Mehrere Materialien werden durch ein oder mehrere Materialien ersetzt.

### Einfachauslauf

Der häufigste Fall ist der Einfachauslauf, bei dem ein Material durch ein anderes ersetzt wird. Für die Einrichtung ist die Pflege des Materialstamms ausreichend. Setzen Sie als AUSLAUFKENNZ. den Wert *1* (Einfach-/Parallelausläufer). Geben Sie zudem das gewünschte AUSLAUFDAT und das NACHFOLGEMATERIAL an (siehe Abbildung 3.37). Weitere Einstellungen sind für dieses Szenario nicht notwendig.

**Stückliste schlägt Materialstamm**

Auch bei einem Einfachauslauf können Sie zusätzlich die Auslaufsteuerung in der Stückliste aktivieren. Die Angabe eines Nachfolgematerials in der Stückliste hat eine höhere Priorität als im Materialstamm. Nutzen Sie diese Priorisierung, wenn Sie ein Material durch unterschiedliche Nachfolgematerialien in verschiedenen Baugruppen ersetzen wollen. Somit bilden Sie über den Eintrag im Materialstamm den »90 %-Fall« ab. Ausnahmen für einzelne Baugruppen definieren Sie in der Stückliste.

### Mehrfachauslauf

Beim Mehrfachauslauf wird ein Material durch mehrere neue Materialien ersetzt. Die Auslaufsteuerung pflegen Sie dazu im Materialstamm und in der Stückliste.

> **Mehrfachauslauf**
>
> Das Gestell GEST0001 der Weckeinheit WECK0001 unseres Weckers wurde bisher als vormontierte Baugruppe von einem Lieferanten bezogen. Ab sofort wird das Gestell intern montiert und die Einzelteile werden selbst beschafft (GESTTEIL01, GESTTEIL02, GESTTEIL03). Da die Montage des Gestells direkt bei der Montage der Weckeinheit geschehen soll, wird für das Gestell keine eigene Stücklistenstufe angelegt. Das Material des Gestells wird durch die Einzelteile ersetzt (siehe Abbildung 3.40). Wir haben jedoch noch eine große Anzahl bereits vormontierter Gestelle auf Lager und möchten diese zunächst aufbrauchen.

Die Einstellungen im Materialstamm nehmen Sie analog zum Einfachauslauf vor. Geben Sie dazu ein beliebiges Material der zusammengehörenden Nachfolgematerialien an. Da es jedoch noch weitere Nachfolgematerialien gibt, ist zusätzlich eine Pflege der übergeordneten Stückliste nötig. Hier tragen Sie zunächst alle Nachfolgematerialien als ❶ zusätzliche Komponenten ein (siehe Abbildung 3.40).

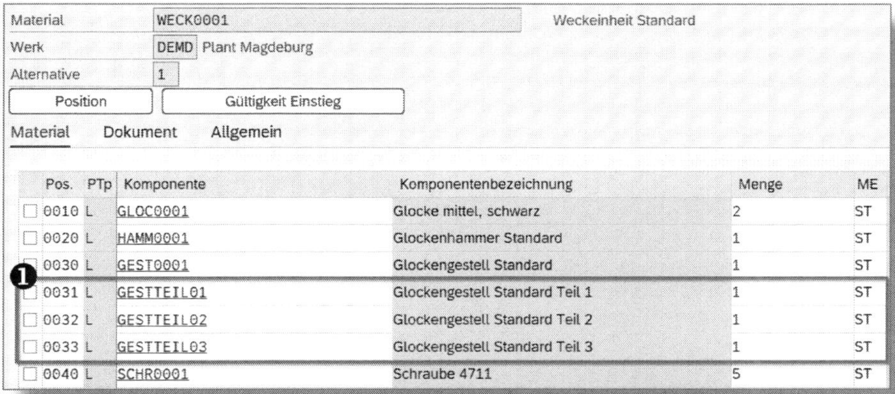

Material: WECK0001 Weckeinheit Standard
Werk: DEMD Plant Magdeburg
Alternative: 1
Position | Gültigkeit Einstieg
Material | Dokument | Allgemein

| Pos. | PTp | Komponente | Komponentenbezeichnung | Menge | ME |
|---|---|---|---|---|---|
| 0010 | L | GLOC0001 | Glocke mittel, schwarz | 2 | ST |
| 0020 | L | HAMM0001 | Glockenhammer Standard | 1 | ST |
| 0030 | L | GEST0001 | Glockengestell Standard | 1 | ST |
| ❶ 0031 | L | GESTTEIL01 | Glockengestell Standard Teil 1 | 1 | ST |
| 0032 | L | GESTTEIL02 | Glockengestell Standard Teil 2 | 1 | ST |
| 0033 | L | GESTTEIL03 | Glockengestell Standard Teil 3 | 1 | ST |
| 0040 | L | SCHR0001 | Schraube 4711 | 5 | ST |

*Abbildung 3.40: Mehrfachauslauf – Angabe der Nachfolgematerialien in der Stückliste*

Anschließend pflegen Sie die *Ein-/Auslaufdaten* für alle Auslauf- und Nachfolgematerialien in der Stückliste. Diese erreichen Sie über den Button EIN-/AUSLAUFDATEN in den Positionsdetails (siehe Abbildung 3.25) oder über das Kopfmenü mittels ZUSÄTZE • EIN-/AUSLAUFDATEN. Im sich öffnenden Fenster vergeben Sie einen beliebigen Gruppennamen (z. B. *A1*) als ❶ AUSLAUFGRUPPE für das auslaufende Material und als ❷ NACHFOLGEGRUPPE für die Nachfolgematerialien (siehe Abbildung 3.41).

**! Auslaufgruppe = Nachfolgegruppe**

Die Bezeichnungen der Auslauf- und Nachfolgegruppe müssen übereinstimmen, damit das System die Bedarfe auf die richtigen Nachfolgematerialien übertragen kann. Innerhalb einer Stückliste lassen sich beliebig viele Gruppen definieren. Die Gruppennamen für verschiedene Auslaufgruppen müssen sich innerhalb einer Stückliste unterscheiden. In anderen Stücklisten können Sie die gleichen Gruppennamen erneut verwenden.

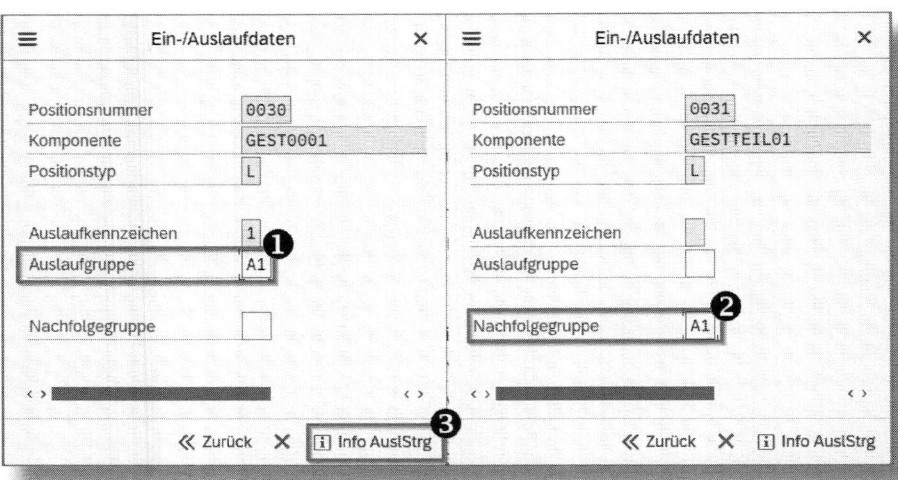


*Abbildung 3.41: Pflege der Auslauf- und Nachfolgegruppe*

Über den Button ❸ INFO AUSLSTRG oder über das Kopfmenü ZUSÄTZE • WEITERE • INFO AUSLAUFSTRG erhalten Sie zur Kontrolle eine Übersicht über die von Ihnen gepflegte Auslaufsteuerung (siehe Abbildung 3.42). Prüfen Sie hier vor allem die Richtigkeit der Gruppennamen für die Auslaufgruppe (AGRP) und die Nachfolgegruppe (NFGRP).

Material WECK0001 Weckeinheit Standard
Werk DEMD Plant Magdeburg
Verwendung 3 universal
Alternative 01

| AGrp | NFGrp | Pos. | Komponente | Materialkurztext | Menge | ME | PTp | Gültig ab | Gültig bis |
|---|---|---|---|---|---|---|---|---|---|
| A1 | | 0030 | GEST0001 | Glockengestell Standard | 1,000 | ST | L | 01.01.2023 | 31.12.9999 |
| | A1 | 0031 | GESTTEIL01 | Glockengestell Standard Teil 1 | 1,000 | ST | L | 01.01.2023 | 31.12.9999 |
| | A1 | 0032 | GESTTEIL02 | Glockengestell Standard Teil 2 | 1,000 | ST | L | 01.01.2023 | 31.12.9999 |
| | A1 | 0033 | GESTTEIL03 | Glockengestell Standard Teil 3 | 1,000 | ST | L | 01.01.2023 | 31.12.9999 |

*Abbildung 3.42: Mehrfachauslauf – Übersicht der gepflegten Auslaufsteuerung in der Stückliste*

### Parallelauslauf

Beim Parallelauslauf werden mehrere Materialien gleichzeitig durch ein oder mehrere neue Materialien ersetzt. Die Auslaufsteuerung pflegen Sie in Materialstamm und Stückliste.

**Beispiel Parallelauslauf**

Bei unserem Wecker sind die Zeiger ZEISTU0001, ZEIMIN0001, ZEISEK0001 und ZEIWECK0001 optisch aufeinander abgestimmt. Für eine bestehende Produktlinie wurden die Zeiger neu gestaltet (siehe Abbildung 3.44). Der vorhandene Bestand der aktuellen Zeiger soll zunächst noch so weit möglich verbaut werden. Da der Weckzeiger deutlich aufwendiger gestaltet ist und damit einen höheren Materialwert als die anderen Zeiger hat, richtet sich der Auslauf primär nach dem Bestand des Weckzeigers. Die anderen Zeiger werden so lange mit verbraucht und bei Bedarf neu beschafft, wie noch Weckzeiger am Lager sind. Sobald der neue Weckzeiger ZEIWECK0002 verbaut wird, wechseln auch die anderen Zeiger. Eventuelle Restbestände der anderen Zeiger müssen entsorgt oder anderweitig verwendet werden.

Im Unterschied zu obigen beiden Szenarien laufen hier mehrere Materialien parallel aus. Die Auslaufsteuerung müssen Sie somit in allen auslaufenden Materialien aktivieren. Abbildung 3.43 zeigt die Einstellungen im Materialstamm des ❶ Hauptausläufers ZEIWECK0001. Für diesen geben Sie Auslaufkennz. *1*, AuslaufDat und Nachfolgematerial analog zu den bisherigen Szenarien an. Bei den ❷ abhängigen Parallelausläufern (im Beispiel die restlichen Zeiger) pflegen Sie hingegen lediglich das Auslaufkennz. *3 (abhängiger Parallelausläufer)* ohne Angabe eines Auslaufdatums oder Nachfolgematerials. Der Zeitpunkt des Auslaufs wird somit allein vom Hauptausläufer bestimmt. Sobald dessen Bestand aufgebraucht ist, werden alle Parallelausläufer ebenfalls auf ihr Nachfolgematerial umgestellt.

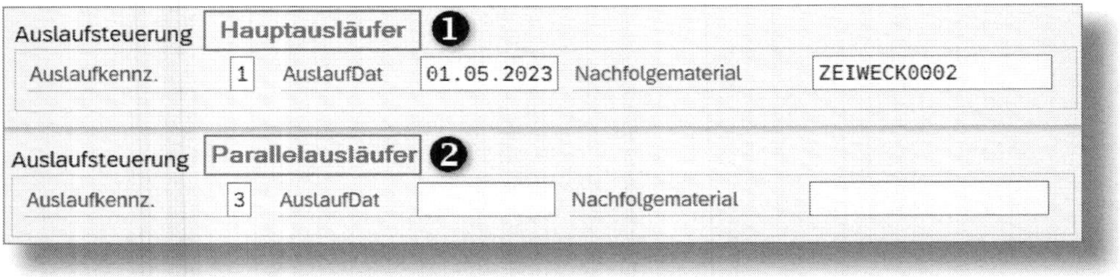

*Abbildung 3.43: Materialstamm – Auslaufsteuerung für Parallelausläufer*

Da diese Informationen für die Abbildung des Parallelauslaufs nicht ausreichen, müssen Sie zwingend auch die Stückliste analog der Erläuterung beim Mehrfachauslauf pflegen. Achten Sie darauf, dass Sie alle parallel auslaufenden Komponenten der gleichen *Auslaufgruppe* zuordnen. Die Nachfolgematerialien (egal ob eines oder mehrere) ordnen Sie ebenfalls der gleichen *Nachfolgegruppe* zu. Abbildung 3.44 zeigt die Übersicht der gepflegten Auslaufsteuerung für die Stückliste unseres Zeigersets ZEISET0001.

| | |
|---|---|
| **Material** | ZEISET0001 Zeigerset Standard schwarz/silber |
| **Werk** | DEMD Plant Magdeburg |
| **Verwendung** | 3 universal |
| **Alternative** | 01 |

| AGrp | NFGrp | Pos. | Komponente | Materialkurztext | Menge | ME | PTp | Gültig ab | Gültig bis |
|---|---|---|---|---|---|---|---|---|---|
| A1 | | 0010 | ZEISTU0001 | Stundenzeiger Standard schwarz | 1,000 | ST | L | 01.01.2023 | 31.12.9999 |
| A1 | | 0020 | ZEIMIN0001 | Minutenzeiger Standard schwarz | 1,000 | ST | L | 01.01.2023 | 31.12.9999 |
| A1 | | 0030 | ZEISEK0001 | Sekundenzeiger Standard schwarz | 1,000 | ST | L | 01.01.2023 | 31.12.9999 |
| A1 | | 0040 | ZEIWECK0001 | Weckzeiger Standard silber | 1,000 | ST | L | 01.01.2023 | 31.12.9999 |
| | A1 | 0011 | ZEISTU0002 | Stundenzeiger Standard schwarz 2023 | 1,000 | ST | L | 01.01.2023 | 31.12.9999 |
| | A1 | 0021 | ZEIMIN0002 | Minutenzeiger Standard schwarz 2023 | 1,000 | ST | L | 01.01.2023 | 31.12.9999 |
| | A1 | 0031 | ZEISEK0002 | Sekundenzeiger Standard schwarz 2023 | 1,000 | ST | L | 01.01.2023 | 31.12.9999 |
| | A1 | 0041 | ZEIWECK0002 | Weckzeiger Standard silber 2023 | 1,000 | ST | L | 01.01.2023 | 31.12.9999 |

*Abbildung 3.44: Parallelauslauf – Übersicht der gepflegten Auslaufsteuerung in der Stückliste*

**! Nachfolger vom Nachfolger**

Nachdem der Bestand des Auslaufmaterials aufgebraucht worden ist, sollten Sie die Stammdaten für die Auslaufsteuerung bereinigen. Das umfasst die Aktualisierung der Stückliste mit Aufnahme der jetzt gültigen Komponenten sowie das Löschen der Auslaufinformationen in Materialstamm und Stückliste. Die Bereinigung ist vor allem deshalb wichtig, da SAP keine mehrstufige Auslaufsteuerung unterstützt. Das heißt, es ist nicht möglich, einem Material ein Nachfolgematerial zuzuweisen, wenn dieses Material selbst noch in einem anderen Materialstamm als Nachfolger steht. Manchmal besteht der Wunsch, die Auslaufsteuerung zu Dokumentationszwecken im Materialstamm stehen zu lassen. Hierfür sollten Sie aber auf andere Wege zurückgreifen, z. B. auf die Materialnotiz oder kundeneigene Felder.

## 3.4.3 Alternativpositionen

Je nach technologischen Voraussetzungen ist es manchmal möglich, mehrere Materialien alternativ für eine Komponente zu verwenden, ohne dass sich das fertige Produkt optisch oder qualitativ unterscheidet. In einem solchen Szenario spricht man von *Alternativpositionen*. Die Pflege erfolgt ausschließlich in der Stückliste: Sie tragen zunächst alle Materialien als einzelne Stücklistenpositionen ein und fassen diese anschließend zu *Alternativpositionsgruppen* zusammen.

**! Einschränkungen bei Alternativpositionen**

Beachten Sie, dass Sie Materialien nicht als Alternativposition verwenden können, falls:

- das Material gleichzeitig ein Kuppelprodukt ist,
- das Material gleichzeitig der Auslaufsteuerung unterliegt,
- das Material eine Dummy-Baugruppe ist.

Nachdem Sie die alternativen Materialien als Stücklistenposition eingetragen haben, wechseln Sie in die Positionsdetails. Auf dem Reiter GRUNDDATEN tragen Sie einen beliebigen, maximal zweistelligen alphanumerischen Wert in das Feld ❶ ALTPOSGRUPPE ein (siehe Abbildung 3.45). Beachten Sie, dass der Gruppenname für alle Positionen innerhalb einer Alternativpositionsgruppe identisch sein muss. Nach der Bestätigung mit [Enter] öffnet sich ein ❷ Pop-up-Fenster zur Spezifikation der ALTERNATIVPOSITIONSDATEN.

*Abbildung 3.45: Pflege der Alternativpositionsdaten*

Die Alternativpositionsdaten steuern, welche der alternativen Materialien mit welchem Anteil in der Bedarfsplanung und für die Entnahmereservierungen verwendet werden. Die Angabe im Feld STRATEGIE regelt die grundsätzliche Verteilungslogik:

- NACH EINSATZWAHRSCHEINLICHKEIT *(1)*: Hierbei erfolgen die Entnahmereservierung und die Berechnung der Bedarfe in Höhe des im Feld EINSATZWAHR. angegebenen Anteils. Das Feld RANGFOLGE hat keinen Einfluss.
- 100 %-PRÜFUNG *(2)*. Hierbei durchlaufen alle Alternativpositionen die Verfügbarkeitsprüfung. Die erste Alternative, welche die gesamte Bedarfsmenge deckt (100 %), wird für die komplette Entnahmereservierung herangezogen. Die Reihenfolge der Prüfung steuern Sie über das Feld RANGFOLGE. Die EINSATZWAHRSCHEINLICHKEIT ist dennoch anzugeben, da diese bei beiden Strategien die Mengen in der Bedarfsplanung bestimmt.

**Wahl der Strategie für die Alternativpositionsbestimmung**

Die Stellräder unseres Weckers gibt es in zwei alternativen Legierungen, die sich weder qualitativ noch optisch unterscheiden. Für die Beschaffung bei verschiedenen Lieferanten existieren jedoch zwei verschiedene Materialnummern (STELL0001 und STELL0001A). Die Bedarfsplanung rechnet mit einem Bedarf der Standardlegierung STELL0001 von *80* Prozent und aufgrund der geringeren Beschaffungsmengen nur mit *20* Prozent bei STELL0001A. Diese Werte pflegen wir im Feld EINSATZWAHR. Soll nun dieses Verhältnis grundsätzlich auch bei allen Fertigungsaufträgen entnommen werden, wählen wir die STRATEGIE *1* (nach Einsatzwahrscheinlichkeit). Soll hingegen aus organisatorischen oder anderweitigen Gründen für einen Fertigungsauftrag immer nur eine Alternative komplett entnommen werden, wählen Sie STRATEGIE *2* (100 %-Prüfung). Mit der RANGFOLGE priorisieren Sie die favorisierte Alternative.

Abbildung 3.46 zeigt für Strategie 2 die Komponentenlisten des ❶ Planauftrags (die Bedarfsplanung arbeitet immer mit der Einsatzwahrscheinlichkeit) und des ❷ Fertigungsauftrags (Entnahmereservierung) für den Fall, dass die benötigte Menge mit Material STELL0001A gedeckt werden kann. Bei Strategie 1 (nach Einsatzwahrscheinlichkeit) würde die Aufteilung der Mengen des Planauftrags in den Fertigungsauftrag übernommen.

Auftrag %00000000001
Material WECKER0001

Komponentenübersicht

| Material | Bezeichnung | Bedarfsmeng... | Er... | Werk |
|---|---|---|---|---|
| GEH0001 | Weckergehäuse Standard | 500 | ST | DEMD |
| UHR0001 | Uhrenmodul Standard | 500 | ST | DEMD |
| AUFZUG0001 | Aufzugsrad 10 mm | 1.000 | ST | DEMD |
| STELL0001 | Stellrad 4 mm | ❶ 800 | ST | DEMD |
| STELL0001A | Stellrad 4 mm (Legierung) | 200 | ST | DEMD |

Komponentenübersicht

| Pos... | Komponente | Bezeichnung | Menge | ME | | | | | |
|---|---|---|---|---|---|---|---|---|---|
| 0010 | GEH0001 | Weckergeh... | | | | | | | |
| 0020 | UHR0001 | Uhrenmodu... | | | | | | | |
| 0030 | AUFZUG0001 | Aufzugsrad 10 mm | 1.000 | ST | L | 0010 | 0 | DEMD | RAMA |
| 0041 | STELL0001A | Stellrad 4 mm (Legierung) | ❷ 1.000 | ST | L | 0010 | 0 | DEMD | RAMA |
| 0040 | STELL0001 | Stellrad 4 mm | 0 | ST | L | 0010 | 0 | DEMD | RAMA |

*Abbildung 3.46: Auswirkung der Strategie 100 %-Prüfung in Plan- und Fertigungsauftrag*

Die Pflege Ihrer Alternativpositionen überprüfen Sie, indem Sie aus der Positionsübersicht der Stückliste über das Menü ZUSÄTZE • WEITERE • INFO ALTERNATIVPOS. wählen. Sie gelangen in eine tabellarische Übersicht, in der Sie auf einen Blick alle Angaben kontrollieren können (siehe Abbildung 3.47).

| Grp | Pos. | Komponente | Materialkurztext | Menge | ME | RF | Str | EinsWahr | Gültig ab | Gültig bis |
|---|---|---|---|---|---|---|---|---|---|---|
| SR | 0040 | STELL0001 | Stellrad 4 mm | 2,000 | ST | | 1 | 80 | 01.01.2023 | 31.12.9999 |
| | 0041 | STELL0001A | Stellrad 4 mm (Legierung) | 2,000 | ST | | 1 | 20 | 22.02.2023 | 31.12.9999 |

*Abbildung 3.47: Gepflegte Alternativpositionen – Übersicht*

## ☛ Informative Nutzung der Alternativpositionen

Sie können die Funktionalität der Alternativpositionen auch nutzen, um Komponenten nur zur Information aufzunehmen. Hierzu wählen Sie die STRATEGIE *1* (NACH EINSATZWAHRSCHEINLICHKEIT) und ordnen der informatorischen Komponente eine EINSATZWAHRSCHEINLICHKEIT von *0* Prozent zu (das System bringt zwar eine Fehlermeldung; die Eingabe wird aber trotzdem akzeptiert). Denken Sie daran, bei einer solchen Alternativposition die Kalkulationsrelevanz zu entfernen.

Die jeweilige Komponente wird anschließend nicht in der Bedarfsplanung und Reservierung berücksichtigt, erscheint aber als (buchbare) Komponente im Fertigungsauftrag. Damit geben Sie z. B. an, auf welche alternativen Komponenten bei einem Ausfall von Teilen zurückgegriffen werden kann. In gleicher Weise geben Sie (die Funktion wird hierbei ein wenig zweckentfremdet) ein Nebenprodukt, das nur in Fehlerfällen auftritt, als Alternative an. Abbildung 3.48 zeigt beispielhaft eine Stückliste, in der die Gehäuserückwand RUECK0925 aus Sterlingsilber bei Stanzfehlern als Nebenprodukt RUECK0925_NA ins Lager gebucht wird, um diese zunächst zu sammeln und später auf Nacharbeit oder Einschmelzung zu prüfen. Dieses fehlerhafte Nebenprodukt soll natürlich nicht mit geplant werden.

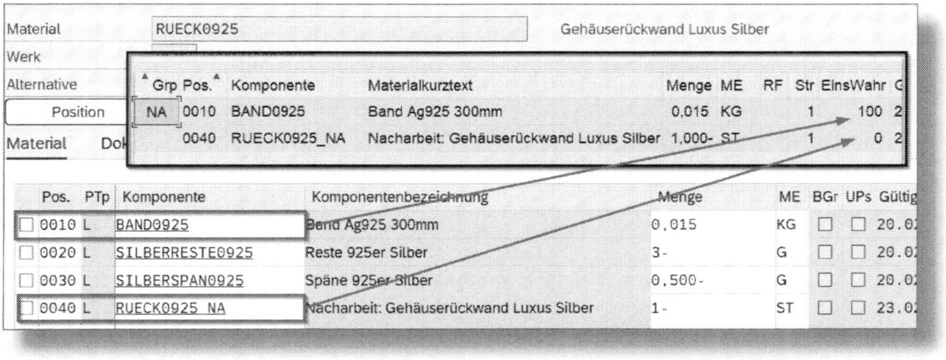

Material RUECK0925 Gehäuserückwand Luxus Silber
Werk
Alternative
Position
Material Dok

| Grp | Pos. | Komponente | Materialkurztext | Menge | ME | RF | Str | EinsWahr | G |
|---|---|---|---|---|---|---|---|---|---|
| NA | 0010 | BAND0925 | Band Ag925 300mm | 0,015 | KG | | 1 | 100 | 2 |
| | 0040 | RUECK0925_NA | Nacharbeit: Gehäuserückwand Luxus Silber | 1,000- | ST | | 1 | 0 | 2 |

| Pos. | PTp | Komponente | Komponentenbezeichnung | Menge | ME | BGr | UPs | Gültig |
|---|---|---|---|---|---|---|---|---|
| 0010 | L | BAND0925 | Band Ag925 300mm | 0,015 | KG | ☐ | ☐ | 20.0 |
| 0020 | L | SILBERRESTE0925 | Reste 925er Silber | 3- | G | ☐ | ☐ | 20.0 |
| 0030 | L | SILBERSPAN0925 | Späne 925er Silber | 0,500- | G | ☐ | ☐ | 20.0 |
| 0040 | L | RUECK0925_NA | Nacharbeit: Gehäuserückwand Luxus Silber | 1- | ST | ☐ | ☐ | 23.0 |

*Abbildung 3.48: Nutzung einer Alternativposition als Information*

### 3.4.4 Rekursivität

Von *Rekursivität* bei einer Stückliste spricht man, wenn deren Kopfmaterial auch als Komponente in der gleichen Stückliste oder in enthaltenen Baugruppen eingesetzt wird. Ein Material wird damit praktisch in sich selbst verbaut.

Die meisten Anwendungsfälle finden sich in der chemischen Industrie, wenn bestimmte Produkte anteilig im gleichen Herstellungsprozess erneut zugeführt werden. In der diskreten Fertigung sind rekursive Stücklisten selten. Manchmal findet man sie bei Nacharbeiten, d. h., an einem Material wird eine Nacharbeit durchgeführt, ohne dass ein neues Material entsteht. Jedoch ist hierfür eine rekursive Stückliste i. d. R. nicht nötig, wenn man für die Nacharbeit Fertigungsaufträge ohne Kopfmaterial nutzt. Sobald Material zwischen Arbeitsgängen eingelagert wird, sollten grundsätzlich keine rekursiven Stücklisten angelegt werden, sondern einzelne Materialien je Veredelungsstufe.

Ergibt sich dennoch die Notwendigkeit, mit rekursiven Stücklisten zu arbeiten, müssen Sie die Rekursivität explizit erlauben. Beim Erfassen einer Komponente, die zur Rekursivität führt, erscheint eine entsprechende Fehlermeldung. Um diese zu umgehen, müssen Sie das ❶ Kennzeichen REKURSIVITÄT ERLAUBT auf der Registerkarte GRUNDDATEN in den Positionsdetails setzen (siehe Abbildung 3.49). In seltenen Fällen kann es vorkommen, dass das System die Rekursivität nicht direkt beim Erfassen der Komponente erkennt, sondern erst beim Verbuchen der Stückliste. In dem Fall setzt es selbsttätig das Kennzeichen REKURSIV und sendet dem Ersteller eine Systemnachricht. Sie müssen anschließend entweder die Rekursivität erlauben oder die Komponente ändern, um mit der Stückliste arbeiten zu können.

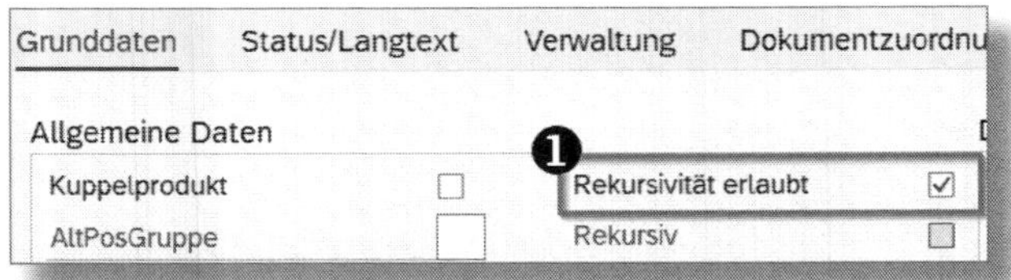


*Abbildung 3.49: Rekursivität in der Stückliste erlauben*

**! Rekursivität in der Stücklistenauflösung**

Beachten Sie, dass die Stücklistenauflösung bei der Komponente abbricht, die zur Rekursivität führt – so wird eine Endlosschleife verhindert. Das System weist Sie in den Transaktionen der mehrstufigen Stücklistenauflösung mit der ❶ Ausnahme NREK auf diese Situation hin (siehe Abbildung 3.50).

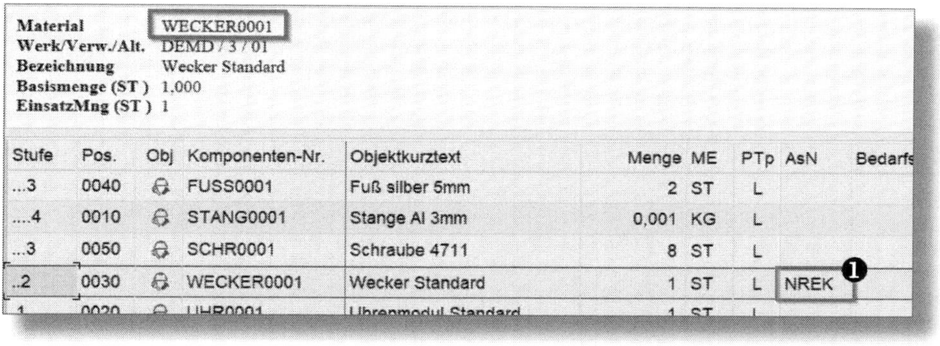

**Material** WECKER0001
**Werk/Verw./Alt.** DEMD / 3 / 01
**Bezeichnung** Wecker Standard
**Basismenge (ST )** 1,000
**EinsatzMng (ST )** 1

| Stufe | Pos. | Obj | Komponenten-Nr. | Objektkurztext | Menge | ME | PTp | AsN | Bedarfs |
|---|---|---|---|---|---|---|---|---|---|
| ...3 | 0040 | | FUSS0001 | Fuß silber 5mm | 2 | ST | L | | |
| ....4 | 0010 | | STANG0001 | Stange Al 3mm | 0,001 | KG | L | | |
| ...3 | 0050 | | SCHR0001 | Schraube 4711 | 8 | ST | L | | |
| ..2 | 0030 | | WECKER0001 | Wecker Standard | 1 | ST | L | NREK ❶ | |
| .1 | 0020 | | UHR0001 | Uhrenmodul Standard | 1 | ST | L | | |

*Abbildung 3.50: Transaktion CS12 – Abbruch der Stücklistenauflösung bei Rekursivität*

# 4 Arbeitsplatz

**Der Arbeitsplatz ist eine Organisationseinheit. Er spezifiziert den Ort, an dem eine Tätigkeit zur Herstellung eines Materials durchgeführt wird. Der Arbeitsplatz bestimmt zudem, wie die dort ausgeführten Vorgänge terminiert werden, welche Kapazität zur Verfügung steht und mit welchen Kosten die Vorgänge in die Kalkulation einfließen.**

Der *Arbeitsplatz* als Organisationseinheit bezieht sich i. d. R. auf einen physisch abgrenzbaren Ort, an dem eine inhaltlich oder technologisch abgrenzbare Tätigkeit durchgeführt wird. Er wird einem Vorgang im Arbeitsplan zugewiesen (vgl. Kapitel 5) und muss daher vorher angelegt sein. Als Arbeitsplatz grenzen Sie z. B. folgende Bereiche ab:

- eine Maschine (oder eine Gruppe)
- einen Handarbeitsplatz (oder eine Gruppe)
- einen Werkstattbereich
- eine Abteilung

Die obige Aufzählung ist nicht abschließend und gibt Ihnen lediglich Hinweise auf mögliche organisatorische Abgrenzungen. Die tatsächlich gewählte Arbeitsplatzstruktur ist von den konkreten Gegebenheiten und Anforderungen abhängig. Grundsätzlich sollten Sie sich daran orientieren, welche Granularität Sie benötigen. Hilfreiche Fragestellungen können u. a. folgende sein:

- Aus Sicht der Fertigung und Arbeitsvorbereitung: Wie exakt müssen die Vorgänge im Fertigungsauftrag abgebildet sein? An welchen Stellen soll eine Rückmeldung erfolgen? Welche Bereiche kann man technologisch zusammenfassen?
- Aus Sicht der Kapazitätsplanung: Welche Bereiche werden von der gleichen Kapazität begrenzt? Wo soll die Belastung einzeln ausgewiesen werden; wo kann sie zusammengefasst werden?

- Aus Sicht des Controllings: Wie genau sollen Kosten und Abweichungen abgebildet werden? Wie genau können (und sollen) die Tarife abgebildet werden? Wo benötigt man exakte und einzelne (Maschinen-)Rückmeldungen; wo reicht eine summierte Rückmeldung?

**! Arbeitsplatzstruktur vor Anlage gut durchdenken**

Da der Arbeitsplatz Stammdatum und Organisationseinheit in einem ist, sollte die Strukturierung der Arbeitsplätze im Vorfeld gut durchdacht sein. Wie bei allen Organisationseinheiten ist eine spätere Umstrukturierung nur mit sehr hohem Aufwand machbar. So sind die Arbeitsplätze eng mit den Arbeitsplänen verflochten und bilden die Basis für Terminierung und Kapazitätsplanung. Änderungen in der grundsätzlichen Struktur haben damit weitreichende Auswirkungen auf die Fertigungsprozesse.

Die Pflege des Arbeitsplatzes erfolgt mit den Transaktionen *CR01* (Anlegen), *CR02* (Ändern) und *CR03* (Anzeigen), die Sie unter dem Pfad SAP MENÜ • LOGISTIK • PRODUKTION • STAMMDATEN • ARBEITSPLÄTZE • ARBEITSPLATZ finden.

In den folgenden Abschnitten wird zunächst die Arbeitsplatzart erläutert. Anschließend werden die Eingabefelder der Sichten am Arbeitsplatz vorgestellt.

## 4.1 Arbeitsplatzart

Eine grundlegende Entscheidung ist bereits bei Anlage des Arbeitsplatzes zu treffen. Neben der Angabe von WERK und Namen des neuen Arbeitsplatzes bestimmen Sie die ❶ ARBEITSPLATZART (siehe Abbildung 4.1). Die *Arbeitsplatzart* differenziert Arbeitsplätze zum einen hinsichtlich ihrer grundsätzlichen Verwendung und Ausgestaltung. Zum anderen legen Sie darüber fest, welche Stammdaten gepflegt werden und welche Funktionen mit dem Arbeitsplatz ausgeführt werden können.

Im SAP-Standard stehen für die diskrete Fertigung die beiden ❷ Arbeitsplatzarten *0001* (MASCHINE) und *0003* (PERSON) zur Verfügung. Sie sind für die meisten Anwendungsfälle ausreichend. Die statistischen Arbeitsplatzgruppen (*0002* und *0004*) dienen der Kumulation von Kapazitätsbedarfen in Arbeitsplatzhierarchien und werden nicht direkt in den Arbeitsplänen verwendet.

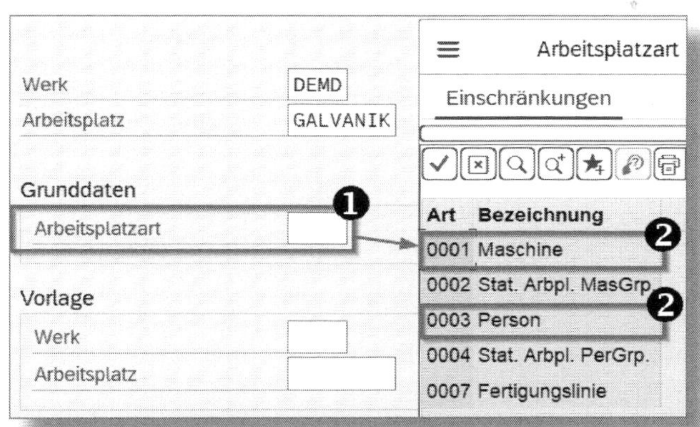


*Abbildung 4.1: Festlegung der Arbeitsplatzart bei Anlage eines neuen Arbeitsplatzes*

Die Einordnung eines Arbeitsplatzes als Maschine oder Person ist nicht immer eindeutig. Viele Arbeitsplätze haben sowohl maschinelle als auch personelle Kapazitäten, die nicht getrennt werden können. Das ist grundsätzlich kein Problem, da Arbeitsplätzen beider Arten (0001/0003) sowohl Maschinenkapazitäten als auch Personalkapazitäten zugeordnet werden können (vgl. Abschnitt 4.4).

**☛ Festlegung Maschinen- oder Personenarbeitsplatz**

Die Frage, welcher Arbeitsplatzart ein gemischter Arbeitsplatz zuzuordnen ist, muss von Fall zu Fall entschieden werden. Als Entscheidungskriterien kann die Hauptkapazität (mehr Maschinen oder mehr Personal) herangezogen werden, aber auch die begrenzende Einheit: Entscheidet die Maschinen- oder die Personalkapazität über die produzierbare Menge?

Sollten Sie eigene Arbeitsplatzarten definieren wollen, nutzen Sie die Customizing-Transaktion *OP40* (SPRO • PRODUKTION • GRUNDDATEN • ARBEITSPLATZ • ALLGEMEINE DATEN • ARBEITSPLATZART EINSTELLEN). Für die Festlegung der zu pflegenden Felder an diesem Arbeitsplatz (FELDAUSW. und BILDFOLGE) nutzen Sie am besten eine ❶ existierende Arbeitsplatzart als Referenz (siehe Abbildung 4.2). In Verbindung mit der Customizing-Transaktion *OPFA* (SPRO • PRODUKTION • GRUNDDATEN • ARBEITSPLATZ • ALLGEMEINE DATEN • FELDAUSWAHL FESTLEGEN) haben Sie die Möglichkeit, eine eigene Feldauswahl für Ihre Arbeitsplatzart anzulegen und einzelne Felder nach individuellen Anforderungen auszublenden, als Pflichtfeld zu definieren etc. Über die ❷ PLANANWENDUNG legen Sie fest, welchen Plänen der Arbeitsplatz zugeordnet werden darf. Damit legen Sie die Geschäftsprozesse fest, bei denen eine Verwendung des Arbeitsplatzes zulässig ist.

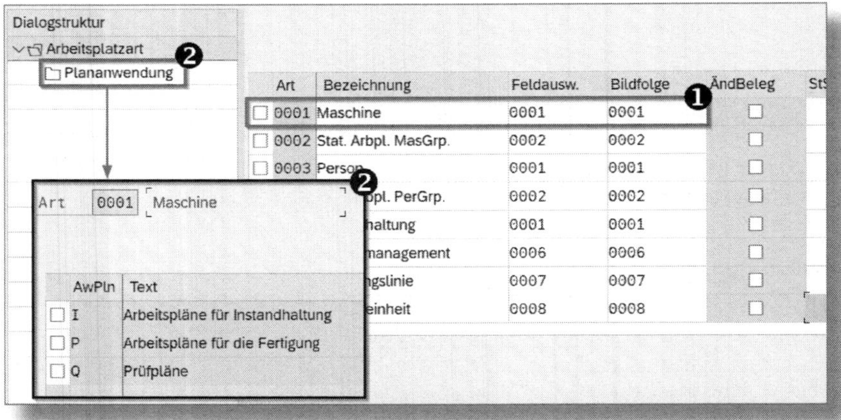


*Abbildung 4.2: Transaktion OP40 – Customizing der Arbeitsplatzart*

### Arbeitsplätze verschiedener Verwendung

Beachten Sie, dass es Arbeitsplätze auch in anderen Anwendungsbereichen gibt, z. B. im Projektsystem, in der Instandhaltung oder im Qualitätsmanagement. Über die Definition unterschiedlicher Arbeitsplatzarten und jeweils zugeordneter Plananwendungen beugen Sie einer Vermischung bei der Arbeitsplatzverwendung vor.

## 4.2 Grunddaten

Die erste Sicht am Arbeitsplatz heißt GRUNDDATEN und beinhaltet Angaben zur organisatorischen und räumlichen Zuordnung, allgemeine Steuerungsdaten in Bezug auf die Verwendung in Arbeitsplänen sowie Einstellungen zur Materialentnahme. Sie gliedert sich in die Bildbereiche ALLGEMEINE DATEN und VORGABEWERTBEHANDLUNG sowie fünf Buttons mit weiteren Funktionen am unteren Bildrand (siehe Abbildung 4.3).

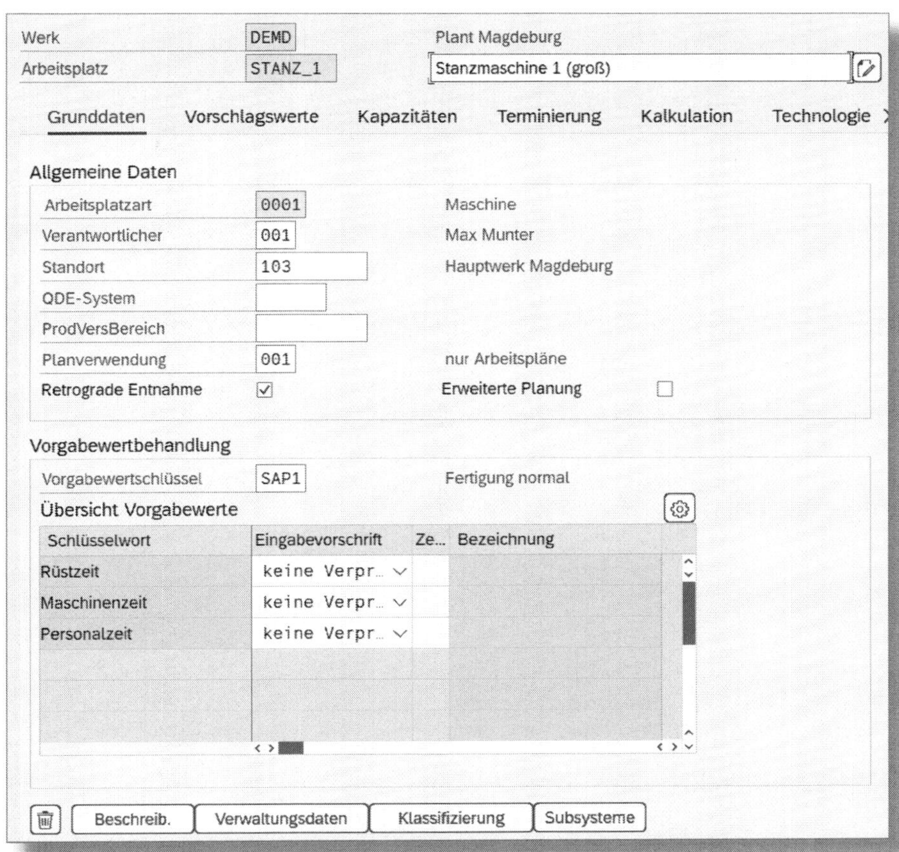


*Abbildung 4.3: Sicht »Grunddaten am Arbeitsplatz«*

### 4.2.1 Allgemeine Daten

Das erste Feld im Bildbereich ALLGEMEINE DATEN zeigt Ihnen die gewählte ARBEITSPLATZART (vgl. Abschnitt 4.1), die Sie nachträglich nicht mehr ändern können.

Das Feld VERANTWORTLICHER repräsentiert die organisatorische Zuordnung des Arbeitsplatzes. Die Angabe ist optional und bezieht sich normalerweise auf die Person oder Personengruppe, die für die Stammdaten des Arbeitsplatzes verantwortlich ist. Die erlaubten Eingabewerte definieren Sie werksspezifisch im Customizing (SPRO • PRODUKTION • GRUNDDATEN • ARBEITSPLATZ • ALLGEMEINE DATEN • VERANTWORTLICHEN FESTLEGEN; siehe Abbildung 4.4).

| Werk | Verantwortl. | Arbeitsplatzverantwortlicher |
|---|---|---|
| DEMD | 000 | Alina Nowak |
| DEMD | 001 | Max Munter |

*Abbildung 4.4: Definition der Arbeitsplatzverantwortlichen*

Der STANDORT ist ebenfalls eine optionale Angabe, die den räumlichen Ort spezifiziert, an dem sich der Arbeitsplatz befindet. Auch die zulässigen Standorte werden vorher im Customizing definiert, und zwar unter SPRO • UNTERNEHMENSSTRUKTUR • DEFINITION • LOGISTIK ALLGEMEIN • STANDORT FESTLEGEN (siehe Abbildung 4.5).

| Werk | Standort | Bezeichnung |
|---|---|---|
| DEMD | 101 | Production Building 1 |
| DEMD | 102 | Production Building 2 |
| DEMD | 103 | Hauptwerk Magdeburg |

*Abbildung 4.5: Definition von Standorten*

**☛ Standortadresse**

Beim Anlegen neuer Standorte im Customizing verlangt das System auch Adressdaten. Die Standorte beeinflussen jedoch keine Systemfunktionen, sondern dienen nur der Information und Zuordnung der Stammdaten. Wollen Sie den Standort nur als Filterkriterium nutzen, müssen Sie daher keine vollständigen Adressen pflegen. Es ist ausreichend, wenn Sie das Pflichtfeld LAND ausfüllen.

Im Feld QDE-SYSTEM (siehe Abbildung 4.3) pflegen Sie das logische Partnersystem, wenn Sie ein Fremdsystem für die Qualitätsprüfung verwenden und Arbeitsplatzdaten austauschen wollen. Wenn Sie mit Produktionsversorgungsbereichen arbeiten, geben Sie im Feld PROD-VERSBEREICH den zum Arbeitsplatz gehörenden Bereich ein.

Über die PLANVERWENDUNG schränken Sie die Art der Pläne (Plantypen) ein, in denen der Arbeitsplatz verwendet werden darf (vgl. Kapitel 5). So ist der Arbeitsplatz STANZ_1 in Abbildung 4.6 nur für Arbeitspläne *(001)* zugelassen. Neben einer spezifischen Zuordnung können Sie den Arbeitsplatz auch für alle Plantypen *(009)* zulassen oder die Verwendung ganz unterbinden *(000)*. Welche Plantypen genau sich hinter einem Eintrag des Feldes PLANVERWENDUNG befinden, prüfen Sie in der Customizing-Transaktion *OP45* (SPRO • PRODUKTION • GRUNDDATEN • ARBEITSPLATZ • ALLGEMEINE DATEN • PLANVERWENDUNG FESTLEGEN; siehe Abbildung 4.7).

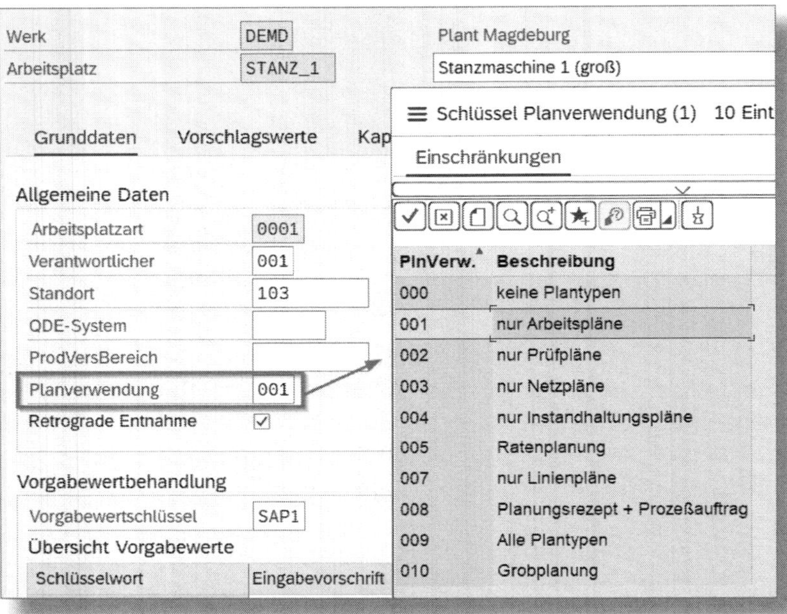


*Abbildung 4.6: Einschränkung der Plantypen für den Arbeitsplatz*

### Eigene Planverwendungen definieren

Über die Customizing-Transaktion *OP45* definieren Sie eigene Planverwendungen, wenn die Standardeinträge Ihren Anforderungen nicht genügen. So werden bei der Montage unserer Wecker am gleichen Arbeitsplatz auch Funktionstests durchgeführt, die mittels Prüflosen und zugeordneten Prüfplänen abgewickelt werden. Der Arbeitsplatz soll jedoch nicht in allen Plantypen verwendet werden dürfen. Daher definieren wir eine neue ❶ Planverwendung *Z01 (Arbeitsplan und Prüfplan)*. Über den Menüeintrag ❷ PLANTYP ordnen wir dieser die drei Plantypen ❸ *N*, *Q* und *S* zu (siehe Abbildung 4.7). Die neue Planverwendung tragen wir dann beim Arbeitsplatz MONT_END ein.

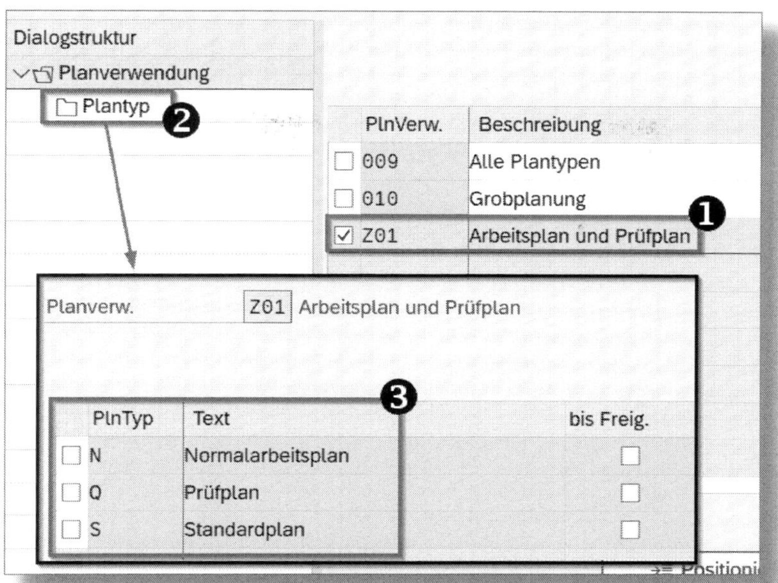


*Abbildung 4.7: Transaktion OP45 – Customizing der Planverwendung*

Das Kennzeichen RETROGRADE ENTNAHME (siehe Abbildung 4.3) markieren Sie, wenn am jeweiligen Arbeitsplatz Komponenten retrograd entnommen werden sollen. Zusätzlich muss im Materialstamm auf der Sicht DISPOSITION 2 der Wert *2* (ARBEITSPLATZ ENTSCHEIDET, OB RETROGRADE ENTNAHME) im Feld RETROGR. ENTNAHME eingetragen werden (vgl. Beispiel in Abschnitt 2.3.1).

Verwenden Sie die ERWEITERTE PLANUNG in SAP S/4HANA, markieren Sie das gleichnamige Feld, sofern der Arbeitsplatz einbezogen werden soll.

## 4.2.2 Vorgabewertbehandlung

Im Bildbereich VORGABEWERTBEHANDLUNG definieren Sie, welche Vorgabewerte im Arbeitsplan angegeben werden können, wenn der Arbeitsplatz im Vorgang referenziert wird. Unter einem *Vorgabewert* versteht man eine Planzeit für die Vorgangsbearbeitung. Typische Vorgabewerte sind Rüstzeiten, Bearbeitungszeiten (i. d. R. unterteilt in Maschinenzeit und Personalzeit) oder Fixzeiten.

Um dem Arbeitsplatz Vorgabewerte zuzuordnen, geben Sie einen ❶ Vorgabewertschlüssel an, der mehrere Vorgabewerte zusammenfasst (siehe Abbildung 4.8). Die einzelnen Vorgabewerte werden danach in die darunter sichtbare ❷ Tabelle übernommen und stehen damit zur Pflege im Arbeitsplan zur Verfügung.

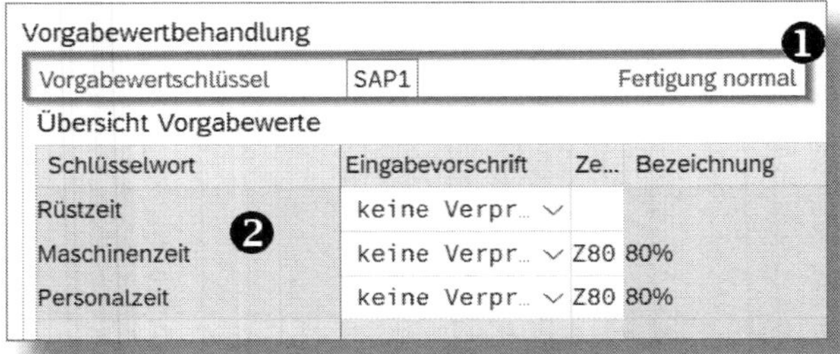


*Abbildung 4.8: Definition der Vorgabewerte am Arbeitsplatz*

Im SAP-Standard werden bereits einige gängige Vorgabewertschlüssel mitgeliefert. Eigene Vorgabewertschlüssel definieren Sie über die Customizing-Transaktion *OP19* (SPRO • Produktion • Grunddaten • Arbeitsplatz • Allgemeine Daten • Vorgabewert • Vorgabewertschlüssel festlegen). Abbildung 4.9 zeigt beispielhaft die Einstellungen des Vorgabewertschlüssels *SAP1*. Die drei Vorgabewerte aus Abbildung 4.8 sind als ❶ Parameter hinterlegt. Die Parameter definieren Sie vorher über die ❷ Customizing-Transaktion *OP7B* (SPRO • Produktion • Grunddaten • Arbeitsplatz • Allgemeine Daten • Vorgabewert • Parameter einstellen). Der Parameter regelt den eigentlichen Inhalt bzw. die Bedeutung des Vorgabewertes. In Abbildung 4.9 sind beispielhaft die Einstellungen des Parameters *SAP_02* für die Maschinenzeit eingefügt.

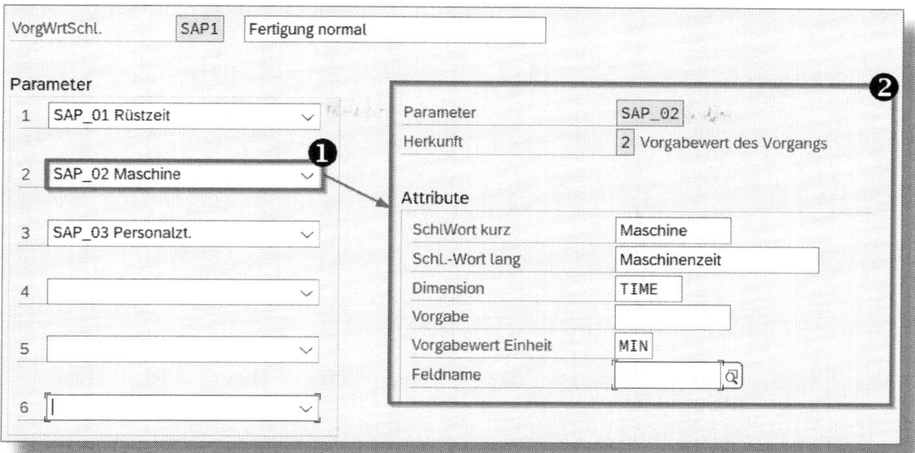


*Abbildung 4.9: Transaktionen OP7B und OP19 – Customizing des Vorgabewertschlüssels*

In der Übersicht der Vorgabewerte (siehe Abbildung 4.8) stehen Ihnen zwei weitere Eingabefelder zur Verfügung. Über die EINGABEVORSCHRIFT regeln Sie, ob das System die Pflege eines tatsächlichen Wertes zu diesem Arbeitsplatz im Arbeitsplan überprüfen soll. Sie haben hierfür fünf Eingabemöglichkeiten:

- KEINE VERPROBUNG *(leer)*: Das System prüft nicht die Eingabe von Werten im Arbeitsplan.
- DARF NICHT ANGEGEBEN WERDEN *(0)*: Erzeugt eine Fehlermeldung bei Pflege eines Wertes im Arbeitsplan.
- SOLL NICHT ANGEGEBEN WERDEN *(1)*: Erzeugt eine Warnmeldung bei Pflege eines Wertes im Arbeitsplan.
- SOLL ANGEGEBEN WERDEN *(2)*: Erzeugt eine Warnmeldung, wenn kein Wert im Arbeitsplan angegeben wird.
- MUSS ANGEGEBEN WERDEN *(3)*: Erzeugt eine Fehlermeldung, wenn kein Wert im Arbeitsplan angegeben wird.

Der *Zeitgradschlüssel* (ZE...) dient dazu, die Effizienz eines Arbeitsplatzes in Prozent abzubilden. Der *Zeitgrad* bildet das Verhältnis von vorgegebener Sollzeit zu erzielter Istzeit ab. Bei Angabe eines Zeitgradschlüssels werden die Vorgabewerte entsprechend angepasst. Praktisch formuliert, werden damit die im Arbeitsplan gepflegten Zeiten für die Terminierung, Kapazitätsplanung und Kalkulation durch den angegebenen Prozentsatz dividiert. Bei einer Vorgabezeit von 60 Minuten und einem Zeitgradschlüssel von 80 Prozent werden damit 60 durch 0,8 geteilt und somit 75 Minuten für die Planung und Kalkulation verwendet.

Einen Zeitgradschlüssel erstellen Sie über die Customizing-Transaktion *OP28* (SPRO • PRODUKTION • GRUNDDATEN • ARBEITSPLATZ • KAPAZITÄTSPLANUNG • ZEITGRADSCHLÜSSEL FESTLEGEN; siehe Abbildung 4.10). Dabei geben Sie den Zeitgrad in Prozent an, der für die Kalkulation (KALK.) sowie die Terminierung und Kapazitätsplanung (TERM.) genutzt werden soll.

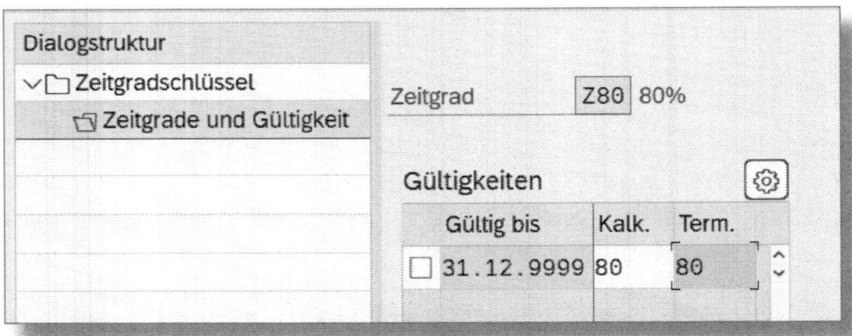


*Abbildung 4.10: Transaktion OP28 – Definition eines Zeitgradschlüssels*

**Anwendung des Zeitgradschlüssels**

Für die Herstellung der Gehäuseteile stehen zwei Stanzmaschinen zur Verfügung. Die Bearbeitungszeiten der Materialien sind auf beiden Maschinen grundsätzlich identisch. Aus technischen Gründen kann die kleine Stanzmaschine STANZ_2 aber nicht auf Dauer die gleiche Geschwindigkeit fahren wie die große. Um die Zeiten der Materialien in den Arbeitsplänen aber nicht differenziert nach Maschine zu pflegen, bedienen wir uns des Zeitgradschlüssels. Hierfür definieren wir einen neuen Zeitgradschlüssel *Z80*, der sowohl für die Kalkulation als auch die Terminierung und Kapazitätsplanung einen Zeitgrad von *80* Prozent angibt (siehe Abbildung 4.10). Den Zeitgradschlüssel ordnen wir dann den Vorgabewerten am Arbeitsplatz STANZ_2 zu (siehe Abbildung 4.8).

### 4.2.3 Weitere Funktionen

Am unteren Bildrand befinden sich noch fünf Buttons (siehe Abbildung 4.11). Mit dem Papierkorb löschen Sie den Arbeitsplatz. Dies ist jedoch nur möglich, wenn er in keinen Plänen oder laufenden Aufträgen mehr verwendet wird.

*Abbildung 4.11: Weitere Funktionen in der Grunddatensicht*

BESCHREIB. erlaubt Ihnen die datumsabhängige Pflege von Kurzbezeichnung und Langtext des Arbeitsplatzes. Über den die VERWALTUNGSDATEN erfahren Sie, wer den Arbeitsplatz zuletzt geändert hat und ob er gesperrt ist oder eine Löschvormerkung vorliegt. Die KLASSIFIZIERUNG von Arbeitsplätzen ist hauptsächlich in der Prozessfertigung von Nutzen. Über den Button ordnen Sie dem Arbeitsplatz die entsprechenden Klassen zu. Die Eintragungen hinter dem Button SUBSYSTEME sind für die Anbindung an ein externes System zur Betriebsdatenerfassung relevant.

## 4.3 Vorschlagswerte

Die Werte, die Sie in der Sicht VORSCHLAGSWERTE pflegen, werden bei Zuordnung des Arbeitsplatzes zu einem Vorgang als Vorschläge in die entsprechenden Felder des Vorgangs im Arbeitsplan übernommen. Alle Angaben auf dieser Sicht sind optional, aber bei häufig gleichbleibenden Daten gestaltet sich damit die Pflege der Arbeitspläne effizienter. Die Sicht gliedert sich in die beiden Bildbereiche VORSCHLAGSWERTE VORGANG und MASSEINHEITEN DER VORGABEWERTE (siehe Abbildung 4.12).

Alle Felder des ersten Bildbereichs werden in Abschnitt 5.3 erläutert. Daher verzichte ich auf eine Darstellung an dieser Stelle. Beachten Sie, dass standardmäßig alle Vorschlagswerte im Arbeitsplan überschrieben werden können. Wollen Sie dies verhindern, markieren Sie hinter dem entsprechenden Feld das Referenzkennzeichen (REFKZ). Damit ist der übernommene Wert im Arbeitsplan nicht mehr änderbar.

Im zweiten Bildbereich ordnen Sie Ihren Vorgabewerten (vgl. Abschnitt 4.2.2) eine Maßeinheit zu. Sie sollten hier die gängigste Maßeinheit eintragen. Wenn in einzelnen Arbeitsplänen von dieser Maßeinheit abgewichen werden soll, kann diese direkt im Vorgang überschrieben werden.

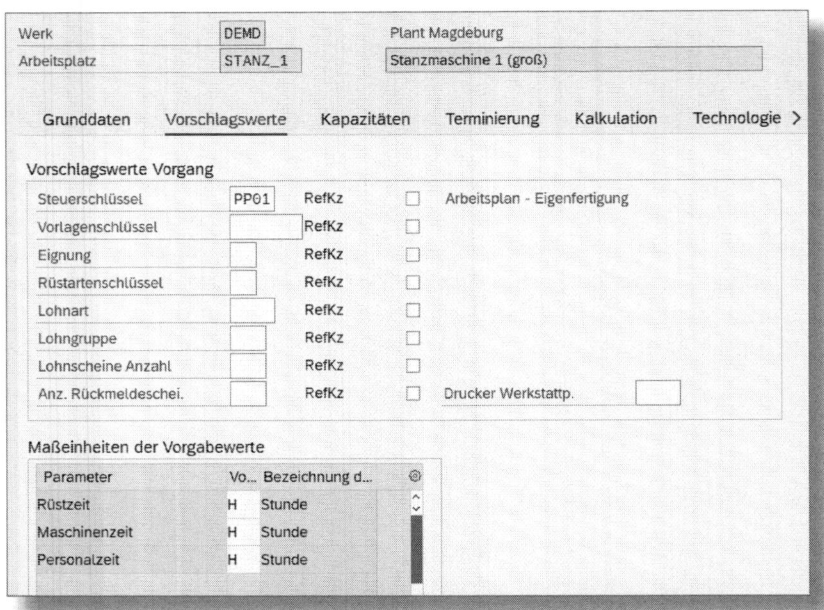


*Abbildung 4.12: Sicht »Vorschlagswerte am Arbeitsplatz«*

## 4.4 Kapazitäten

Die Sicht KAPAZITÄTEN ist eine der wichtigsten und komplexesten Sichten am Arbeitsplatz. An dieser Stelle definieren Sie, welche Kapazität der Arbeitsplatz für die Bearbeitung von Aufträgen zur Verfügung stellt, wann und zu welchem Grad diese Kapazitäten verfügbar sind und wie sich die Kapazitätsbelastung des Arbeitsplatzes berechnet.

Die Sicht besteht zunächst nur aus dem Bildbereich ÜBERSICHT sowie mehreren Buttons am unteren Bildschirmrand (siehe Abbildung 4.13). Zur ihrer vollständigen Pflege müssen Sie in die Stammdaten der Kapazitäten abspringen, wie weiter unten erläutert wird.

Abbildung 4.13: Sicht »Kapazitäten am Arbeitsplatz«

## 4.4.1 Arbeitsplatzkapazität

Bei Anlage eines neuen Arbeitsplatzes ist das Feld KAPAZITÄTSART eingabebereit. Die *Kapazitätsart* beschreibt, um welche Form der Leistungsbereitschaft es sich an dem Arbeitsplatz handelt. In der diskreten Fertigung werden typischerweise die beiden Kapazitätsarten MASCHINE und PERSON unterschieden (siehe beispielhaft Abbildung 4.13).

**! Kapazitätsart vs. Arbeitsplatzart**

Die Kapazitätsart und die Arbeitsplatzart sind weder das Gleiche, noch bedingen sie einander. Da die Arbeitsplatzart nur die grundsätzliche Ausgestaltung des Arbeitsplatzes beschreibt (vgl. Abschnitt 4.1), können jeweils beide Kapazitätsarten zugeordnet werden. Es ist meist der Fall, dass ein Maschinenarbeitsplatz auch Personalkapazitäten besitzt, und auch an einem Personenarbeitsplatz können sich zusätzlich Maschinen befinden.

Wollen Sie einen vorhandenen Arbeitsplatz um eine weitere Kapazitätsart erweitern, erzeugen Sie mit dem Button ❶ »Kapazität anlegen« am unteren Bildrand einen ❷ neuen eingabebereiten Bereich (siehe Abbildung 4.14). Die Formeln und weiteren Felder, ❸ die unterhalb der Kapazitätsart leicht eingerückt dargestellt sind, beziehen sich allein auf die angegebene Kapazitätsart und werden in Abschnitt 4.4.4 näher betrachtet.

**☛ Jede Kapazitätsart nur einmal**

Jede Kapazitätsart kann dem Arbeitsplatz nur einmal zugeordnet werden. Haben Sie z. B. mehrere Maschinen am Arbeitsplatz, dann sind dies mehrere Einzelkapazitäten **derselben** Kapazitätsart. Sind mehrere Maschinen oder Personen an einem Arbeitsplatz inhaltlich nicht zusammenfassbar, dann ist das ein Hinweis, dass Sie den Arbeitsplatz zu grob definiert haben und er auf mehrere Arbeitsplätze aufgeteilt werden sollte.

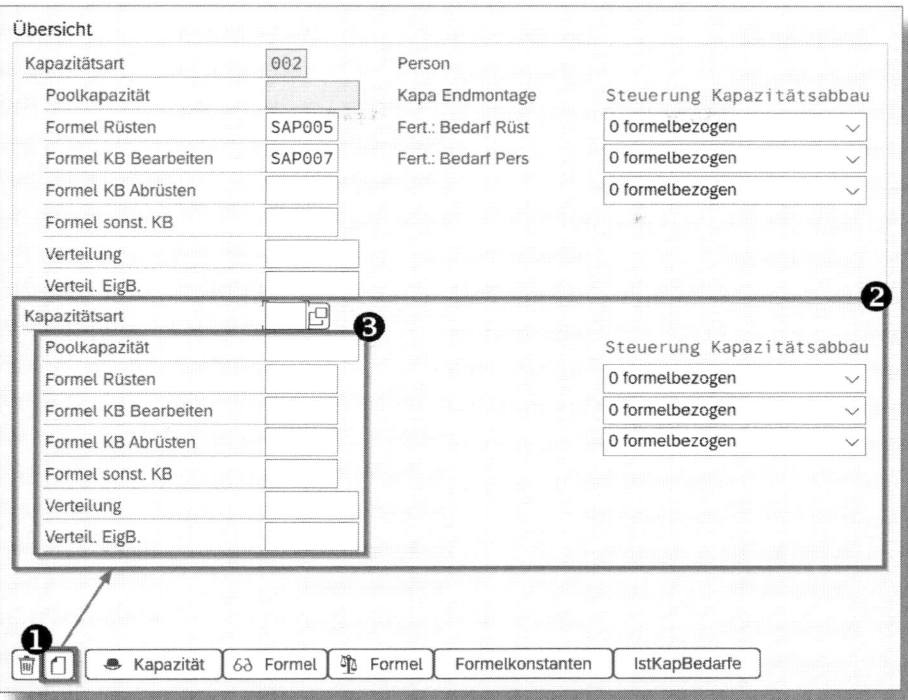


*Abbildung 4.14: Weitere Kapazitätsart zuordnen*

Sobald Sie die Kapazitätsart eingegeben haben, springen Sie in den Kopf der Arbeitsplatzkapazität. Für eine bereits vorhandene Kapazität wechseln Sie per Doppelklick auf das Feld KAPAZITÄTSART oder alternativ über das Kopfmenü SPRINGEN • KAPAZITÄT • KOPF an die gleiche Stelle. Im Kopf der Arbeitsplatzkapazität definieren Sie das grundlegende Kapazitätsangebot (siehe Abbildung 4.15).

Die *Arbeitsplatzkapazität* ist eine konkrete Kombination aus Arbeitsplatz und Kapazitätsart. Abbildung 4.15 zeigt beispielhaft die Arbeitsplatzkapazität der KAPAZITÄTSART *002* (Person) für den ARBEITSPLATZ *MONT_END*. Die Bezeichnung der Arbeitsplatzkapazität ist frei wählbar.

| | | | |
|---|---|---|---|
| Werk | DEMD | Plant Magdeburg | |
| Arbeitsplatz | MONT_END | Endmontage | |
| Kapazitätsart | 002 | Kapa Endmontage | |

Allgemeine Daten

| | | | |
|---|---|---|---|
| Verantwortliche Kapa | A | Planergruppe A | |
| Poolkapazität | ☐ | Grupp. | Z1 |

Kapazitätsangebot

| | | |
|---|---|---|
| Fabrikkalender | 01 | Deutschland (Standard) |
| Aktive Version | 1 | Normalangebot |
| Basis-ME Kapazität | H | Stunde |

Standardangebot

| | | | | |
|---|---|---|---|---|
| Beginnzeit | 06:00:00 | | | |
| Endezeit | 14:45:00 | Nutzungsgrad | 80 | |
| Pausendauer | 00:45:00 | Anzahl Einzelkapaz. | 5 | |
| Einsatzzeit | 6,40 | Kapazität | 32,00 | H |

Planungsdetails

| | | | |
|---|---|---|---|
| Relevant für Kapazitätsterminierung | ☑ | Überlastung | % |
| Von mehreren Vorgängen belegbar | ☑ | Langfristplanung | ☑ |

*Abbildung 4.15: Definition der Arbeitsplatzkapazität*

Die Arbeitsplatzkapazität unterteilt sich in die vier Bildbereiche ALLGEMEINE DATEN, KAPAZITÄTSANGEBOT, STANDARDANGEBOT und PLANUNGSDETAILS.

## Allgemeine Daten

Der erste Bereich ALLGEMEINE DATEN ist vorrangig organisatorischer Art. Im Feld VERANTWORTLICHE KAPA legen Sie die *Kapazitätsplanergruppe* fest, d. h. eine Person oder Abteilung, die für die Pflege der Kapazität verantwortlich ist. Sie ist in den meisten Auswertungen zu Arbeitsplätzen als Selektionskriterium verfügbar. Mögliche Eingabewerte definieren Sie zuvor im Customizing über den Pfad SPRO • PRO-

DUKTION • GRUNDDATEN • ARBEITSPLATZ • KAPAZITÄTSPLANUNG • KAPAZITÄTSPLANER BESTIMMEN.

Das Kennzeichen POOLKAPAZITÄT wird automatisch markiert, wenn die Kapazität mehreren Arbeitsplätzen zugeordnet werden darf (vgl. Abschnitt 4.4.3). Hinter dem Feld GRUPP. verbirgt sich die Gruppierung für Schichtdefinitionen und Schichtprogramme (vgl. Abschnitt 4.4.2).

**! Poolkapazität am Arbeitsplatz**

Eine Poolkapazität können Sie nicht vom Arbeitsplatz aus anlegen, sondern nur separat vorab, anschließend müssen Sie diese dem Arbeitsplatz zuordnen. Mehr dazu finden Sie in Abschnitt 4.4.3.

### Kapazitätsangebot

Der zweite Bildbereich definiert die Rahmenbedingungen für das KAPAZITÄTSANGEBOT des Arbeitsplatzes (siehe Abbildung 4.15). Sie wählen den zugehörigen FABRIKKALENDER, um die verfügbaren Arbeitstage korrekt abzubilden. Über die BASIS-ME KAPAZITÄT legen Sie die Zeiteinheit fest, in der Sie die Kapazität pflegen. Meist wird hier mit Stunden *(H)* gearbeitet.

**Eigene Fabrikkalender**

In vielen produzierenden Unternehmen wird, zumindest in manchen Abteilungen, auch an Wochenenden oder Feiertagen gearbeitet oder über einen Zeitraum eine feste Betriebsruhe gehalten. Um die Verfügbarkeit Ihrer Kapazitäten korrekt abzubilden, sollten Sie sich über die Transaktion *SCAL* (SPRO • SAP NETWEAVER • ALLGEMEINE EINSTELLUNGEN • KALENDER PFLEGEN) eigene Fabrikkalender definieren. Haben Sie an verschiedenen Arbeitsplätzen abweichende Arbeitstage, definieren Sie für jedes Zeitmodell einen eigenen Fabrikkalender.

Das Feld Aktive Version benötigen Sie, wenn Sie mehrere Kapazitätsangebote (Intervalle und Schichten; vgl. Abschnitt 4.4.2) parallel pflegen. Über die Angabe der aktiven Version bestimmen Sie dann dynamisch, welche der von Ihnen gepflegten Angebotsversionen für die Terminierung und Kapazitätsplanung genutzt wird. Im SAP-Standard werden drei mögliche Angebotsversionen mitgeliefert (siehe ❶ in Abbildung 4.16). Über die Customizing-Transaktion SPRO • Produktion • Grunddaten • Arbeitsplatz • Kapazitätsplanung • Kapazitätsangebot • Angebotsversion festlegen definieren Sie bei Bedarf eigene Angebotsversionen, wie z. B. die Versionen *10* und *11* in Abbildung 4.16. Wenn Sie keine aktive Version in der Arbeitsplatzkapazität angeben, wird automatisch das Standardangebot im dritten Bildbereich der Arbeitsplatzkapazität genutzt.

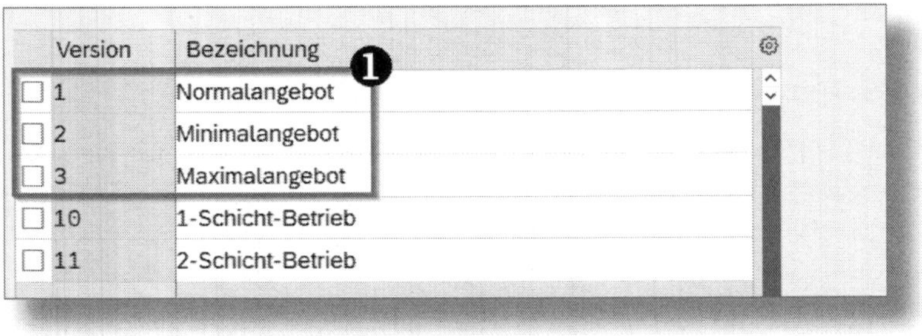

| Version | Bezeichnung |
|---|---|
| 1 | Normalangebot |
| 2 | Minimalangebot |
| 3 | Maximalangebot |
| 10 | 1-Schicht-Betrieb |
| 11 | 2-Schicht-Betrieb |

*Abbildung 4.16: Einrichtung von Kapazitätsangebotsversionen*

### Angebotsversionen für Schichtmodelle

In unserer Endmontage wird normalerweise nur in einer Schicht gearbeitet. In Spitzenzeiten wird temporär auf ein Zwei-Schicht-Modell gewechselt. Wir legen daher in der Schichtplanung (vgl. Abschnitt 4.4.2) zwei Varianten an und nutzen dafür die Angebotsversionen *10* und *11* (siehe Abbildung 4.16). Im Normalbetrieb ist als Aktive Version die *10* (1-Schicht-Betrieb) in der Arbeitsplatzkapazität gepflegt. Wenn auf den 2-Schicht-Betrieb gewechselt wird, müssen nun nicht alle Schichten überarbeitet werden, sondern es genügt die Änderung des Feldes Aktive Version auf den Wert *11* (siehe ❶ in Abbildung 4.17).

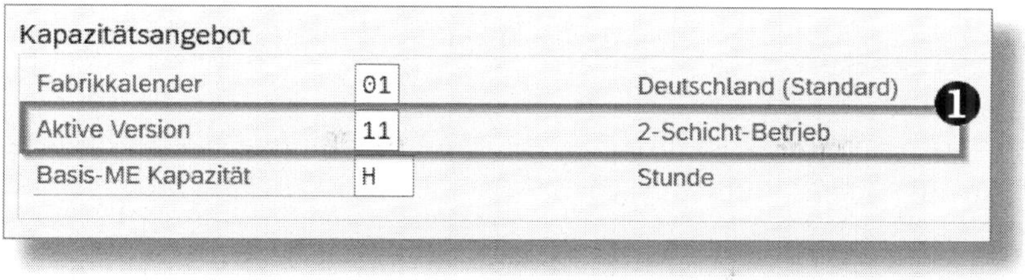

Kapazitätsangebot

| | | | |
|---|---|---|---|
| Fabrikkalender | 01 | Deutschland (Standard) | |
| Aktive Version | 11 | 2-Schicht-Betrieb | ❶ |
| Basis-ME Kapazität | H | Stunde | |

*Abbildung 4.17: Wechsel der aktiven Angebotsversion in der Arbeitsplatzkapazität*

**Standardangebot**

Im dritten Bildbereich legen Sie das Standardangebot Ihrer Kapazität fest (siehe Abbildung 4.15). Das Standardangebot wird grundsätzlich für die Terminierung und Kapazitätsplanung herangezogen, sobald keine abweichenden Intervalle und Schichten gepflegt sind.

**Standardangebot immer pflegen**

Sobald für einen Zeitraum keine Schichtdefinition gefunden wird, greift das System automatisch auf das Standardangebot zurück. Obwohl Sie keine Zeiten im Standardangebot hinterlegen müssen, sollten Sie auch bei der Nutzung von Intervallen und Schichten immer ein möglichst realistisches Standardangebot angeben. So verhindern Sie, dass im Falle einer fehlerhaften Schichtdefinition gar kein Kapazitätsangebot als Berechnungsgrundlage zur Verfügung steht.

Auf der linken Seite pflegen Sie zunächst die generelle Beginnzeit und Endezeit, in der die Kapazität zur Verfügung steht, sowie die Pausendauer. Auf der rechten Seite geben Sie den Nutzungsgrad an. Der *Nutzungsgrad* repräsentiert den Anteil an der Arbeitszeit, der tatsächlich produktiv zur Verfügung steht. Dabei geht es nicht um Pausen, sondern um den Anteil der Arbeitszeit, der nicht an den Aufträgen erbracht wird. Hierunter fallen z. B. Wartungen und Ausfallzeiten bei Maschinenkapazitäten. Für Personenkapazitäten sind u. a. Weiterbildungen oder Reinigungsarbeiten zu berücksichtigen. Als Anzahl Ein-

ZELKAPAZ. geben Sie schließlich die Anzahl der einzelnen Maschinen oder Mitarbeiter der Kapazität an.

Aus Ihren Angaben berechnet das System das Standardkapazitätsangebot des Arbeitsplatzes (siehe Abbildung 4.18). Zunächst wird die Arbeitszeit ermittelt:

- Arbeitszeit = Endezeit – Beginnzeit – Pausendauer

Hieraus errechnet sich die ❶ EINSATZZEIT unter Berücksichtigung des Nutzungsgrads:

- Einsatzzeit = Arbeitszeit × Nutzungsgrad / 100

Multipliziert mit der Anzahl der Einzelkapazitäten, ergibt sich die ❷ KAPAZITÄT, d. h. das Standardkapazitätsangebot:

- Kapazität = Einsatzzeit × Anzahl Einzelkapazitäten

*Abbildung 4.18: Berechnung des Standardkapazitätsangebots*

Außer zur Erhöhung des Kapazitätsangebots können *Einzelkapazitäten* noch weitergehend genutzt werden. So hat die Anzahl der Einzelkapazitäten unmittelbaren Einfluss auf die Splitfähigkeit eines Vorgangs im Arbeitsplan (vgl. Abschnitt 5.3.3). Außerdem können Sie eine Maschine als konkrete Einzelkapazität anlegen, ihr somit ein eigenes Kapazitätsangebot zuordnen und Vorgänge direkt auf diese Kapazität einplanen (z. B. über die Plantafel mit den Transaktionen *CM27* und *CM28*) sowie auf Einzelkapazitäten zurückmelden.

Um eine Einzelkapazität anzulegen, wählen Sie aus dem Bild der Arbeitsplatzkapazität das Kopfmenü SPRINGEN • EINZELKAPAZITÄTEN. Im folgenden Bildschirm (siehe Abbildung 4.19) geben Sie für jede Einzelkapazität ein Kürzel (KAPAZIT.) und einen beschreibenden KURZTEXT an. Über einen Doppelklick auf das ❶ Kürzel springen Sie in die Einzelkapazität und pflegen dort das Standardangebot für diese konkrete Maschine analog zur Arbeitsplatzkapazität. Das ❷ Kennzeichen G (gepflegt) wird gesetzt, sobald Sie in das Angebot der Einzelkapazität verzweigen (unabhängig davon, ob Sie etwas ändern!).

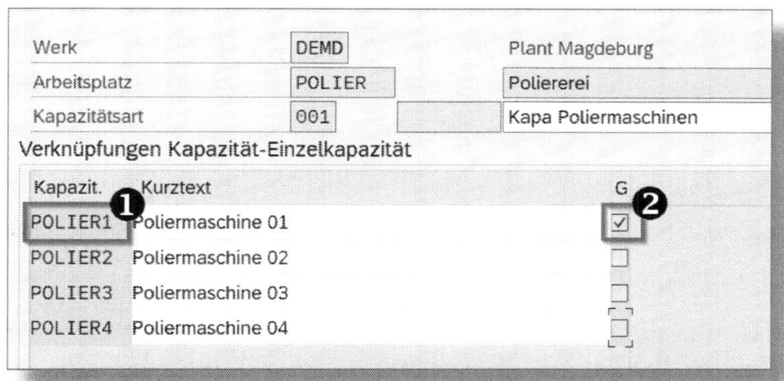


*Abbildung 4.19: Detaillierung der Einzelkapazitäten*

**☛ Einzelkapazitäten für andere Kapazitätsarten**

Im Standard ist die Anlage von Einzelkapazitäten für die Kapazitätsart »Person« nicht möglich. Möchten Sie für Personen (oder selbst angelegte Kapazitätsarten) die Erstellung von Einzelkapazitäten erlauben, darf im Customizing der Kapazitätsart das Kennzeichen KAPART PER **nicht** markiert werden (SPRO • PRODUKTION • GRUNDDATEN • ARBEITSPLATZ • KAPAZITÄTSPLANUNG • KAPAZITÄTSART FESTLEGEN).

### Planungsdetails

Der letzte Bildbereich PLANUNGSDETAILS enthält vier weitere Parameter (siehe Abbildung 4.15). Das Kennzeichen RELEVANT FÜR KAPAZITÄTSTERMINIERUNG steuert, ob die Kapazität dieses Arbeitsplatzes bei der Verfügbarkeitsprüfung der Kapazität im Fertigungsauftrag berücksichtigt wird. Es sollte also nur entfernt werden, wenn sichergestellt ist, dass die Kapazität an diesem Arbeitsplatz immer ausreicht und nicht geprüft werden muss.

Mit dem Kennzeichen VON MEHREREN VORGÄNGEN BELEGBAR erlauben Sie, dass am Arbeitsplatz einige Vorgänge zeitgleich die Kapazität nutzen. Wenn Sie den Haken entfernen, gilt die Kapazität als nicht verfügbar, sobald auch nur ein Teil durch einen Vorgang benötigt wird. Dies kann der Fall sein, wenn z. B. Ihre Arbeitsplatzkapazität nur eine einzelne Maschine umfasst, die unabhängig von der Stückzahl immer nur einen laufenden Auftrag bearbeiten kann.

Im Feld ÜBERLASTUNG geben Sie einen prozentualen Wert ein, um den die Kapazitätsbelastung das Kapazitätsangebot überschreiten darf. Innerhalb dieses Überlastungsbereichs gilt die Kapazität als verfügbar.

Sofern Sie mit der Langfristplanung (Planungssimulation) arbeiten, sollten Sie das Kennzeichen LANGFRISTPLANUNG setzen, um den Arbeitsplatz auch in der simulativen Kapazitätsterminierung nutzen zu können.

### 4.4.2 Intervalle und Schichten

Mit der Pflege des Standardangebots definieren Sie das normalerweise verfügbare Kapazitätsangebot. Bei wechselndem Kapazitätsangebot ist es jedoch nicht zielführend, das Standardangebot jedes Mal anzupassen. Zum einen mündet das in erhöhtem Pflegeaufwand, zum anderen ist hiermit keine vorausschauende Planung möglich, da die Änderung des Standardangebots sofort wirksam wird.

Abhilfe schafft hier die Definition von *Intervallen* und *Schichten*, mit denen Sie Ihr Kapazitätsangebot zeitraumbezogen konkretisieren und planen. Sie bilden damit Zeiträume mit unterschiedlichen Schichtmodellen ab, berücksichtigen eine temporäre Extraschicht oder reduzieren auf eine Notbesetzung über die Feiertage. Die so gepflegten wechselnden Kapazitätsangebote werden in der Kapazitätsterminierung berücksichtigt.

Um in die Intervall- und Schichtpflege zu wechseln, stehen Ihnen im Kopfbereich der Arbeitsplatzkapazität zwei Buttons zur Verfügung: INTERVALLE UND SCHICHTEN sowie INTERVALLE (siehe Abbildung 4.20).

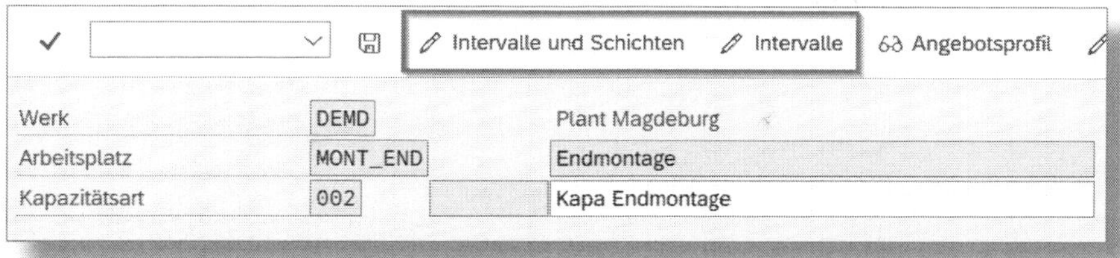


*Abbildung 4.20: Aufrufen von Intervallen und Schichten*

## Schichtprogramme definieren

Bevor ich die Pflege neuer Intervalle erläutere, will ich Ihre Aufmerksamkeit zunächst noch einmal auf das Feld zur Gruppierung für Schichtdefinitionen und Schichtprogramme (GRUPP.) im Kopf der Arbeitsplatzkapazität lenken (siehe Abbildung 4.21). Wenn Sie hier keinen Wert angeben, können Sie Ihre Intervalle und Schichten frei definieren. Das ist i. d. R. jedoch nur bei einmaligen Abweichungen vom Standardangebot sinnvoll oder wenn bei Ihnen nicht in Schichten gearbeitet wird. Wollen Sie komplexere Intervalle oder mehrere Schichten pflegen, wird die freie Eingabe sehr schnell zeitaufwendig und fehleranfällig.

Zur Vereinfachung der Schichtpflege legen Sie daher *Schichtprogramme* an, die Sie in einer Gruppierung zusammenfassen. Ein Schichtprogramm vereint die einzelnen Schichtzeiten und Pausen mit den Wochentagen. Bei der Intervallpflege geben Sie dann nur noch das Schichtprogramm an, und alle weiteren Daten werden automatisch übernommen.

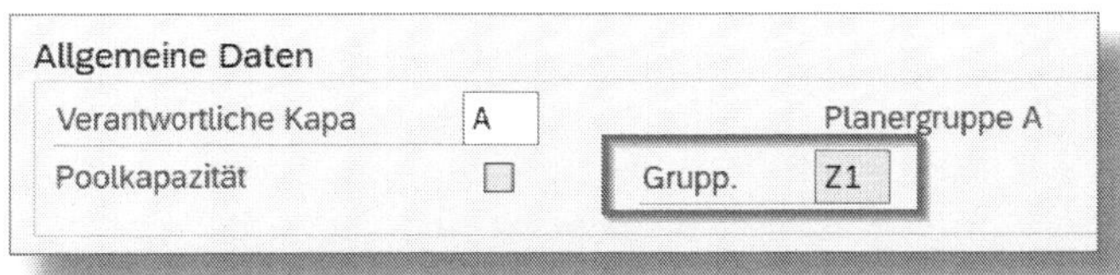


*Abbildung 4.21: Gruppierung für Schichtdefinitionen und Schichtprogramme*

**! Änderung der Schichtgruppierung**

Die Schichtgruppierung (GRUPP.) im Kopf der Arbeitsplatzkapazität kann nicht mehr entfernt oder geändert werden, sobald ein Intervall mit einem Schichtprogramm angelegt wurde. Wollen Sie die Gruppierung später noch ändern, müssen Sie zunächst alle Intervalle löschen und die neuen Werte speichern. Ihre bereits gepflegten Intervalle und Schichten gehen also verloren.

Schichtprogramme legen Sie über die Customizing-Transaktion *OP4A* (SPRO • PRODUKTION • GRUNDDATEN • ARBEITSPLATZ • KAPAZITÄTSPLANUNG • KAPAZITÄTSANGEBOT • SCHICHTPROGRAMM DEFINIEREN) an. Hierzu erstellen Sie zunächst eine neue Gruppierung (GRUPG) (siehe ❶ *Z1* in Abbildung 4.22). Für die Gruppierung pflegen Sie nun nacheinander die ARBEITSPAUSENPLÄNE, die SCHICHTDEFINITIONEN und die SCHICHTPROGRAMME. Die angegebene Reihenfolge müssen Sie einhalten, da die jeweils angelegten Daten im nächsten Schritt referenziert werden.

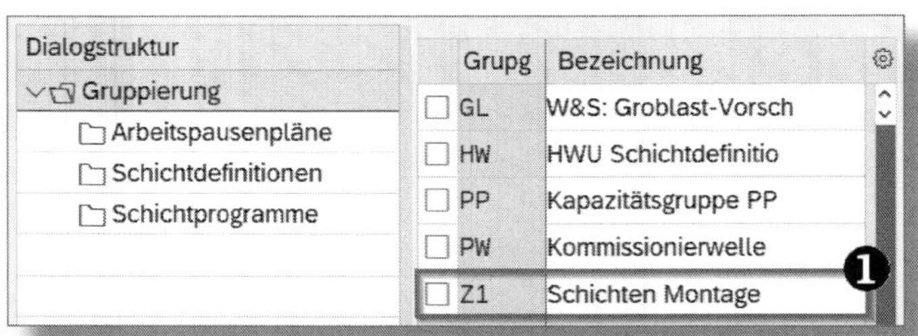


*Abbildung 4.22: Customizing Schichtprogramme – Gruppierung*

Im *Arbeitspausenplan* bestimmen Sie alle Pausen, die zu einer Schicht gehören (siehe Abbildung 4.23). Im Feld PAUSE geben Sie ein Kürzel für den Pausenplan an. Zusammen mit der Pausennummer (P...) wird die Pause eindeutig identifiziert. Das bedeutet, bei mehreren Pausen je Schicht pflegen Sie ❶ mehrere Einträge zu demselben Pausenplan. Den konkreten zeitlichen Rahmen der Pause definieren Sie über die

Spalten BEGINN und ENDE. Die PAUSENDAUER berechnet sich damit automatisch. Alternativ pflegen Sie in der Spalte N.STD, wie viele Stunden nach Schichtbeginn die Pause startet, und geben eine Dauer manuell vor.

| | Pause | P... | Bezeichnung | Beginn | Ende | n.Std | Pausendauer |
|---|---|---|---|---|---|---|---|
| ☐ | ZP1 | 1 | ❶ Pause 1 Frühschicht | 08:30:00 | 08:45:00 | | 0,25 |
| ☐ | ZP1 | 2 | Pause 2 Frühschicht | 12:00:00 | 12:30:00 | | 0,50 |
| ☐ | ZP2 | 1 | Pause 1 Spätschicht | 16:00:00 | 16:15:00 | | 0,25 |
| ☐ | ZP2 | 2 | Pause 2 Spätschicht | 20:00:00 | 20:30:00 | | 0,50 |

*Abbildung 4.23: Customizing Schichtprogramme – Arbeitspausenpläne*

Die *Schichtdefinitionen* enthalten Angaben zu den einzelnen Schichten (siehe Abbildung 4.24). Bei Bedarf schränken Sie die Gültigkeit über die Felder GÜLTIG AB und GÜLTIG BIS ein. Schließlich geben Sie die Uhrzeiten für BEGINN und ENDE der Schicht an. Im Feld PAUSE tragen Sie den Schlüssel des vorher definierten Pausenplans ein. Die Arbeitszeit (ARBSTD) berechnet sich automatisch.

| | Scht | Schichtdefin. T | Gültig ab | Gültig bis | Beginn | Ende | ArbStd | Pause | HR |
|---|---|---|---|---|---|---|---|---|---|
| ☐ | Z1F | Frühschicht | 01.01.0001 | 31.12.9999 | 06:00:00 | 14:45:00 | 8,00 | ZP1 | ☐ |
| ☐ | Z1S | Spätschicht | 01.01.0001 | 31.12.9999 | 14:45:00 | 23:30:00 | 8,00 | ZP2 | ☐ |

*Abbildung 4.24: Customizing Schichtprogramme – Schichtdefinitionen*

Abschließend definieren Sie die eigentlichen Schichtprogramme (siehe Abbildung 4.25). Ein Schichtprogramm wird durch die Kombination von Programm (PRO...) und Schichtnummer (SNR) eindeutig identifiziert. Bei Programmen mit mehreren Schichten pflegen Sie daher ❶ mehrere Einträge zu einer Programmnummer. Sie geben für jeden Tag der Woche (1.TAG bis 7.TAG) das Kürzel der vorher erstellten Schichtdefinition ein. Wird an einem Tag nicht gearbeitet, bleibt das ❷ entsprechende Feld leer.

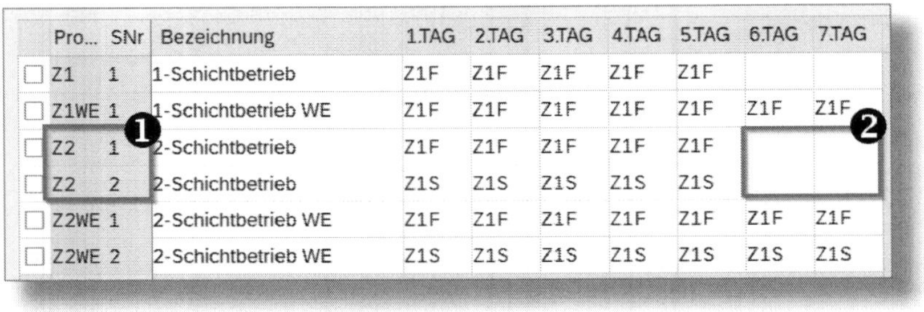

| Pro... | SNr | Bezeichnung | 1.TAG | 2.TAG | 3.TAG | 4.TAG | 5.TAG | 6.TAG | 7.TAG |
|---|---|---|---|---|---|---|---|---|---|
| Z1 | 1 | 1-Schichtbetrieb | Z1F | Z1F | Z1F | Z1F | Z1F | | |
| Z1WE | 1 | 1-Schichtbetrieb WE | Z1F | Z1F | Z1F | Z1F | Z1F | Z1F | Z1F |
| Z2 | 1 | 2-Schichtbetrieb | Z1F | Z1F | Z1F | Z1F | Z1F | | |
| Z2 | 2 | 2-Schichtbetrieb | Z1S | Z1S | Z1S | Z1S | Z1S | | |
| Z2WE | 1 | 2-Schichtbetrieb WE | Z1F | Z1F | Z1F | Z1F | Z1F | Z1F | Z1F |
| Z2WE | 2 | 2-Schichtbetrieb WE | Z1S | Z1S | Z1S | Z1S | Z1S | Z1S | Z1S |

*Abbildung 4.25: Customizing Schichtprogramme – Zusammenführung der einzelnen Angaben*

**Schichtprogramme in der Montage**

Im Montagebereich wird normalerweise nur in der Tagschicht von Montag bis Freitag gearbeitet. Je nach Auftragslage besteht jedoch die Möglichkeit, in den Zweischichtbetrieb zu wechseln oder am Wochenende zu arbeiten. Daraus ergeben sich vier Varianten, die als Schichtprogramme hinterlegt werden (siehe Abbildung 4.25): Einschichtbetrieb *(Z1)*, Einschichtbetrieb mit Wochenende *(Z1WE)*, Zweischichtbetrieb *(Z2)* und Zweischichtbetrieb mit Wochenende *(Z2WE)*. Für das Jahr 2023 wird anschließend bereits ein Zweischichtbetrieb *(Z2)* vom *01.10.2023* bis zum *22.12.2023* eingeplant, um die Aufträge für das Weihnachtsgeschäft rechtzeitig zu erfüllen (siehe Abbildung 4.28).

### Intervalle anlegen

Um nun Ihrer Kapazität ein Intervall mit einem Schichtprogramm zuzuordnen, wählen Sie aus dem Kopf der Arbeitsplatzkapazität den Button INTERVALLE UND SCHICHTEN (siehe Abbildung 4.20). Sie gelangen auf die Sicht der Angebotsintervalle (siehe Abbildung 4.26). Sofern Sie noch keine eigenen Eintragungen vorgenommen haben, finden Sie zunächst nur ein ❶ unbegrenzt gültiges Intervall vor. Das ❷ *X* in Spalte S gibt an, dass es sich dabei um das Standardangebot aus der Arbeitsplatzkapazität handelt. Um ein neues Intervall anzulegen, wählen Sie im Kopfbereich den Button ❸ INTERVALL EINFÜGEN.

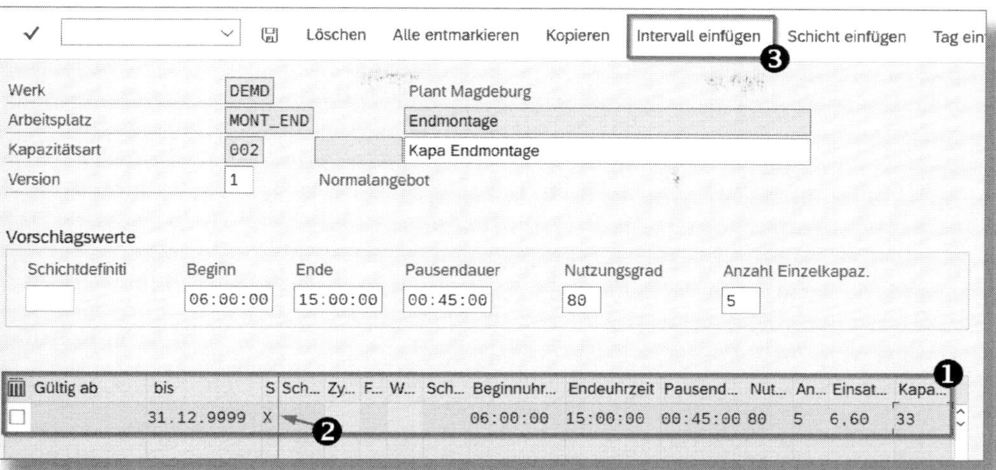


*Abbildung 4.26: Intervalle und Schichten – Ansicht mit Standardangebot*

Es öffnet sich eine neue Eingabezeile, in der Sie Ihr Intervall über die Felder GÜLTIG AB und BIS zeitlich eingrenzen können (siehe Abbildung 4.27). Im Feld SCHICHTPRO... ❶ geben Sie nun Ihr im Customizing definiertes Schichtprogramm ein.

| Gültig ab | bis | S | Schichtpro... | Zyklusdauer | Anzhl Schi... | Fabriktage | Nutzungsg... | Anzahl |
|---|---|---|---|---|---|---|---|---|
| 01.01.2023 | 30.09.2023 | | Z1 | 7 | 1 | | 80 | 5 |
| | 31.12.9999 | X | | | | | 80 | 5 |

*Abbildung 4.27: Einfügen eines neuen Intervalls mit vordefiniertem Schichtprogramm*

Damit werden die Schichten gemäß Ihrer Definition automatisch angelegt (siehe ❶ in Abbildung 4.28). Über denselben Weg fügen Sie bei Bedarf weitere Intervalle hinzu. Beachten Sie, dass der Gültigkeitszeitraum angrenzender Intervalle automatisch angepasst wird, falls es zu einer Überlappung kommen sollte.

> **Standardangebot ist immer Anfang und Ende**
>
> Bei der Pflege von Intervallen wird Ihnen auffallen, dass vor dem ersten und nach dem letzten der von Ihnen eingefügten Intervalle immer ein weiteres Intervall mit unbegrenzter Gültigkeit automatisch angelegt wird. Diesen beiden »begrenzenden« Intervallen ist stets das Standardangebot aus der Arbeitsplatzkapazität zugeordnet. Ein solches Standardintervall wird ebenso bei Lücken zwischen Ihren Intervallen eingefügt. Damit ist sichergestellt, dass immer eine Berechnungsbasis für die Kapazitätsterminierung vorhanden ist. Das unterstreicht die Wichtigkeit eines möglichst realistischen Standardangebots.

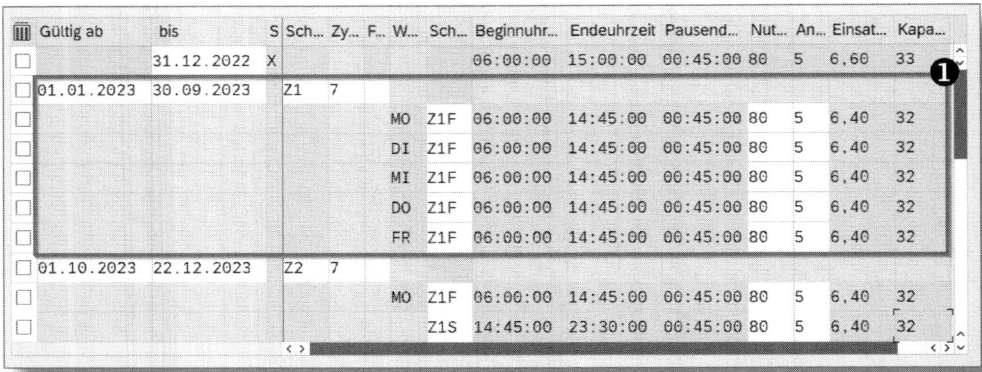

| Gültig ab | bis | S | Sch... | Zy... | F... | W... | Sch... | Beginnuhr... | Endeuhrzeit | Pausend... | Nut... | An... | Einsat... | Kapa... |
|---|---|---|---|---|---|---|---|---|---|---|---|---|---|---|
| | 31.12.2022 | X | | | | | | 06:00:00 | 15:00:00 | 00:45:00 | 80 | 5 | 6,60 | 33 |
| 01.01.2023 | 30.09.2023 | | Z1 | 7 | | | | | | | | | | |
| | | | | | | MO | Z1F | 06:00:00 | 14:45:00 | 00:45:00 | 80 | 5 | 6,40 | 32 |
| | | | | | | DI | Z1F | 06:00:00 | 14:45:00 | 00:45:00 | 80 | 5 | 6,40 | 32 |
| | | | | | | MI | Z1F | 06:00:00 | 14:45:00 | 00:45:00 | 80 | 5 | 6,40 | 32 |
| | | | | | | DO | Z1F | 06:00:00 | 14:45:00 | 00:45:00 | 80 | 5 | 6,40 | 32 |
| | | | | | | FR | Z1F | 06:00:00 | 14:45:00 | 00:45:00 | 80 | 5 | 6,40 | 32 |
| 01.10.2023 | 22.12.2023 | | Z2 | 7 | | | | | | | | | | |
| | | | | | | MO | Z1F | 06:00:00 | 14:45:00 | 00:45:00 | 80 | 5 | 6,40 | 32 |
| | | | | | | | Z1S | 14:45:00 | 23:30:00 | 00:45:00 | 80 | 5 | 6,40 | 32 |

*Abbildung 4.28: Intervalle mit verschiedenen Schichtprogrammen in der Arbeitsplatzkapazität*

Bei Bedarf passen Sie noch den Nutzungsgrad (NUT...) oder die Anzahl der Einzelkapazitäten (AN...) an. Ohne manuelle Angabe werden die Werte aus dem Standardangebot übernommen. Mit dem Feld Fabriktage (F...) haben Sie die Möglichkeit, den Fabrikkalender zu übersteuern und arbeitsfreie Tage konkret für diese Kapazität als Arbeitstage zu deklarieren (oder umgekehrt). Bei leerem Feld gilt die Einstellung des Fabrikkalenders.

### 4.4.3 Poolkapazität

Während eine Arbeitsplatzkapazität genau einem Arbeitsplatz zugeordnet ist, kann eine *Poolkapazität* an mehreren Arbeitsplätzen eingesetzt werden. Am Arbeitsplatz erkennen Sie eine POOLKAPAZITÄT am ausgefüllten gleichnamigen Feld im Bereich KAPAZITÄTSART (siehe ❶ in Abbildung 4.29).

> **Poolkapazität in der Fertigung**
>
> Ein klassischer Anwendungsfall für eine Poolkapazität ist eine Personengruppe, die mehrere Maschinen bzw. Maschinengruppen bedient. So werden in unserer Einzelteilefertigung die drei Maschinenarbeitsplätze STANZ_1, STANZ_2 und DREH vom gleichen Personal bedient. Die Personenkapazität wird daher als POOLKAPAZITÄT *POOL_01* angelegt und allen drei Arbeitsplätzen zusätzlich zur konkreten Arbeitsplatzkapazität (MASCHINE) zugeordnet (siehe Abbildung 4.29).

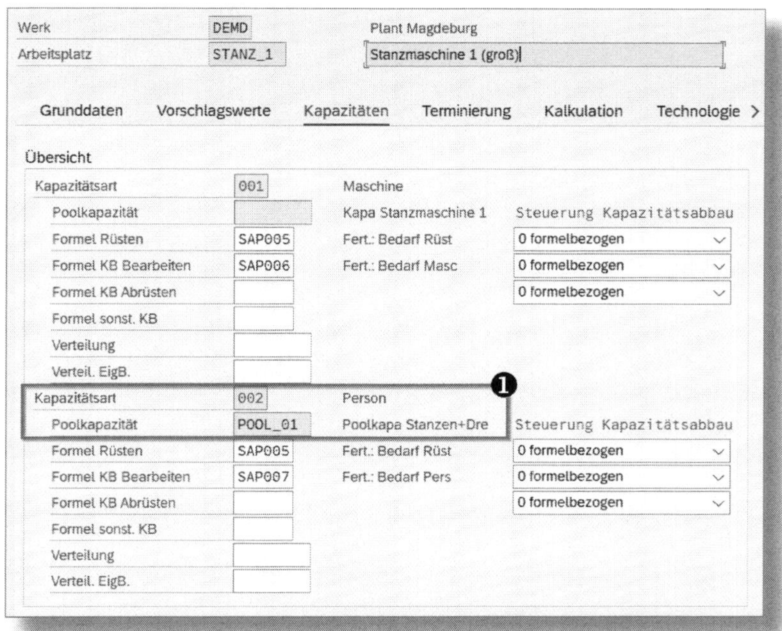


*Abbildung 4.29: Zuordnung einer Poolkapazität zum Arbeitsplatz*

Eine Poolkapazität müssen Sie im Vorfeld anlegen und anschließend dem Arbeitsplatz zuordnen. Dafür nutzen Sie die Transaktionen *CR11* (Anlegen), *CR12* (Ändern) und *CR13* (Anzeigen) unter SAP MENÜ • PRODUKTION • STAMMDATEN • ARBEITSPLÄTZE • KAPAZITÄT. Die zu pflegenden Angaben sind die gleichen wie bei der Anlage einer Arbeitsplatzkapazität (vgl. Abschnitt 4.4.1). Der einzige Unterschied ist die Kennzeichnung der Kapazität als ❶ POOLKAPAZITÄT (siehe Abbildung 4.30). Intervalle und Schichten pflegen Sie auch für eine Poolkapazität wie in Abschnitt 4.4.2 beschrieben.

**! Poolkapazität nicht über Arbeitsplatz bearbeitbar**

Nicht nur die Anlage, sondern auch Änderungen an den Details der Poolkapazität sowie deren Intervallen und Schichten müssen Sie über die direkte Pflege der Kapazität (Transaktion *CR12*) vornehmen. Bei Absprung über den Arbeitsplatz sind alle Felder ausgegraut.

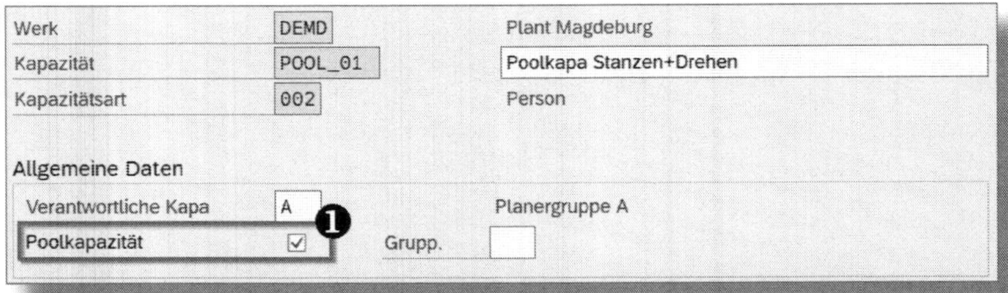


*Abbildung 4.30: Kennzeichnung einer Kapazität als Poolkapazität*

Um die Poolkapazität einem Arbeitsplatz zuzuordnen, müssen Sie zwingend sowohl die KAPAZITÄTSART als auch die POOLKAPAZITÄT angeben, da Sie sonst eine normale Arbeitsplatzkapazität anlegen würden (siehe Abbildung 4.31).

Übersicht
Kapazitätsart 002
Poolkapazität POOL_01

*Abbildung 4.31: Zuordnung einer Poolkapazität zum Arbeitsplatz*

**! Auswertung Poolkapazität**

Beachten Sie, dass Sie in der Kapazitätsauswertung für eine Poolkapazität immer die Summe der Belastung aller ihr zugeordneten Arbeitsplätze angezeigt bekommen, auch wenn Sie die Kapazitätsauswertung nur für einen Arbeitsplatz ausführen.

### 4.4.4 Formeln Kapazitätsbedarf

Um den tatsächlichen Kapazitätsbedarf eines Vorgangs am Arbeitsplatz zu ermitteln, müssen Sie *Formeln* zur Berechnung des Bedarfs angeben. Die Basis für die Berechnung sind die Vorgabewerte (vgl. Abschnitt 4.2.2), die im Arbeitsplan konkretisiert werden (vgl. Abschnitt 5.3.2). Mithilfe der Formeln definieren Sie, wie sich aus den Vorgabewerten der Kapazitätsbedarf berechnet. Hierzu können Sie vier Formeln für einzelne Bereiche bzw. Arbeitsschritte angeben, die der KAPAZITÄTSART zugeordnet sind (siehe Abbildung 4.32):

- FORMEL RÜSTEN: Kapazitätsbedarf für das Rüsten vor der Durchführung des Vorgangs
- FORMEL KB BEARBEITEN: Kapazitätsbedarf für die eigentliche Bearbeitung des Vorgangs
- FORMEL KB ABRÜSTEN: Kapazitätsbedarf für das Abrüsten nach der Durchführung des Vorgangs
- FORMEL SONST. KB: Kapazitätsbedarfe aus eigenbearbeiteten Vorgängen in der Instandhaltung oder aus dem Projektsystem, sofern sie auf diesem Arbeitsplatz stattfinden

Über die beiden Felder VERTEILUNG bzw. VERTEIL. EIGB. lassen Sie den Kapazitätsbedarf in der Kapazitätsauswertung über die Dauer des Vorgangs verteilen oder zu einem bestimmten Zeitpunkt einlasten. Die Angabe einer Verteilung hat keine Auswirkungen auf die Summe des Kapazitätsbedarfs. Das Feld VERTEILUNG bezieht sich auf die Summe der Kapazitätsbedarfe für Rüsten, Bearbeiten und Abrüsten, VERTEIL. EIGB. dagegen lediglich auf die sonstigen Kapazitätsbedarfe.

| Kapazitätsart | 001 | Maschine | |
|---|---|---|---|
| Poolkapazität | | Kapa Stanzmaschine 1 | Steuerung Kapazitätsabbau |
| Formel Rüsten | SAP005 | Fert.: Bedarf Rüst | 0 formelbezogen |
| Formel KB Bearbeiten | SAP006 | Fert.: Bedarf Masc | 0 formelbezogen |
| Formel KB Abrüsten | | | 0 formelbezogen |
| Formel sonst. KB | | | |
| Verteilung | | | |
| Verteil. EigB. | | | |

*Abbildung 4.32: Angabe von Formeln zur Berechnung der Kapazitätsbelastung*

Im rechten Bildbereich finden Sie zudem eine Einstellung für den KAPAZITÄTSABBAU. Sie legen an dieser Stelle fest, wie der Restkapazitätsbedarf nach einer Teilrückmeldung berechnet wird. So kann u. a. bei einer Teilrückmeldung sofort der komplette Kapazitätsbedarf abgebaut werden oder erst bei einer Endrückmeldung. Die Standardeinstellung ist FORMELBEZOGEN. Somit erfolgt die Berechnung des Restkapazitätsbedarfs über die Formel; für die Vorgangsmenge wird nur noch die offene Restmenge eingesetzt. Beachten Sie, dass eine Endrückmeldung in jedem Fall zum vollständigen Abbau eventueller Restkapazitätsbedarfe führt.

Der SAP-Standard bringt bereits eine Vielzahl an gängigen Formeln zur Berechnung mit. Über den Button Formel am unteren Rand der Registerkarte KAPAZITÄTEN (siehe Abbildung 4.13) öffnen Sie ein Pop-up, um Details der Formel anzuzeigen, auf welcher der Cursor steht. Abbildung 4.33 zeigt beispielhaft die Details der Standardformel *SAP006 (Fert.: Bedarf Masch.)*, die typischerweise dem Feld FORMEL KB BEARBEITEN einer Maschinenkapazität zugeordnet wird.

Im Bildbereich FORMEL werden die Parameter und Rechenoperationen angezeigt. Die Werte aller Parameter werden im Vorgang des Arbeitsplans bzw. des konkreten Plan- oder Fertigungsauftrags gepflegt.

Die FORMELKENNZEICHEN steuern, für welche Anwendungen die Formel verwendet werden kann:

- KALK. ERLAUBT: Die Formel darf für die Berechnung von Kosten verwendet eingesetzt werden.

- KBED. ARBPLTZ: Die Formel kann für die Berechnung des Kapazitätsbedarfs genutzt werden.
- BED. FHM ERL.: Die Formel darf für die Berechnung von Einsatzmenge und Kosten von Fertigungshilfsmitteln verwendet werden.
- TERM. ERLAUBT: Die Formel kann für die Terminierung gebraucht werden.

Ist eines dieser Kennzeichen nicht gesetzt, erhalten Sie eine Fehlermeldung, wenn Sie die Formel in der entsprechenden Sicht am Arbeitsplatz eintragen wollen.

Das Kennzeichen GENERIEREN ist v. a. beim Anlegen eigener Formeln relevant. Ist es angehakt, wird bereits nach dem Sichern im Customizing ein ausführbarer ABAP-Code erzeugt. Bei häufig genutzten Formeln erhöht das die Performanz bei der Berechnung. Ohne gesetztes Kennzeichen wird der Code erst bei der jeweiligen (Kapazitäts-)Terminierung generiert.

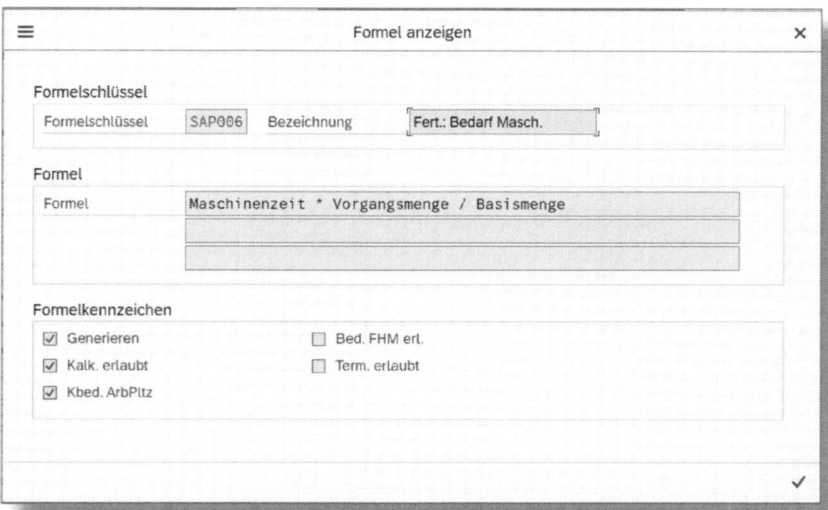


*Abbildung 4.33: Detailanzeige einer Formel*

**Berechnung des Kapazitätsbedarfs**

Im Arbeitsplan unseres Gehäusemantels MANT0001 ist für den Vorgang 0010 »Aluband stanzen« eine Maschinenzeit von 21 Stunden für eine Basismenge von 1.000 Stück hinterlegt. In einem Fertigungsauftrag von 500 Stück ergibt sich daraus mit der Standardformel SAP006 ein Kapazitätsbedarf von 21 h × 500 St./1000 St. = 10,5 h.

Decken die Standardformeln Ihre Anforderungen nicht ab, erstellen Sie sich im Customizing eigene Formeln, die Sie anschließend Ihrer Kapazität zuweisen (siehe Abbildung 4.34). Zunächst überprüfen Sie die ❶ vorhandenen Parameter bzw. erstellen sich eigene (analog zu den Parametern der Vorgabewertschlüssel; vgl. Abschnitt 4.2.2) über die Customizing-Transaktion *OP17* (SPRO • PRODUKTION • GRUNDDATEN • ARBEITSPLATZ • KAPAZITÄTSPLANUNG • FORMELN ARBEITSPLATZ • FORMELPARAMETER ARBEITSPLATZ EINSTELLEN). Anschließend definieren Sie einen Formelschlüssel mittels der Customizing-Transaktion *OP21* (SPRO • PRODUKTION • GRUNDDATEN • ARBEITSPLATZ • KAPAZITÄTSPLANUNG • FORMELN ARBEITSPLATZ • FORMELN FÜR ARBEITSPLÄTZE DEFINIEREN). Hierbei nutzen Sie die angelegten Parameter als ❷ Operanden für Ihre FORMEL. Achten Sie genau auf die richtige Schreibweise, da im FORMEL-Feld keine Wertehilfe existiert.

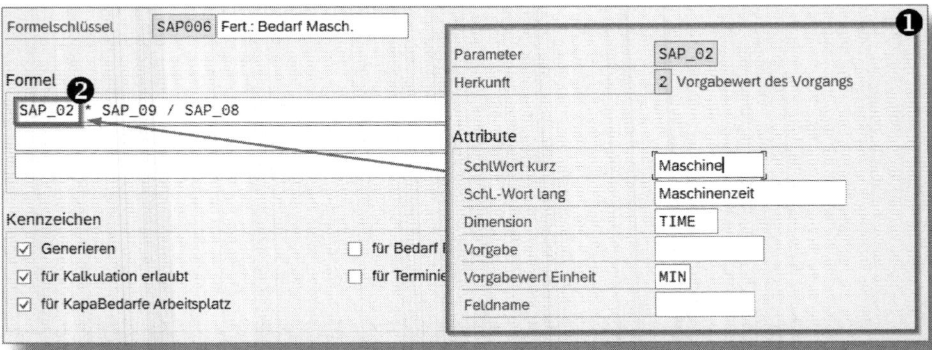


*Abbildung 4.34: Transaktionen OP17 und OP21 – Customizing einer Formel*

**! Formelparameter und Vorgabewerte**

Beachten Sie, dass eine Formel nur dann sinnvoll ist, wenn sich die einzelnen Parameter zur Berechnung auch in den Vorgabewerten widerspiegeln und am Vorgang im Arbeitsplan entsprechend ausgefüllt werden. Die Parameter zur Formeldefinition *(OP17)* sind identisch mit denen, die Sie dem Vorgabewertschlüssel zuordnen *(OP7B)*.

**Ergebnis der Formel testen**

Um die Korrektheit Ihrer Formel zu überprüfen, steht Ihnen am unteren Rand der Registerkarte KAPAZITÄTEN der Button [Formel] zur Verfügung. In dem erscheinenden Pop-up geben Sie beliebige Vorgabewerte, Vorgangsmengen usw. ein und lassen sich das Ergebnis der Berechnung anzeigen. So können Sie eigene Formeln relativ einfach auf korrekte Berechnung prüfen.

## 4.5 Terminierung

Die Sicht TERMINIERUNG dient der Berechnung der Durchlaufzeiten von Vorgängen am Arbeitsplatz (siehe Abbildung 4.35). Sie ist eng mit der Sicht KAPAZITÄTEN verbunden, da die Kapazität als Basis für die Terminierung genutzt wird. Neben der Dauer von Rüsten bzw. Bearbeiten werden auch Wartezeiten definiert.

Die Sicht besteht aus den vier Bildbereichen TERMINIERUNGSBASIS, FORMELN ZUR BERECHNUNG DER DURCHFÜHRUNGSZEIT, ÜBERGANGSZEITEN sowie DIMENSION UND MASSEINHEIT DER ARBEIT. Am unteren Bildschirmrand finden Sie außerdem mehrere Buttons.

Werk DEMD Plant Magdeburg
Arbeitsplatz STANZ_1 Stanzmaschine 1 (groß)

Grunddaten Vorschlagswerte Kapazitäten Terminierung Kalkulation Technologie

Terminierungsbasis
Kapazitätsart 001 Maschine
Kapazität Kapa Stanzmaschine 1 (groß)

Formeln zur Berechnung der Durchführungszeit
Dauer Rüsten SAP001 Fert.: Dauer Rüsten
Dauer Bearbeiten SAP002 Fert.: Dauer Masch.
Dauer Abrüsten
Dauer Eigenbearb.

Übergangszeiten
Ortsgruppe
Normale Wartezeit 2,000 H Minimale Wartezeit

Dimension und Maßeinheit der Arbeit
Arbeit Dimension
Arbeit Einheit

Kapazität Formel Formel Formelkonstanten

*Abbildung 4.35: Sicht »Terminierung« am Arbeitsplatz*

Als TERMINIERUNGSBASIS müssen Sie immer eine KAPAZITÄTSART angeben, die zuvor auf der Sicht KAPAZITÄTEN gepflegt wurde. Das Feld KAPAZITÄT wird nur dann ausgefüllt, wenn Sie vorher im System eine Kapazität (z. B. eine Poolkapazität) angelegt haben. Eine Arbeitsplatzkapazität hat keine eigene Nummerierung. Das gepflegte Kapazitätsangebot ist damit zugleich Grundlage für die Berechnung der Durchlaufzeiten. Über den Button [Kapazität] am unteren Bildschirmrand springen Sie direkt in die Pflege der zugehörigen Kapazität ab, ohne die Sicht verlassen zu müssen.

Kapazität und Terminierung sind jedoch nicht das Gleiche. Die Definition des Kapazitätsangebots gibt zunächst vor, wie viel »Zeitbedarf« für Aufträge an dem jeweiligen Arbeitsplatz bedient werden kann. Der konkrete Zeitbedarf eines Vorgangs errechnet sich über die Terminierung aus den Angaben im Arbeitsplan. Da die Dauer des Vorgangs natürlich nicht unabhängig vom zugeordneten Arbeitsplatz ist, wird die Kapazität als Terminierungsbasis verwendet.

**! Zuerst Kapazitäten pflegen!**

Die TERMINIERUNGSBASIS ist immer eine der KAPAZITÄTSARTEN, die Sie auf der Sicht KAPAZITÄTEN pflegen. Leider lässt das System zu, dass Sie die Sicht KAPAZITÄTEN ohne Einträge verlassen. Auf der Sicht TERMINIERUNG kommt es dann jedoch zu einem Fehler infolge nicht zugeordneter Kapazitätsarten, und Sie müssen die komplette Bearbeitung abbrechen. Achten Sie daher darauf, immer zuerst die Sicht KAPAZITÄTEN zu pflegen.

Im zweiten Bildbereich geben Sie die FORMELN ZUR BERECHNUNG DER DURCHFÜHRUNGSZEIT an. Die Funktionsweise und Pflege der Formeln ist identisch mit derjenigen der Formeln des Kapazitätsbedarfs (vgl. Abschnitt 4.4.4).

Abbildung 4.36 zeigt beispielhaft die Standardformel SAP002 für die Berechnung der Bearbeitungsdauer einer Maschine. Beachten Sie, dass für die Formel das Kennzeichen ❶ TERM. ERLAUBT gesetzt sein muss, damit sie in der Terminierungssicht verwendet werden darf. Des Weiteren enthalten Terminierungsformeln meist ❷ VORGANGSSPLITS. Unter einem *Vorgangssplit* versteht man die parallele Bearbeitung eines Vorgangs, die Sie im Arbeitsplan (vgl. Abschnitt 5.3.3) oder im Fertigungsauftrag festlegen können. Indem Sie dies in der Terminierungsformel berücksichtigen, reduziert sich die Durchlaufzeit entsprechend.

Für die Vorgangssplits ist auch die Anzahl der Einzelkapazitäten in der Kapazität für die Terminierung relevant. Sie hat zwar zunächst keine Auswirkung auf die terminierte Vorgangsdauer, aber ein Vorgang kann nur dann gesplittet werden, wenn mehrere Einzelkapazitäten zur Verfügung stehen.

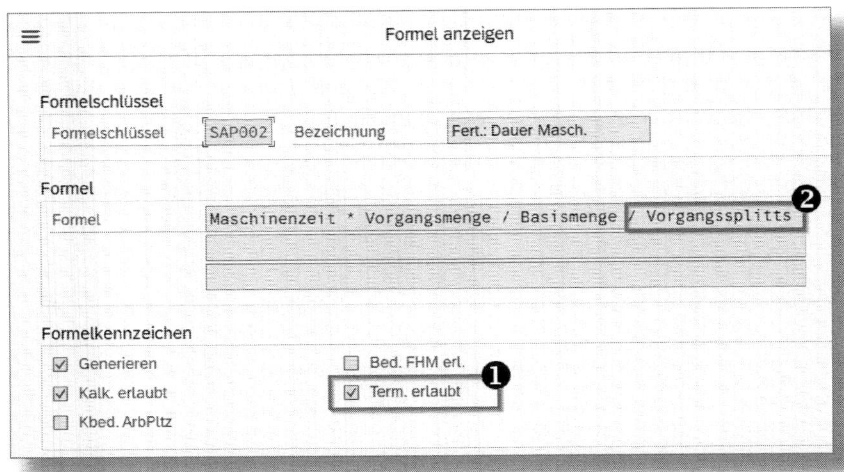


*Abbildung 4.36: Beispiel einer Terminierungsformel*

Im Bildbereich ÜBERGANGSZEITEN geben Sie bei Bedarf zunächst eine ORTSGRUPPE an (siehe Abbildung 4.37). Die *Ortsgruppe* ist eine räumliche Zuordnung Ihres Arbeitsplatzes aus Transportsicht. Sie fassen damit diejenigen Arbeitsplätze zusammen, die in unmittelbarer räumlicher Nähe liegen und zwischen denen keine gesonderten Transportzeiten beachtet werden müssen.

Übergangszeiten

| Ortsgruppe | Z002 | | Galvanik | | |
|---|---|---|---|---|---|
| Normale Wartezeit | 2,000 | H | Minimale Wartezeit | 0,500 | H |

*Abbildung 4.37: Definition der Übergangszeiten am Arbeitsplatz*

Für den Transport zwischen den einzelnen Ortsgruppen definieren Sie anschließend eine *Transportzeitmatrix* (siehe Abbildung 4.38). Hierfür verwenden Sie die Customizing-Transaktion *OP30* (SPRO • PRODUKTION • ARBEITSPLATZ • ALLGEMEINE DATEN • TRANSPORTZEITMATRIX FESTLEGEN). Als Erstes legen Sie die einzelnen ❶ ORTSGRUPPEN an. Im nächsten Schritt bestimmen Sie für jeden relevanten ❷ Übergang von einer ORTSGRUPPE zur einer anderen ZIELORTSGRUPPE die notwendige

Transportzeit, die ❸ im Durchschnitt (NOR. TRANSPZEIT) oder als Minimum (MIN. TRANSPZT.) benötigt wird.

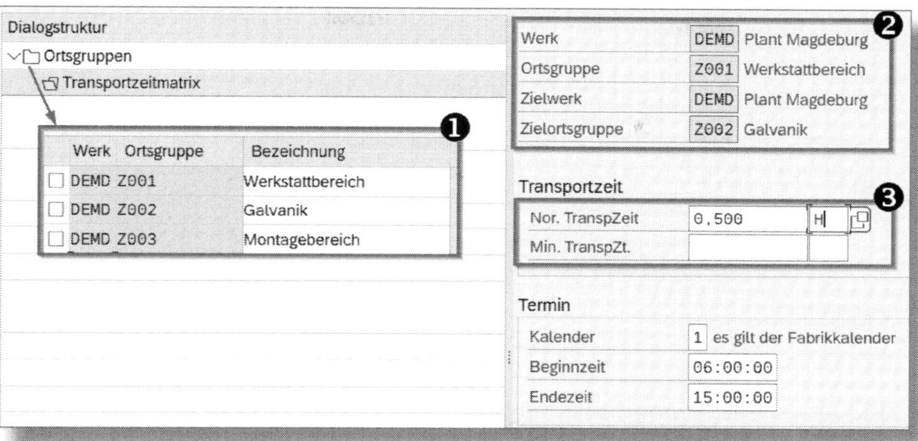


*Abbildung 4.38: Transaktion OP30 – Customizing einer Transportzeitmatrix*

**Ortsgruppen nur bei Bedarf**

Die Angabe einer Ortsgruppe ist optional und ergibt nur dann Sinn, wenn Sie überhaupt Transportzeiten bei der Durchlaufterminierung berücksichtigen wollen. Das Customizing der Transportzeitmatrix ist zudem Voraussetzung, um Ortsgruppen am Arbeitsplatz pflegen zu können.

Die *Wartezeit* gibt die Dauer an, die ein Fertigungsauftrag vor der Bearbeitung am Arbeitsplatz wartet. Auch diese Angabe ist optional und wird analog zur Transportzeit in eine NORMALE WARTEZEIT und eine MINIMALE WARTEZEIT unterteilt (siehe Abbildung 4.37).

Sowohl die Transportzeit als auch die Wartezeit werden in der Durchlaufterminierung berücksichtigt und können damit zu höheren Fertigungskosten führen. Bei Nutzung einer Reduzierungsstrategie lassen sich beide Elemente bis auf die minimale Angabe verkürzen (vgl. Abschnitt 5.3.2).

**! Organisatorische vs. prozessbedingte Wartezeiten**

Die Wartezeiten am Arbeitsplatz spiegeln immer organisatorische Zeiten wider. Daher ist bei deren Pflege die Nutzung einer Reduzierungsstrategie sinnvoll. Die Wartezeit kann im Arbeitsplan für das jeweilige Material konkretisiert werden. Prozessbedingte Wartezeiten (Trocknen, Abkühlen, Härten etc.) sind hingegen technologisch vorgegeben und einzuhalten. Sie dürfen bei der Terminierung nicht reduziert werden, sie sind ausschließlich am Arbeitsplan zu pflegen (vgl. Abschnitt 5.3.2).

Der letzte Bildbereich DIMENSION UND MASSEINHEIT DER ARBEIT bezieht sich allein auf die Nutzung des Arbeitsplatzes bei Einbindung in einen Netzplan und wird hier nicht näher betrachtet (siehe Abbildung 4.35).

## 4.6 Kalkulation

Die Sicht KALKULATION liegt normalerweise in der Verantwortung des Controllings. Da ihr Inhalt keinen Einfluss auf die Produktionsprozesse hat, wird sie im Folgenden nur auszugsweise vorgestellt. Der primäre Zweck der Kalkulationssicht liegt in der Berechnung der Produktionskosten.

Die Sicht besteht aus den Bildbereichen GÜLTIGKEIT, VERKNÜPFUNG ZU KOSTENSTELLE/LEISTUNGSARTEN und VERKNÜPFUNG ZU GESCHÄFTSPROZESS (siehe Abbildung 4.39).

Der erste Bildbereich bezieht sich auf die generelle GÜLTIGKEIT des Arbeitsplatzes. Mit dem BEGINNDATUM und dem ENDEDATUM grenzen Sie den Zeitraum ein, in dem der Arbeitsplatz aktiv genutzt werden darf.

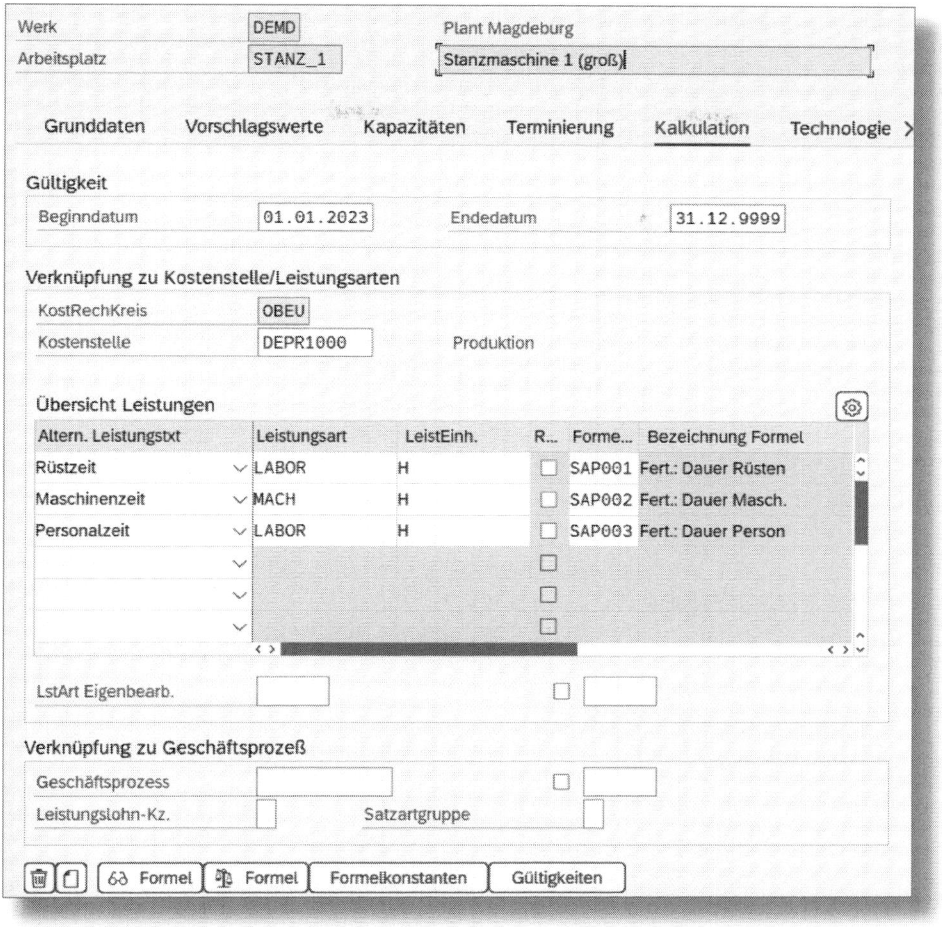

*Abbildung 4.39: Sicht »Kalkulation« am Arbeitsplatz*

Die kostenrechnerische Verknüpfung des Arbeitsplatzes definieren Sie im Bildbereich VERKNÜPFUNG ZU KOSTENSTELLE/LEISTUNGSARTEN. Zunächst wird der Arbeitsplatz genau einer KOSTENSTELLE zugeordnet. Die Tabelle ÜBERSICHT LEISTUNGEN zeigt in der ersten Spalte (ALTERN. LEISTUNGSTXT) alle Vorgabewerte des Vorgabewertschlüssels an, den

Sie dem Arbeitsplatz auf der Sicht »Grunddaten« zugeordnet haben (vgl. Abschnitt 4.2.2). Jeder Vorgabewert muss mit einer LEISTUNGSART verknüpft werden. Über die *Leistungsart* werden im Controlling die Tarife gepflegt, mit denen die erbrachte Leistung am Arbeitsplatz (z. B. eine Maschinenstunde) bewertet wird. Diese Beträge fließen anschließend in die Herstellkosten ein.

Des Weiteren müssen Sie auch hier für jeden Vorgabewert eine Formel (FORME...) angeben, mit der die zu bewertende Dauer berechnet wird. Funktionsweise und Pflege entsprechen den Formeln des Kapazitätsbedarfs (vgl. Abschnitt 4.4.4). In der Regel werden für die Kalkulation dieselben Formeln wie für die Terminierung genutzt, da diese die tatsächliche Bearbeitungsdauer am besten widerspiegeln. Beachten Sie, dass für eine Formel das Kennzeichen KALK. ERLAUBT gesetzt sein muss, damit sie in der Kalkulationssicht verwendet werden darf (siehe Abbildung 4.36).

Im Feld LSTART EIGENBEARB. geben Sie die Leistungsart im Falle der Projektfertigung über einen Netzplan oder der Verwendung des Arbeitsplatzes in der Instandhaltung an (siehe Abbildung 4.39).

Der letzte Bildbereich VERKNÜPFUNG ZU GESCHÄFTSPROZESS dient der Zuordnung des Arbeitsplatzes in der Prozesskostenrechnung. Das ist für die Prozessfertigung relevant, die jedoch nicht Inhalt dieses Buches ist.

## 4.7 Technologie

Die Sicht TECHNOLOGIE ist nur relevant, sofern Sie *Computer-Aided-Planning(CAP)*-Daten zur Ermittlung Ihrer Vorgabewerte in den Arbeitsplänen verwenden. Bei CAP handelt es sich um eine maschinelle Unterstützung der Arbeitsvorbereitung, bei der Vorgabewerte wie Bearbeitungs- und Rüstzeiten computergestützt berechnet werden (z. B. auf Basis von Fertigungsverfahren, Konstruktionszeichnungen, technologischen Arbeitsplatzdaten).

Die Sicht besteht aus den drei Bildbereichen TECHNOLOGIEDATEN, ZUSCHLÄGE UND RUNDUNG sowie VERFAHREN (siehe Abbildung 4.40). Die Beschreibung des kompletten CAP-Verfahrens würde den Umfang dieses Buches sprengen; hierzu sei auf die SAP-Hilfe zum Thema »CAP-Vorgabewertermittlung (PP-BD-CAP)« verwiesen.

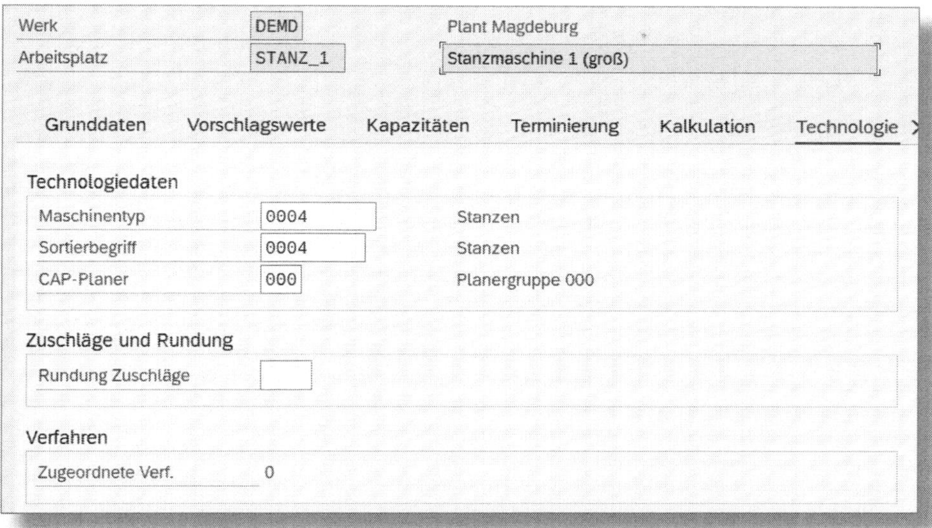


*Abbildung 4.40: Sicht »Technologie« am Arbeitsplatz*

Im Bildbereich TECHNOLOGIEDATEN klassifizieren Sie Ihren Arbeitsplatz hinsichtlich MASCHINENTYP und geben einen SORTIERBEGRIFF zur Selektion im CAP-System ein. Der CAP-PLANER ist die Person oder Gruppe, die für die Pflege der CAP-Daten verantwortlich ist. Die möglichen Eingabewerte aller Felder müssen Sie zuvor im Customizing unter SPRO • PRODUKTION • GRUNDDATEN • CAP • ALLGEMEINE DATEN definieren.

Im Bildbereich ZUSCHLÄGE UND RUNDUNG geben Sie bei Bedarf ein Rundungsprofil an, das Sie ebenfalls im Vorfeld im Customizing unter SPRO • PRODUKTION • GRUNDDATEN • CAP • RUNDUNG anlegen müssen.

Der letzte Bereich zeigt die Anzahl der zugeordneten VERFAHREN zur Berechnung der Vorgabewerte.

# 5 Arbeitsplan

**Der Arbeitsplan beinhaltet die einzelnen Arbeitsschritte zur Herstellung eines Materials sowie deren Reihenfolge. In jedem Arbeitsschritt werden die Zeiten für die Produktion konkretisiert, benötigte Komponenten zugeordnet sowie der Arbeitsplatz zur Ausführung definiert.**

In den folgenden Abschnitten beschreibe ich zunächst den Aufbau eines Arbeitsplans und erläutere dann den Unterschied zwischen Normal- und Standardarbeitsplänen. Anschließend erkläre ich systematisch die einzelnen Felder innerhalb des Arbeitsplankopfes sowie die Vorgänge und stelle wichtige Customizing-Einstellungen vor.

## 5.1 Aufbau

In Abbildung 5.1 ist der Aufbau eines Arbeitsplans schematisch dargestellt. Er besteht grundsätzlich aus einem *Arbeitsplankopf* und mindestens einer Position. Der Arbeitsplankopf dient der Identifikation des Arbeitsplans und steuert die Gültigkeit und die erlaubte Anwendung.

Die Positionen des Arbeitsplans werden als *Vorgänge* bezeichnet. Sie repräsentieren die konkreten Arbeitsschritte, die bei der Herstellung des Materials durchgeführt werden. Ihre Anordnung im Arbeitsplan entspricht der Reihenfolge der realen Abarbeitung. Der Vorgang findet an einem Arbeitsplatz statt, ihm sind die benötigten Komponenten und Fertigungshilfsmittel zugewiesen.

Eine im Normalfall nacheinander ausgeführte Anzahl von Vorgängen wird als *Stammfolge* bezeichnet. Sind in bestimmten Fällen Abweichungen von der Stammfolge notwendig, werden weitere Folgen hinzugefügt:

- Eine *parallele Folge* beinhaltet Vorgänge, die zeitgleich zu einem Vorgang in der Stammfolge durchgeführt werden.

- Eine *alternative Folge* beinhaltet Vorgänge, die z. B. in bestimmten Losgrößenbereichen anstelle der Vorgänge der Stammfolge durchgeführt werden.

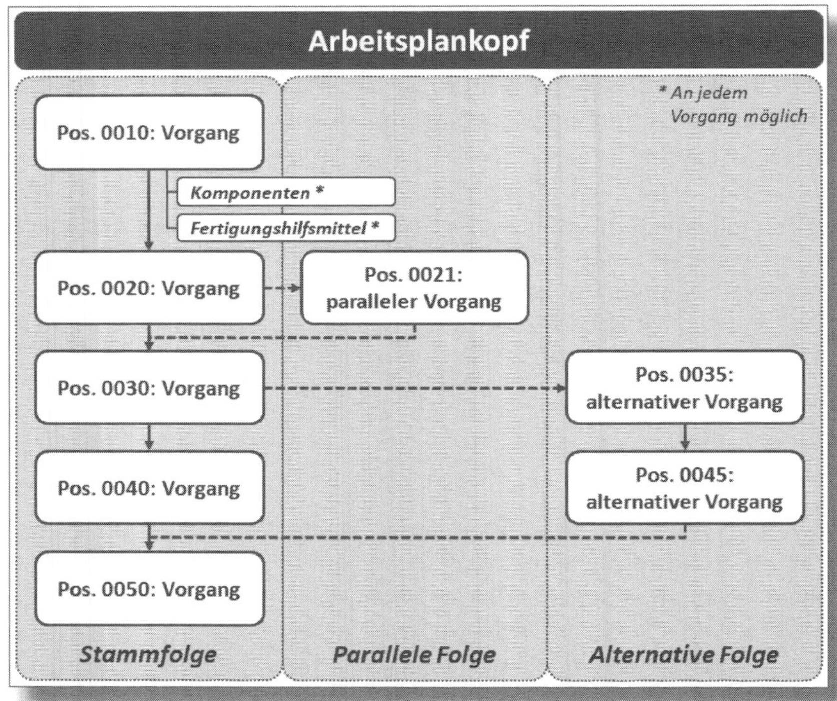


*Abbildung 5.1: Aufbau eines Arbeitsplans*

### 5.1.1 Standard- und Normalarbeitspläne

Arbeitspläne werden auch in Bereichen außerhalb der Fertigung verwendet, z. B. in der Instandhaltung oder der Qualitätsprüfung. Daher unterscheidet SAP verschiedene *Plantypen*, die einen Arbeitsplan seinem Anwendungsgebiet und seiner Funktionalität entsprechend charakterisieren. Im Kontext der diskreten Fertigung sind maßgeblich zwei Plantypen von Interesse:

- *Normalarbeitspläne* beschreiben die Arbeitsschritte zur Herstellung konkreter Materialien. Ihnen werden daher ein oder mehrere Materialien zugeordnet, und sie können direkt in Plan- und Fertigungsaufträgen verwendet werden.
- *Standardarbeitspläne* bilden Vorgangsabfolgen ab, die sich häufig wiederholen. Sie können jedoch nicht in einem Plan- oder Fertigungsauftrag genutzt werden.

Die Pflege von Normalarbeitsplänen erfolgt mit den Transaktionen *CA01* (Anlegen), *CA02* (Ändern) und *CA03* (Anzeigen), die Sie unter dem Pfad SAP MENÜ • LOGISTIK • PRODUKTION • STAMMDATEN • ARBEITSPLÄNE • ARBEITSPLÄNE • NORMALARBEITSPLÄNE finden. Analog werden für Standardarbeitspläne die Transaktionen *CA11* (Anlegen), *CA12* (Ändern) und *CA13* (Anzeigen) verwendet, auswählbar unter dem Pfad SAP MENÜ • LOGISTIK • PRODUKTION • STAMMDATEN • ARBEITSPLÄNE • ARBEITSPLÄNE • STANDARDARBEITSPLÄNE.

Standardarbeitspläne nutzen Sie für die vereinfachte Erfassung von Normalarbeitsplänen. Hierzu haben Sie die Möglichkeit, den Standardarbeitsplan zu kopieren oder zu referenzieren. Bei einer *Kopie* dient der Standardarbeitsplan lediglich als Vorlage. Spätere Änderungen im Standardarbeitsplan beeinflussen den Normalarbeitsplan nicht. Bei einer *Referenz* werden hingegen auch spätere Änderungen des Standardarbeitsplans direkt in den Normalarbeitsplan übertragen.

Um eine Kopie zu erstellen, klicken Sie bei der Anlage eines neuen Normalarbeitsplans auf den Button ❶ VORLAGE und markieren im erscheinenden Pop-up-Fenster den Eintrag ❷ STANDARDPLAN (siehe Abbildung 5.2). Anschließend wählen Sie den gewünschten Standardarbeitsplan aus. Alle Vorgänge werden zur freien Weiterbearbeitung in Ihren Normalarbeitsplan kopiert.

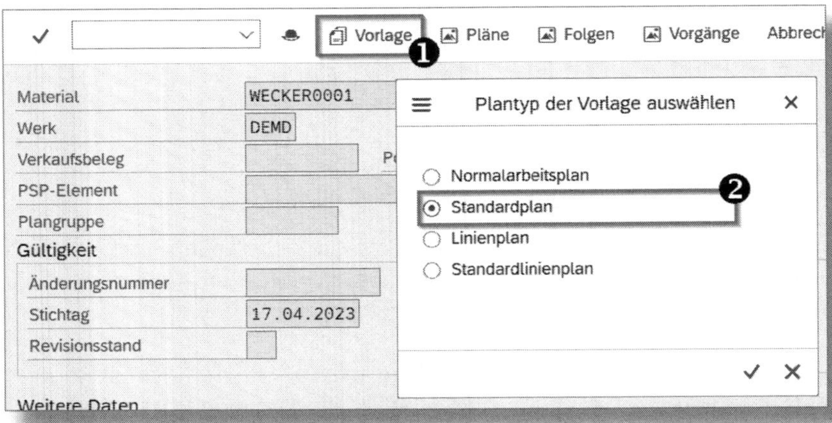


*Abbildung 5.2: Kopie eines Standardarbeitsplans*

Eine Referenz können Sie in vorhandenen oder neuen Arbeitsplänen anlegen. Über den Button ❶ REFERENZ im oberen Bildbereich der Vorgangsübersicht öffnen Sie den ❷ Bildschirm zum Referenzieren auf einen Standardarbeitsplan (siehe Abbildung 5.3). Im Feld ❸ VORGANG spezifizieren Sie den ersten Vorgang, von dem aus der ❹ ausgewählte Standardarbeitsplan (PLANGRUPPE VERWEIS) eingebunden werden soll.

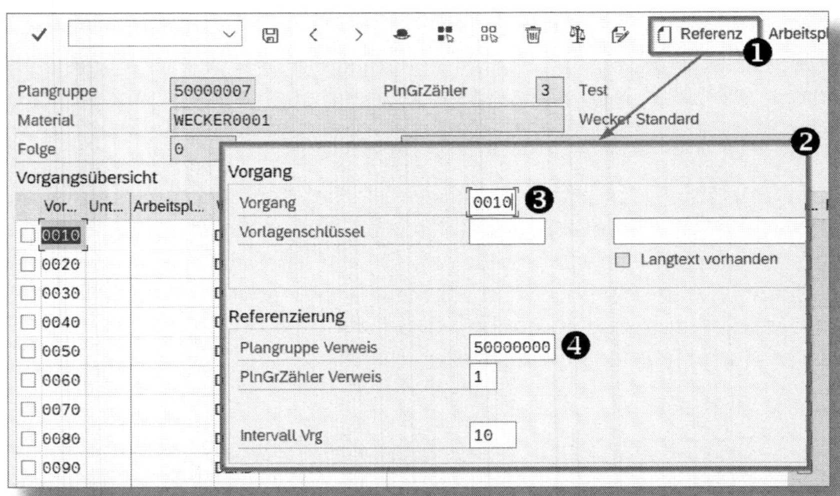


*Abbildung 5.3: Referenz eines Standardarbeitsplans*

Abbildung 5.4 zeigt beispielhaft einen kopierten (0010) und einen referenzierten Vorgang (0020) aus einem Standardarbeitsplan. Während der Vorgang 0010 bearbeitbar ist, sind alle Felder im Vorgang 0020 ausgegraut. Änderungen sind hier nur über den Standardarbeitsplan selbst möglich.

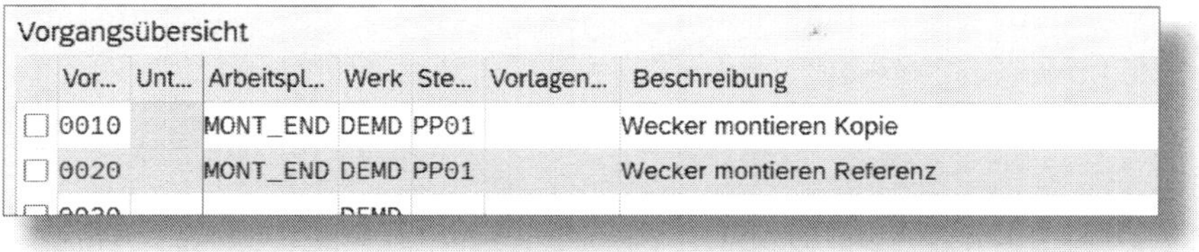

Vorgangsübersicht

| | Vor... | Unt... | Arbeitspl... | Werk | Ste... | Vorlagen... | Beschreibung |
|---|---|---|---|---|---|---|---|
| ☐ | 0010 | | MONT_END | DEMD | PP01 | | Wecker montieren Kopie |
| ☐ | 0020 | | MONT_END | DEMD | PP01 | | Wecker montieren Referenz |
| ☐ | 0030 | | | DEMD | | | |

*Abbildung 5.4: Vergleich von Kopie und Referenz eines Vorgangs*

**Fertigungsaufträge ohne Kopfmaterial**

Standardarbeitspläne sind auch dann hilfreich, wenn Sie mit Fertigungsaufträgen ohne Kopfmaterial arbeiten (z. B. bei Nacharbeiten oder in der Forschung und Entwicklung). Bei Anlage eines Fertigungsauftrags ohne Kopf lassen Sie entweder einen Vorgang generieren (Customizing-Transaktion *OPJG* bzw. SPRO • PRODUKTION • FERTIGUNGSSTEUERUNG • VORGÄNGE • PLANAUSWAHL • VORSCHLAGSWERTE FESTLEGEN), oder Sie binden einen Standardarbeitsplan ein. Um Letzteren nutzen zu können, sind einige Einstellungen in den auftragsartabhängigen Parametern zu treffen (vgl. Abschnitt 8.3).

Zur besseren Lesbarkeit ist nachfolgend mit »Arbeitsplan« immer ein Normalarbeitsplan gemeint. Sollten sich Ausführungen auf einen Standardarbeitsplan beziehen, wird dies explizit erwähnt.

### 5.1.2 Materialzuordnung

Im Gegensatz zur Stückliste, die genau einem Material und Werk zugeordnet ist (vgl. Abschnitt 3.2), können Sie einem Normalarbeitsplan auch mehrere Materialien zuordnen. Ebenso ist die Anlage eines Arbeitsplans ohne Materialbezug möglich. Erst in der Fertigungsversion und damit zur Nutzung im Plan- und Fertigungsauftrag ist eine Materialzuordnung notwendig.

Die Zuordnung mehrerer Materialien zu einem Arbeitsplan ist dann sinnvoll, wenn die Bearbeitungsschritte für alle Materialien identisch sind, d. h., wenn die gleichen Vorgänge auf den gleichen Arbeitsplätzen mit gleichbleibenden Vorgabewerten ausgeführt werden. Ändern Sie nun den Arbeitsplan, wirkt sich das direkt auf alle zugeordneten Materialien aus.

**Mehrere Materialzuordnungen – Vorteil oder Nachteil?**

Die Entscheidung, mehrere Materialien einem Arbeitsplan zuzuordnen oder für jedes Material einen eigenen Arbeitsplan anzulegen, sollte in erster Linie technologiegetrieben sein. Der Vorteil der Zusammenfassung ist ein reduzierter Pflegeaufwand bei Änderungen. Dies gilt allerdings nur, solange sich diese auf alle zugeordneten Materialien beziehen. Wollen Sie jedoch nur für einzelne Materialien Änderungen durchführen, müssen Sie neue Arbeitspläne bzw. Planalternativen anlegen und die Materialien neu zuordnen. Passiert dies häufig, wird es schnell unübersichtlich.

Um Ihrem Arbeitsplan Materialien zuzuordnen, öffnen Sie ihn über die Transaktion *CA02* (Ändern) und wechseln mittels Klick auf den Button in den Arbeitsplankopf. Über den Button ❶ ZUORDNUNG im oberen Bildbereich gelangen Sie in die Materialzuordnung (siehe Abbildung 5.5).

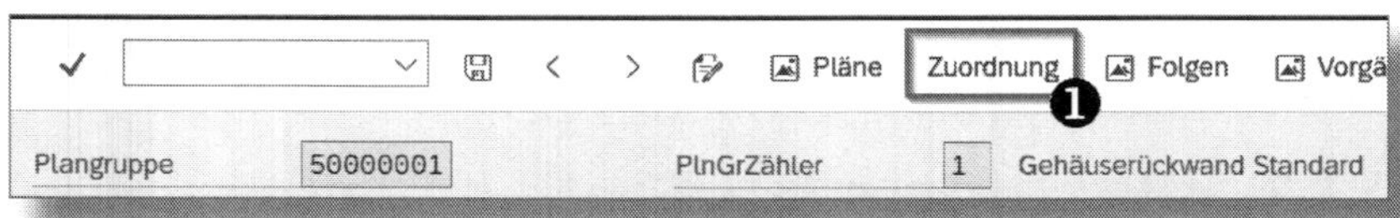


*Abbildung 5.5: Aufruf der Materialzuordnung des Arbeitsplans*

In dem erscheinenden Pop-up-Fenster sehen Sie die Materialien, die dem ❶ Arbeitsplan bereits zugeordnet sind (siehe Abbildung 5.6). Von hier aus ordnen Sie ❷ weitere Materialien zu oder löschen vorhandene Zuordnungen.

*Abbildung 5.6: Zuordnen weiterer Materialien zum Arbeitsplan*

## 5.1.3 Arbeitsplanalternativen

Ähnlich wie bei einer Stückliste kann es auch zu einem Arbeitsplan mehrere Alternativen geben. *Arbeitsplanalternativen* beschreiben unterschiedliche Fertigungsabläufe, die jedoch zum gleichen Material führen. Das kann u. a. bedingt sein durch

- den Einsatz unterschiedlicher Technologien bzw. Maschinen, die z. B. andere Vorgangszeiten haben, mehrere Vorgänge auf einmal durchführen oder eine abweichende Vorgangsreihenfolge erfordern;
- die Nutzung verschiedener Ausgangsmaterialien und infolgedessen durch eine abweichende Bearbeitung;
- alternative Arbeitspläne für eine partielle Auslagerung des Fertigungsprozesses über eine verlängerte Werkbank.

Eine neue Arbeitsplanalternative legen Sie über die Transaktion *CA01* an. Wenn bereits Arbeitsplanalternativen vorhanden sind, springen Sie zunächst in die Planübersicht (siehe Abbildung 5.7). Sie sehen die Ihnen zur Verfügung stehenden ❶ Planalternativen, die über den Plangruppenzähler (P...) eindeutig identifiziert werden. Mit dem ❷ Button legen Sie eine weitere Alternative an.

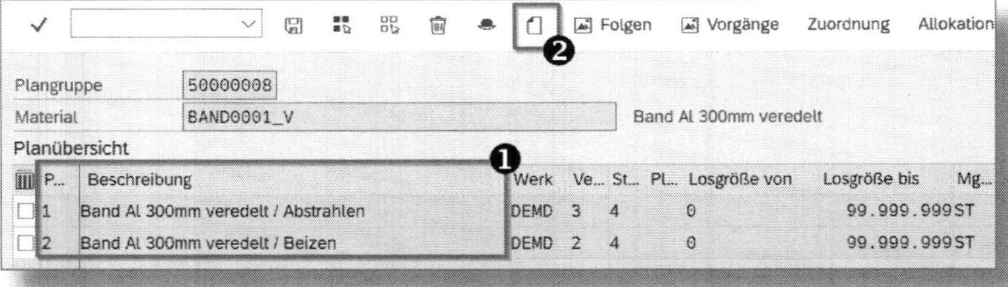


*Abbildung 5.7: Arbeitsplan mit zwei Alternativen*

### ☛ Benennung der Arbeitsplanalternativen

Sie sollten Ihre Arbeitsplanalternativen prägnant benennen, damit Sie deren Inhalt in der Übersicht (siehe Abbildung 5.7) schnell identifizieren können, ohne in die Kopfdetails aller Alternativen navigieren zu müssen. Ihnen stehen eine kurze BESCHREIBUNG und ein Langtext je Plangruppenzähler zur Verfügung (vgl. Abschnitt 5.2).

### ! Fertigungsversion in SAP S/4HANA zwingend

Für die Auswahl der jeweils zu nutzenden Arbeitsplanalternative wird in SAP S/4HANA zwingend eine Fertigungsversion benötigt (vgl. Kapitel 6). Die in SAP ERP bekannten Möglichkeiten zur Arbeitsplanauswahl in den auftragsartabhängigen Parametern sind nicht mehr verfügbar (vgl. Abschnitt 8.3).

Sie können auch in SAP S/4HANA eine *Selektions-ID* anlegen, um die zulässigen Arbeitspläne nach Plantyp, Planverwendung und Status (vgl. Abschnitt 5.2) einzuschränken. Dafür stehen die Customizing-Transaktionen *OPEB* und *OPJF* zur Verfügung (SPRO • PRODUKTION • FERTIGUNGSSTEUERUNG • VORGÄNGE • PLANAUSWAHL • AUTOMATISCHE PLANAUSWAHL DEFINIEREN). Die Selektions-ID ordnen Sie anschließend

Ihrer Auftragsart in den auftragsartabhängigen Parametern zu (vgl. Abschnitt 8.3).

**Selektions-ID zur Beschränkung der Arbeitsplanauswahl**

Für unsere Fertigung möchten wir keine Arbeitspläne der Konstruktion verwenden, sondern nur solche, die von der Arbeitsvorbereitung als universell einsetzbar angelegt bzw. speziell für die Fertigung erstellt wurden. Außerdem sollen nur Arbeitspläne eingesetzt werden, die für die Verwendung im Auftrag freigegeben wurden. Notfalls können Standardarbeitspläne genutzt werden. Wir legen daher die Selektions-ID *Z1* an, die alle entsprechenden Arbeitspläne beinhaltet (siehe Abbildung 5.8). Die angegebene Selektionspriorität (SP) hat durch den Einsatz der Fertigungsversion jedoch keine steuernde Wirkung mehr.

| | ID | SP | Plantyp | Verw. | Bezeichnung | Status | Statusbeschreibung |
|---|---|---|---|---|---|---|---|
| ☐ | Z1 | 1 | N | 1 | Fertigung | 4 | Freigegeben (allgemein) |
| ☐ | Z1 | 2 | N | 1 | Fertigung | 2 | Freigegeben für Auftrag |
| ☐ | Z1 | 3 | N | 3 | Universell | 4 | Freigegeben (allgemein) |
| ☐ | Z1 | 4 | N | 3 | Universell | 2 | Freigegeben für Auftrag |
| ☐ | Z1 | 5 | S | 3 | Universell | 4 | Freigegeben (allgemein) |

*Abbildung 5.8: Transaktionen OPEB und OPJF – Pflege einer Selektions-ID zur Arbeitsplanselektion*

## 5.2 Arbeitsplankopf

Im Gegensatz zu den bisher behandelten Stammdaten besteht der Arbeitsplankopf nicht aus mehreren Sichten. Die enthaltenen Informationen beschränken sich auf inhaltliche Beschreibungen, die allgemeine Gültigkeit und organisatorische Zuordnung sowie auf Steuerungsdaten für die fertigungsbegleitende Qualitätsprüfung.

Aus der Transaktion *CA02* bzw. *CA03* (SAP MENÜ • LOGISTIK • PRODUKTION • STAMMDATEN • ARBEITSPLÄNE • ARBEITSPLÄNE • NORMALARBEITSPLÄNE • ÄNDERN/ANZEIGEN) navigieren Sie mittels des Buttons in den Arbeitsplankopf. Beachten Sie, dass jede Planalternative eigene Kopfdaten enthält.

Die Ansicht des Arbeitsplankopfes gliedert sich in mehrere Bildbereiche (siehe z. B. für das Material WECKER0001 Abbildung 5.9 und Abbildung 5.10). Die ersten beiden Zeilen sowie der Bildbereich PLAN dienen der genauen Identifikation des Arbeitsplans. Die PLANGRUPPE wird, sofern Sie keinen externen Nummernkreis verwenden, beim Anlegen eines Arbeitsplans automatisch vergeben und dient als eindeutige ID. Planalternativen werden unter derselben Plangruppe angelegt, indem der PLANGRUPPENZÄHLER entsprechend erhöht wird.

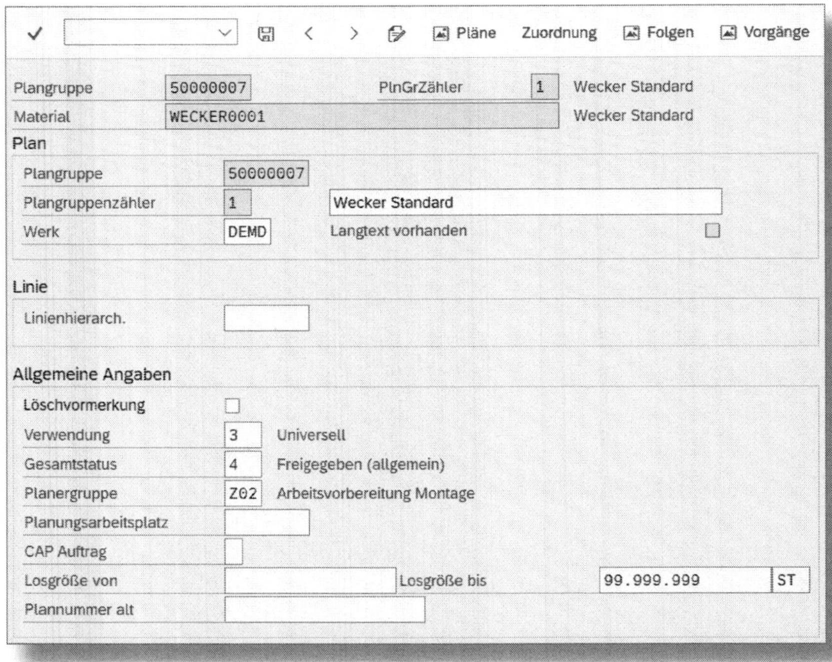


*Abbildung 5.9: Arbeitsplankopf (Teil 1)*

**! Plangruppenzähler »1«**

Auch bei nur einer vorhandenen Arbeitsplanalternative wird bereits der Wert *1* für den PLANGRUPPENZÄHLER intern vergeben (siehe Abbildung 5.9). Aus dem Vorhandensein eines Plangruppenzählers lässt sich damit nicht automatisch auf die Existenz weiterer Arbeitsplanalternativen schließen.

Das MATERIAL wird nur angezeigt, wenn Sie im Selektionsbildschirm der Transaktion *CA02* bzw. *CA03* mit der Materialnummer einsteigen. Starten Sie hingegen nur mit der Angabe der Plangruppe, wird kein Material eingeblendet, da jedem Plan mehrere Materialien zugeordnet sein können (vgl. Abschnitt 5.1.2).

Zudem geben Sie im ersten Bildbereich unter PLAN eine kurze Beschreibung Ihres Arbeitsplans ein und ordnen ihn dem entsprechenden WERK zu. Das Kennzeichen LANGTEXT VORHANDEN wird automatisch aktiviert, sobald ein Langtext für die Arbeitsplanbeschreibung hinterlegt ist. Diesen legen Sie bei Bedarf über den Button im oberen Bildbereich an.

**! Erste Zeile Langtext entspricht Kurzbeschreibung**

Beachten Sie, dass auch beim Arbeitsplankopf die erste Zeile des Langtextes gleichzeitig die Kurzbeschreibung ist. Bei Änderung der Kurzbeschreibung ändert sich automatisch die erste Zeile im Langtext – und umgekehrt.

Im Bildbereich LINIE geben Sie im Falle der Linienfertigung die zugehörige Linienhierarchie (LINIENHIER.) an. Die Zuordnung wird für die korrekte Taktterminierung benötigt.

Im dritten Bildbereich ALLGEMEINE ANGABEN finden sich neben allgemeinen organisatorischen Zuordnungen auch weiterführende Steuerungsdaten, die in den folgenden Abschnitten behandelt werden (vgl. Abschnitte 5.2.1 bis 5.2.3).

Das Kennzeichen LÖSCHVORMERKUNG setzen Sie, wenn Sie den Arbeitsplan beim nächsten Archivierungslauf löschen möchten. Unabhängig davon können Sie einen Arbeitsplan auch jederzeit direkt und ohne Archivierung löschen.

Im Feld PLANERGRUPPE geben Sie die Person oder Abteilung ein, die für die Pflege des Plans verantwortlich ist. Gültige Einträge für das Werk definieren Sie vorher im Customizing unter SPRO • PRODUKTION • GRUNDDATEN • ARBEITSPLAN • ALLGEMEINE DATEN • PLANERGRUPPE EINRICHTEN.

Der PLANUNGSARBEITSPLATZ wird in der Linienfertigung benötigt. Sie geben hier den *Engpassarbeitsplatz* an, von welchem bei der Planauftragsterminierung vorwärts und rückwärts terminiert wird.

Über das Feld CAP AUFTRAG legen Sie fest, ob und wann (z. B. bei Auftragseröffnung) die Vorgabewerte des Arbeitsplans über ein externes CAP-Programm nachberechnet werden sollen (vgl. Abschnitt 4.7).

Die PLANNUMMER ALT ist eine einfache Referenz auf ein eventuelles Altsystem. Sie können hier zu Informationszwecken eine vorher gültige Plannummer eingeben.

Die folgenden beiden Bildbereiche, PARAMETER FÜR DYNAMISIERUNG/PRÜFPUNKTE und WEITERE QM-DATEN (siehe Abbildung 5.10) dienen der Integration ins Qualitätsmanagement. Hier nehmen Sie Einstellungen zur fertigungsbegleitenden Prüfung vor.

Der Bildbereich SAP ME ARBEITSPLAN ist nur relevant, sofern Sie SAP Manufacturing Execution (SAP ME) einsetzen. Hier verknüpfen Sie Ihren Arbeitsplan mit seinem Pendant in SAP ME.

Parameter für Dynamisierung/Prüfpunkte

| | |
|---|---|
| Prüfpunkte | |
| Teilloszuordnung | Teilloszuordnung nach Vorschlagswerten für Werk |
| Probenahmeverfahren | |
| Dynamisierungsebene | |
| Dynamisierungsregel | |

Weitere QM-Daten

| | |
|---|---|
| Externe Nummerierung | |

SAP ME Arbeitsplan

| | |
|---|---|
| Produktionsstätte | |
| Arbeitsplan | |
| Version (SAP ME) | |

Verwaltungsdaten

| | | | |
|---|---|---|---|
| Änderungsnummer | | | |
| Gültig ab | 01.01.2023 | Gültig bis | 31.12.9999 |
| Angelegt am | 29.01.2023 | Angelegt von | WROYWENDLER |
| Geändert am | 20.04.2023 | Geändert von | WROYWENDLER |
| Reorgdatum | | | |
| Letzter Abruf | 16.03.2023 | Anzahl Planabrufe | 1 |

*Abbildung 5.10: Arbeitsplankopf (Teil 2)*

Den Abschluss des Arbeitsplankopfes bildet der Bildbereich VERWALTUNGSDATEN. Im Feld ÄNDERUNGSNUMMER erscheint die letzte Änderungsnummer, falls Sie mit Änderungsstammsätzen arbeiten. Die generelle zeitliche Gültigkeit des Arbeitsplans wird über die Felder GÜLTIG AB und GÜLTIG BIS eingegrenzt (vgl. Abschnitt 5.2.3). Sie sehen Datum und Urheber der Erstanlage und der letzten Änderung. Das REORGDATUM weist das Datum des Archivierungslaufs für Fertigungsaufträge aus, in denen dieser Arbeitsplan verwendet wurde.

Zudem liefert das Feld LETZTER ABRUF das Datum, wann das letzte Mal ein Fertigungsauftrag mit diesem Arbeitsplan eröffnet wurde. Das Feld ANZAHL PLANABRUFE gibt an, wie oft der Arbeitsplan insgesamt in Fertigungsaufträgen abgerufen wurde. Beide Felder liefern wertvolle Informationen für die Arbeitsvorbereitung bei Stammdatenbereinigungen.

## 5.2.1 Planverwendung

Mit der *Planverwendung* legen Sie fest, für welche Prozesse der Arbeitsplan genutzt werden darf. Je nach System- oder Branchenanpassungen finden Sie bereits verschiedene Planverwendungen im SAP-Standard vor, die sich nicht auf die Produktion beschränken (siehe Abbildung 5.11). Im Rahmen der Fertigung werden i. d. R. folgende Planverwendungen genutzt:

- *Fertigung* (Verwendung 1): Arbeitsplan aus Sicht der Fertigung; alle benötigten Tätigkeiten zur Herstellung des Materials sind enthalten.
- *Konstruktion* (Verwendung 2): Arbeitsplan aus Sicht der Konstruktion; dieser kann von der Fertigung abweichen (z. B. in Detaillierungsgrad, Vorgabewerten, Tätigkeiten).
- *Universell* (Verwendung 3): Arbeitsplan, der für die meisten Geschäftsprozesse gültig ist; er kann in nahezu jedem Bereich genutzt werden.

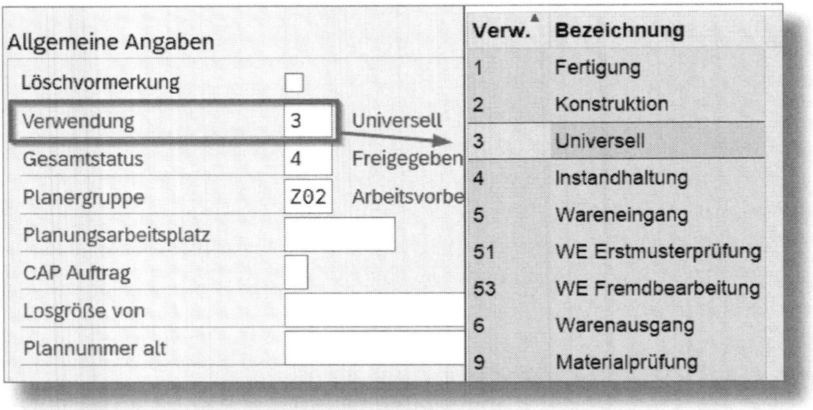

*Abbildung 5.11: Planverwendung*

Bei Bedarf definieren Sie sich eigene Planverwendungen über den Customizing-Pfad SPRO • PRODUKTION • GRUNDDATEN • ARBEITSPLAN • ALLGEMEINE DATEN • PLANVERWENDUNG FESTLEGEN (siehe Abbildung 5.12). Der Planverwendung werden zudem die möglichen *Dynamisie-*

*rungskriterien* (DKR) für die Qualitätsprüfung zugeordnet. Hierüber werden u. a. die Prüfumfänge, zu prüfende Merkmale und die Fortschreibung der Qualitätslage gesteuert.

| Verw. | Bezeichnung | DKr | Kurztext |
|---|---|---|---|
| 1 | Fertigung | 001 | Material |
| 2 | Konstruktion | | |
| 3 | Universell | | |
| 4 | Instandhaltung | | |
| 5 | Wareneingang | 005 | Material, Lieferant und Hersteller |
| 51 | WE Erstmusterprüfung | 005 | Material, Lieferant und Hersteller |
| 53 | WE Fremdbearbeitung | 005 | Material, Lieferant und Hersteller |
| 6 | Warenausgang | 002 | Material und Kunde |
| 9 | Materialprüfung | 001 | Material |

*Abbildung 5.12: Customizing der Planverwendung*

**Mehrere Planverwendungen für die Fertigung**

Die Planverwendung wird auch für die Selektion von Planalternativen genutzt (vgl. Abschnitt 5.1.3). Setzen Sie Arbeitsplanalternativen in Verbindung mit verschiedenen Auftragsarten ein, definieren Sie zusätzliche Planverwendungen. Diese ordnen Sie gezielt einzelnen Selektions-IDs zu, die Sie wiederum den Auftragsarten zuweisen. Damit wird für jede Auftragsart der korrekte Plan ausgewählt, auch wenn mehrere gültige Fertigungsversionen parallel existieren (siehe Beispiel).

**Planverwendung Nacharbeit**

Um Nacharbeiten von der normalen Fertigung abzugrenzen, wurde die Auftragsart »ZP99« eingeführt. Da die meisten Nacharbeiten in Umfang und Ablauf je Material gleich sind, wird ein entsprechender Nacharbeitsplan inklusive Fertigungsversion erstellt. Um eine manuelle Korrektur der Fertigungsversion bei Auftragseröffnung zu vermeiden, definieren wir die ❶ Planverwendung (VERW.) *Z9*

(Nacharbeit), die wir unserem Nacharbeitsplan zuweisen. Zudem wird die ❷ Selektions-ID *Z9* erstellt, in der wir explizit nur Arbeitspläne mit der Planverwendung *Z9* eintragen (siehe Abbildung 5.13). Mit Zuweisung der Selektions-ID in den auftragsartabhängigen Parametern (vgl. Abschnitt 8.3) wird bei Eröffnung eines »ZP99-Auftrags« automatisch die Fertigungsversion mit dem Nacharbeitsplan ausgewählt – auch wenn andere gültige Fertigungsversionen vorhanden sind, in denen jedoch kein Arbeitsplan mit Verwendung »Z9« eingetragen ist.

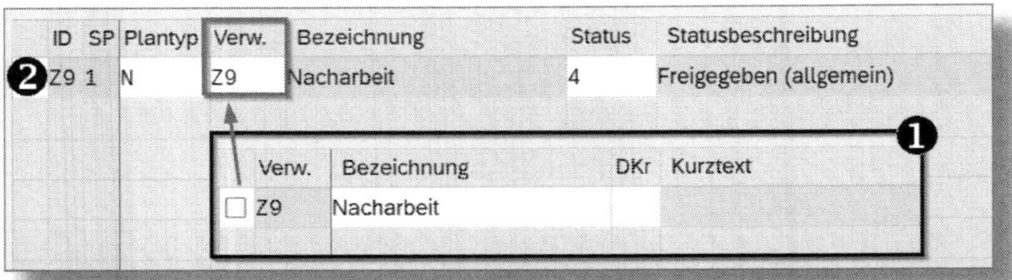


*Abbildung 5.13: Erstellung zusätzlicher Planverwendung und Selektions-ID*

## 5.2.2 Arbeitsplanstatus

Der *Arbeitsplanstatus* steuert, für welche Aktivitäten der Arbeitsplan verwendet werden darf. Er wird im Feld GESAMTSTATUS eingetragen (siehe Abbildung 5.14). Im SAP-Standard sind bereits vier Einträge vorhanden, die die meisten Anforderungen abdecken.

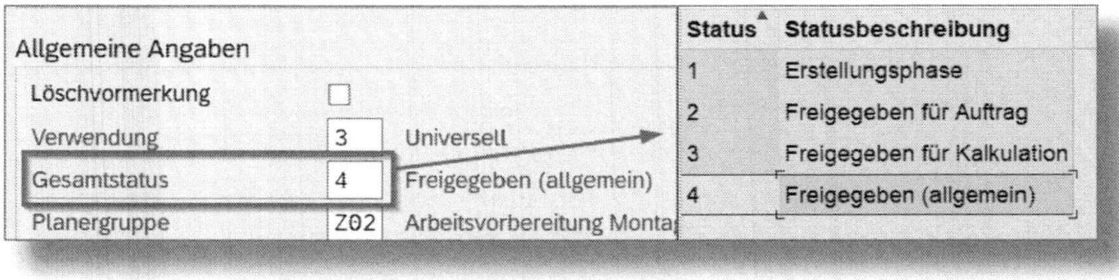

*Abbildung 5.14: Status eines Arbeitsplans*

Über die Customizing-Transaktion *OP46* (SPRO • PRODUKTION • GRUNDDATEN • ARBEITSPLAN • ALLGEMEINE DATEN • ARBEITSPLANSTATUS FESTLEGEN) überprüfen Sie die Steuerung der vorhandenen Einträge und definieren eigene Status. Für jeden Status setzen Sie nach Bedarf die folgenden Kennzeichen (siehe Abbildung 5.15):

- *Freigabekennzeichen* (FRGKZ.): Der Arbeitsplan kann in Aufträgen verwendet bzw. bei Standardarbeitsplänen in anderen Arbeitsplänen referenziert werden.
- *Kennzeichen Kalkulation* (KALK.): Der Arbeitsplan kann für die Materialkalkulation herangezogen werden.
- *Konsistenzprüfung* (KONSISTPR.): Der Arbeitsplan wird beim Sichern auf Inkonsistenzen überprüft (z. B. Losgrößen-, Gültigkeits- oder Mengeneinheitsdifferenzen zwischen Vorgängen und Plankopf).

| Status | Statusbeschreibung | FrgKz. | Kalk. | KonsistPr. |
|---|---|---|---|---|
| ☐ 1 | Erstellungsphase | ☐ | ☐ | ☐ |
| ☐ 2 | Freigegeben für Auftrag | ☑ | ☐ | ☑ |
| ☐ 3 | Freigegeben für Kalkulation | ☐ | ☑ | ☑ |
| ☐ 4 | Freigegeben (allgemein) | ☑ | ☑ | ☑ |

*Abbildung 5.15: Transaktion OP46 – Customizing des Arbeitsplanstatus*

## 5.2.3 Gültigkeit und Losgrößen

Die Gültigkeitsbeschränkungen des Arbeitsplans bezüglich Datum und Losgröße entsprechen denen der Stückliste (vgl. Abschnitt 3.2). Dies ist kein Zufall, denn Stückliste und Arbeitsplan werden in der Fertigungsversion auf Basis von Datum und Losgröße kombiniert (vgl. Kapitel 6).

Der *Gültigkeitszeitraum* des Arbeitsplans bestimmt den Datumsbereich, in dem er verwendet werden darf. Außerhalb dieses Zeitraums kann der Arbeitsplan nicht im Plan- oder Fertigungsauftrag eingebunden werden.

Den Gültigkeitszeitraum finden Sie im Bildbereich VERWALTUNGSDATEN ganz unten im Arbeitsplankopf (siehe Abbildung 5.10). Das Feld GÜLTIG AB enthält das Datum, das Sie beim Anlegen des Arbeitsplans eingeben. Das GÜLTIG-BIS-Feld kann (wie bei Stücklisten) nur bei Nutzung eines Änderungsstammsatzes beeinflusst werden (vgl. Abschnitt 3.2.4). In diesem Fall wird auch die ÄNDERUNGSNUMMER eingetragen. Anderenfalls ist Ihr Plan immer bis 31.12.9999 gültig.

Den *Losgrößenbereich* finden Sie im Bildbereich ALLGEMEINE ANGABEN des Arbeitsplankopfes (siehe Abbildung 5.9). Er gibt an, für welche Fertigungsmengen der Arbeitsplan innerhalb eines Plan- oder Fertigungsauftrags genutzt werden darf. Den erlaubten Losgrößenbereich schränken Sie über die Felder LOSGRÖSSE VON und LOSGRÖSSE BIS ein. Geben Sie keine abweichenden Losgrößen an, ist Ihr Arbeitsplan für alle Losgrößen (0 bis 99.999.999) zugelassen.

## 5.3 Vorgänge

Die *Vorgänge* des Arbeitsplans entsprechen den einzelnen Tätigkeiten zur Herstellung des Materials. Um in einem Plan- oder Fertigungsauftrag verwendet werden zu können, muss ein Arbeitsplan mindestens einen Vorgang enthalten.

Abbildung 5.16 zeigt einen Ausschnitt aus der *Vorgangsübersicht* für das Material MANT0001. Sie erhalten einen schnellen Überblick über die wichtigsten Informationen wie z. B. den ❶ Arbeitsplatz (ARBEITSPL...), eine kurze ❷ BESCHREIBUNG und die ❸ Vorgabewerte.

Eine komplette Anzeige aller Informationen und Steuerungsdaten der Vorgänge erhalten Sie mit einem Doppelklick auf die Vorgangsnummer (VOR...) in der ersten Spalte (alternativ Vorgang markieren und ❹ Button Detail wählen). Damit springen Sie in die Ansicht der *Vorgangsdetails*. Ähnlich wie beim Arbeitsplankopf sind auch die Vorgangsdetails nicht in verschiedene Sichten unterteilt, sondern es reiht sich eine Vielzahl von Bildbereichen untereinander. Für eine bessere Übersicht werden die Bildbereiche in den nachfolgenden Abschnitten thematisch gruppiert vorgestellt.

*Abbildung 5.16: Vorgangsübersicht im Arbeitsplan – Ausschnitt*

## 5.3.1 Vorgang und Steuerschlüssel

Im ersten Bildbereich wird der VORGANG zunächst näher beschrieben (siehe Abbildung 5.17). Hierzu vergeben Sie im Feld VORGANG eine eindeutige Vorgangsnummer und ordnen das WERK sowie den ARBEITSPLATZ zu, an dem die Tätigkeit ausgeführt wird. Die Arbeitsplätze müssen hierfür selbstverständlich im Vorfeld angelegt worden sein (vgl. Kapitel 4). Der STEUERSCHLÜSSEL und der VORLAGENSCHLÜSSEL werden weiter unten ausführlicher behandelt, ebenso die Bedeutung des Feldes UNTERVORGANG.

Im Feld ❶ geben Sie eine kurze Beschreibung ein (max. 40 Zeichen), die den Vorgang auf den ersten Blick inhaltlich kennzeichnet. Eine ausführliche Beschreibung, die bei Bedarf auch auf den Auftragspapieren angedruckt wird, hinterlegen Sie im Langtext über den ❷ Button im oberen Bildbereich. Sobald ein Langtext gepflegt wurde, wird das Kennzeichen LANGTEXT VORHANDEN automatisch markiert.

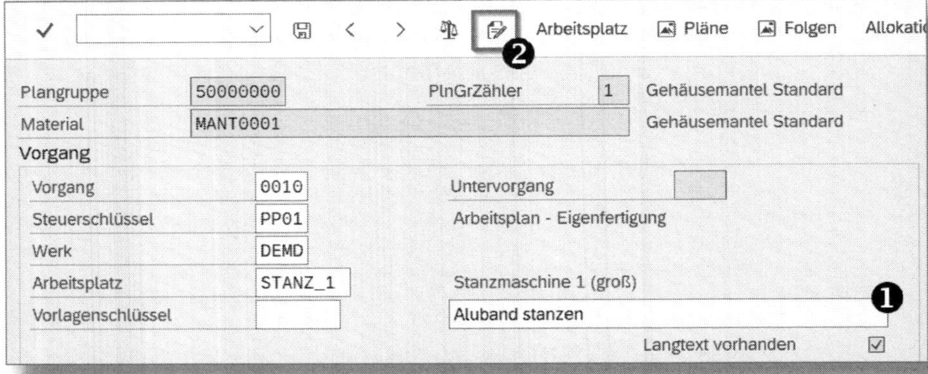


*Abbildung 5.17: Vorgangsdetails – Bildbereich »Vorgang«*

## Schrittweite der Vorgänge

Standardmäßig werden die Vorgangsnummern in Zehnerschritten hochgezählt (siehe Abbildung 5.16). Wünschen Sie eine andere Schrittweite, definieren Sie sich ein eigenes ❶ Vorgangsprofil über die Customizing-Transaktion *OP84* (SPRO • PRODUKTION • GRUNDDATEN • ARBEITSPLAN • STEUERUNGSDATEN • PROFILE MIT VORSCHLAGSWERTEN FESTLEGEN; siehe Abbildung 5.18). Dort legen Sie die gewünschte ❷ Schrittweite (VORGSCHRITTW.) fest. Das ❸ PROFIL geben Sie beim Neuanlegen eines Arbeitsplans an, womit die einzelnen Vorgänge entsprechend durchnummeriert werden. Sie sollten immer ein paar Ziffern Platz zwischen den Vorgängen lassen, damit bei späteren Ergänzungen nicht alle nachfolgenden Vorgänge neu nummeriert werden müssen.

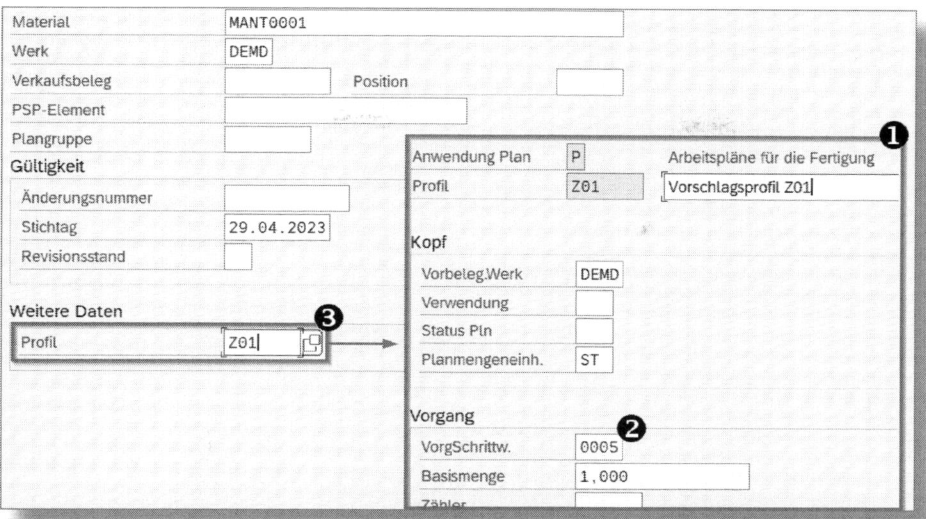


*Abbildung 5.18: Anlage und Zuweisung eines Vorgangsprofils*

## Vorlagenschlüssel

Der *Vorlagenschlüssel* ist optional und wird zur vereinfachten Erfassung häufig wiederkehrender Vorgangsbeschreibungen genutzt. Mit Eingabe eines Vorlagenschlüssels wird die Beschreibung des Vorgangs, d. h. Kurz- und Langtext, automatisch ausgefüllt und kann anschließend noch angepasst werden.

Einen Vorlagenschlüssel legen Sie über die Transaktion *CA10* (SAP MENÜ • LOGISTIK • PRODUKTION • STAMMDATEN • ARBEITSPLÄNE • ZUSÄTZE • STANDARDTEXT) an (siehe Abbildung 5.19). Sie vergeben ein beliebiges Kürzel, das Sie dann im Vorgang im Feld »Vorlagenschlüssel« auswählen. Über die ❶ Buttons zum Anlegen, Bearbeiten und Anzeigen am oberen Bildrand öffnet sich der ❷ Texteditor, in den Sie Ihren Vorlagentext für die Vorgangsbeschreibung eingeben.

**! Erste Zeile Langtext entspricht Kurzbeschreibung**

Beachten Sie, dass auch beim Vorlagenschlüssel die erste Zeile des Langtextes gleichzeitig die Kurzbeschreibung des Vorgangs ist. Bei Änderung der Kurzbeschreibung ändert sich automatisch die erste Zeile im Langtext – und umgekehrt.

**Zeilenlänge der Langtexte festlegen**

Vor allem bei der Formulargestaltung ist die Zeilenlänge der Langtexte von Bedeutung. Um zu verhindern, dass die Langtexte eine bestimmte Zeilenbreite überschreiten, beschränken Sie diese auf die gewünschte Zeilenanzahl über den Customizing-Pfad SPRO • PRODUKTION • GRUNDDATEN • ARBEITSPLAN • STEUERUNGSDATEN • ZEILENLÄNGE FÜR LANGTEXTE FESTLEGEN.

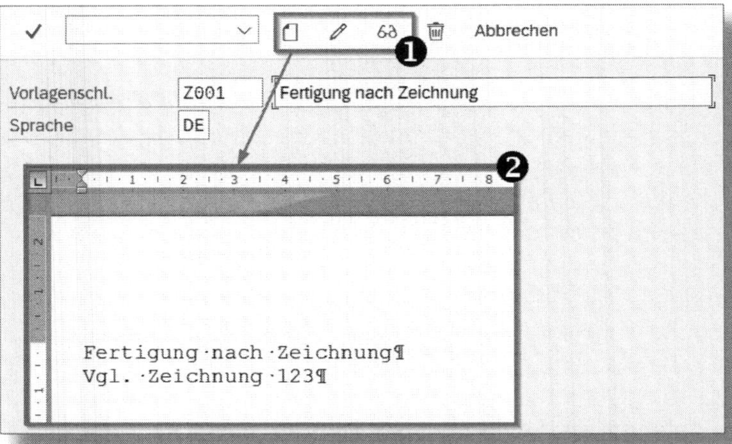


*Abbildung 5.19: Transaktion CA10 – Erstellung eines Vorlagenschlüssels*

### Steuerschlüssel

Jedem Vorgang im Arbeitsplan müssen Sie einen *Steuerschlüssel* zuweisen. Damit legen Sie fest, welche betriebswirtschaftlichen Prozesse mittels des Vorgangs durchführbar sind und wie das System den Vorgang in den Folgeprozessen verarbeitet.

Der SAP-Standard bringt bereits einige Steuerschlüssel mit, die Sie sich über die F4-Hilfe anzeigen lassen können (siehe Abbildung 5.20). Im oberen Bildbereich ÜBERSICHT scrollen Sie durch die einzelnen Eingabewerte. Für die Arbeitsplanung sind die ❶ Steuerschlüssel – beginnend mit PP – relevant. Der untere Bildbereich DETAILINFORMATION füllt sich, sobald Sie den Cursor auf einen Steuerschlüssel stellen und den ❷ Button DETAILINFO wählen.

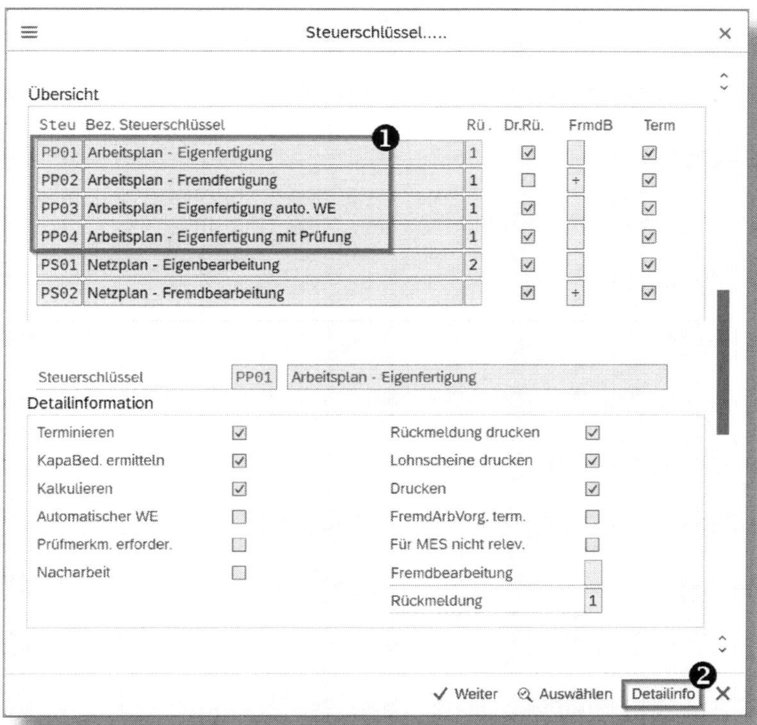

*Abbildung 5.20: Wertehilfe zu Steuerschlüsseln, Detailinformationen*

Dem Bildbereich DETAILINFORMATION entnehmen Sie, welche Prozesse mit dem Steuerschlüssel durchführbar sind. Dies sind im Einzelnen:

- TERMINIEREN: Der Vorgang wird im Fertigungsauftrag mit terminiert. Einen Steuerschlüssel ohne Terminierung nutzen Sie z. B. für Vorgänge, die nur der Information dienen. Diese werden mit der Dauer 0 im Auftrag eingebunden.
- KAPABED. ERMITTELN: Für den Vorgang werden die Kapazitätsbedarfe errechnet. Ein terminierter Vorgang ist hierfür Voraussetzung, daher muss das Kennzeichen TERMINIEREN auch immer aktiviert werden. Auf die Ermittlung von Kapazitätsbedarfen kann z. B. bei fremdbearbeiteten Vorgängen verzichtet werden.
- KALKULIEREN: Die Vorgabewerte des zugehörigen Vorgangs fließen in die Materialkalkulation ein. Eine Kalkulation sollten Sie z. B. bei informatorischen Vorgängen ausschließen.
- AUTOMATISCHER WE: Mit der Rückmeldung des zugehörigen Vorgangs wird auch der Wareneingang gebucht. Beachten Sie, dass nur ein einziger Vorgang im Arbeitsplan (und damit im Fertigungsauftrag) einen automatischen Wareneingang haben darf. Über das Fertigungssteuerungsprofil (vgl. Abschnitt 8.4) kann ein automatischer Wareneingang auch unabhängig vom Steuerschlüssel des Vorgangs eingerichtet werden.
- PRÜFMERKM. ERFORDER.: Im Vorgang werden Prüfmerkmale erwartet. Die Vorgänge werden zudem in den QM-Arbeitsvorrat für die Ergebniserfassung übernommen.
- NACHARBEIT: Das Kennzeichen charakterisiert einen Vorgang als Nacharbeitsvorgang, d. h., die Menge des Vorgangs wird bei der Auftragseröffnung nicht automatisch ermittelt. Ein Nacharbeitsvorgang wird erst nach Eingabe der Menge im Fertigungsauftrag terminiert. Eine Terminierung im Arbeitsplan ist nicht möglich. Im Nacharbeitsvorgang kann zudem kein automatischer Wareneingang erfolgen.

- RÜCKMELDUNG DRUCKEN: Für den Vorgang können Rückmeldescheine grundsätzlich gedruckt werden. Damit dies tatsächlich geschieht, muss zusätzlich das Kennzeichen DRUCKEN markiert und ein entsprechendes Customizing zur Drucksteuerung eingerichtet sein.
- LOHNSCHEINE DRUCKEN: Für den Vorgang können Lohnscheine gedruckt werden; die Bedingungen hierfür sind die gleichen wie bei Rückmeldescheinen.
- DRUCKEN: Der Vorgang wird grundsätzlich beim Drucken der Auftragspapiere berücksichtigt. Die konkrete Drucksteuerung muss im Customizing definiert werden.
- FREMDARBVORG. TERM.: Ist das Kennzeichen markiert, wird der Vorgang auch terminiert, wenn es sich um FREMDBEARBEITUNG handelt (s. u.). Anderenfalls werden fremdbearbeitete Vorgänge mit der Planlieferzeit berücksichtigt.
- FÜR MES NICHT RELEV.: Das Kennzeichen ist nur bei Nutzung eines externen Manufacturing Execution System (MES; z. B. SAP ME) von Bedeutung. Ist es gesetzt, wird der Vorgang als nicht relevant für die Steuerung im MES markiert und nicht übertragen. Das Kennzeichen sollte daher nur gesetzt werden, wenn bei dem jeweiligen Vorgang keine Rückmeldung aus dem externen MES erwartet wird.
- FREMDBEARBEITUNG: Das Kennzeichen legt fest, ob der Vorgang fremdbearbeitet wird (verlängerte Werkbank; vgl. Abschnitt 5.3.5). Sie wählen zwischen Eigenbearbeitung *(leer)* sowie verpflichtender *(+)* oder optionaler *(X)* Fremdbearbeitung (siehe Abbildung 5.21).
- RÜCKMELDUNG: Hier stellen Sie ein, ob für diesen Vorgang eine Rückmeldung erwartet wird. Erst wenn alle rückmeldefähigen Vorgänge in einem Fertigungsauftrag rückgemeldet sind, wird der Auftrag auf endrückgemeldet gesetzt. Sie wählen zwischen Meilensteinrückmeldung *(1)*, verpflichtender *(2)*, nicht möglicher *(3)* oder optionaler *(leer)* Rückmeldung (siehe Abbildung 5.21).

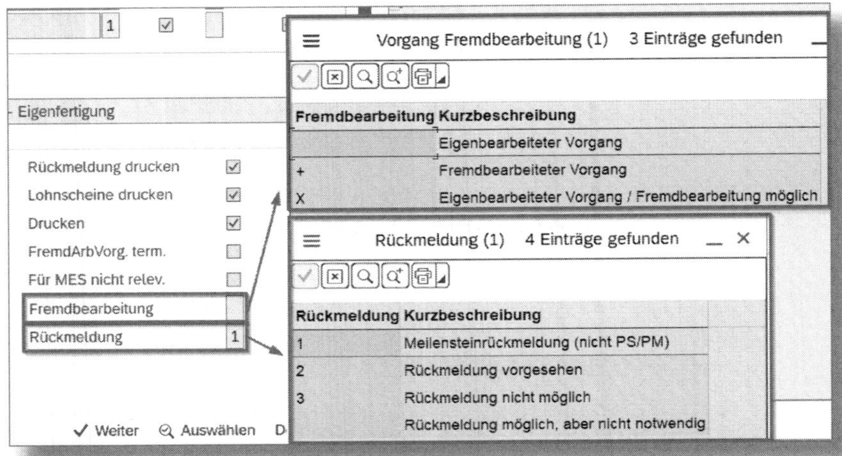


*Abbildung 5.21: Einstellungen zu Fremdbearbeitung und Rückmeldung im Steuerschlüssel*

Eigene Steuerschlüssel erstellen Sie mit der Customizing-Transaktion *OP67* (SPRO • PRODUKTION • GRUNDDATEN • ARBEITSPLAN • VORGANGSDATEN • STEUERSCHLÜSSEL FESTLEGEN), indem Sie für alle oben vorgestellten Kennzeichen eine entsprechende Einstellung vornehmen (siehe Abbildung 5.22).

Steuerschlüssel ZP05 Nacharbeit

Kennzeichen

- [x] Terminieren
- [x] KapaBed. ermitteln
- [ ] Prüfmerkm. erforder.
- [ ] Automatischer WE
- [ ] Lohnscheine drucken
- [x] Nacharbeit
- [ ] Rückmeldung drucken
- [x] Drucken
- [ ] Kalkulieren
- [ ] FremdArbVorg. term.
- [ ] Für MES nicht relev.

Fremdbearbeitung Eigenbearbeiteter Vorgang
Rückmeldung 2 Rückmeldung vorgesehen

*Abbildung 5.22: Transaktion OP67 – Customizing eigener Steuerschlüssel*

**Steuerschlüssel Nacharbeitsvorgang**

Die Fertigungssteuerung wünscht eine Kennzeichnung von Nacharbeitsvorgängen, damit diese im Auftrag von den originären Vorgängen unterschieden werden können. Wir legen daher einen neuen Steuerschlüssel *ZP05* für Nacharbeitsvorgänge an (siehe Abbildung 5.22) und aktivieren das Kennzeichen NACHARBEIT. Zusätzlich wollen wir die Kapazitätsbedarfe ermitteln (Kennzeichen KAPABED. ERMITTELN und TERMINIEREN) und die Vorgänge auf den Auftragspapieren andrucken (Kennzeichen DRUCK). Eine RÜCKMELDUNG auf die Vorgänge soll ebenfalls stattfinden.

**Steuerschlüssel und Vorlagenschlüssel vorbelegen**

In der Regel ist der Steuerschlüssel für die meisten Vorgänge auf ein und demselben Arbeitsplatz identisch. Über die Angabe als Vorschlagswert am Arbeitsplatz belegen Sie den Steuerschlüssel für die Vorgänge im Arbeitsplan vor. Auch die Vorgabe eines Vorlagenschlüssels ist über den Arbeitsplatz möglich (vgl. Abschnitt 4.3).

### Untervorgänge

Wollen Sie Ihre Vorgänge in detaillierte Teilarbeitsschritte untergliedern, nutzen Sie *Untervorgänge*. Dies kann z. B. nötig sein, wenn ein Vorgang gleichzeitig an mehreren Arbeitsplätzen ausgeführt wird oder wenn Sie eine feinere Gliederung für die Kalkulation benötigen. Untervorgänge können vom übergeordneten Vorgang abweichende Arbeitsplätze, Steuerschlüssel oder Mengeneinheiten besitzen. Die Terminierung von Untervorgängen orientiert sich jedoch immer an den Terminen des übergeordneten Vorgangs.

Einen Untervorgang legen Sie genauso an wie einen normalen Vorgang. Sie verwenden dazu die Vorgangsnummer (VOR...) des übergeordneten Vorgangs und vergeben eine zusätzliche Untervorgangsnummer (UNT...; siehe ❷ in Abbildung 5.23).

**Untervorgänge**

Die Montage des Weckergehäuses GEH0001 besteht aus mehreren kleineren Teilschritten, die zwar nicht im Arbeitsplan des Fertigungsauftrags erscheinen sollen, für die Kalkulation jedoch ausdifferenziert werden. Wir legen daher einen ❶ Vorgang 0010 an, den wir mit ❷ drei Untervorgängen untergliedern (siehe Abbildung 5.23). Für die Untervorgänge werden die Vorgabewerte gepflegt. In den Fertigungsauftrag sollen die Untervorgänge jedoch nicht übernommen werden, daher markieren wir das ❸ Kennzeichen »ohne Untervorgang« (U...) für unseren Vorgang 0010.

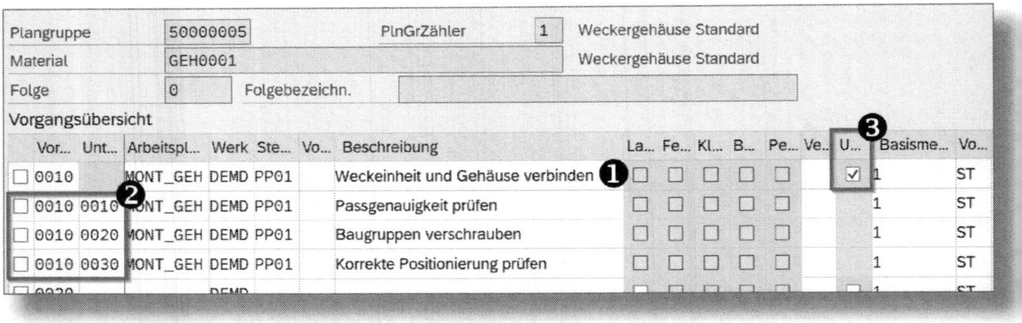

Plangruppe 50000005 PlnGrZähler 1 Weckergehäuse Standard
Material GEH0001 Weckergehäuse Standard
Folge 0 Folgebezeichn.

Vorgangsübersicht

| Vor... | Unt... | Arbeitspl... | Werk | Ste... | Vo... | Beschreibung | La... | Fe... | Kl... | B... | Pe... | Ve... | U... | Basisme... | Vo... |
|---|---|---|---|---|---|---|---|---|---|---|---|---|---|---|---|
| 0010 | | MONT_GEH | DEMD | PP01 | | Weckeinheit und Gehäuse verbinden | ☐ | ☐ | ☐ | ☐ | ☐ | | ☑ | 1 | ST |
| 0010 | 0010 | MONT_GEH | DEMD | PP01 | | Passgenauigkeit prüfen | ☐ | ☐ | ☐ | ☐ | ☐ | | | 1 | ST |
| 0010 | 0020 | MONT_GEH | DEMD | PP01 | | Baugruppen verschrauben | ☐ | ☐ | ☐ | ☐ | ☐ | | | 1 | ST |
| 0010 | 0030 | MONT_GEH | DEMD | PP01 | | Korrekte Positionierung prüfen | ☐ | ☐ | ☐ | ☐ | ☐ | | | 1 | ST |

*Abbildung 5.23: Arbeitsplan mit Untervorgängen*

**! Einschränkungen von Untervorgängen**

Beachten Sie, dass Sie Untervorgängen weder Komponenten und Fertigungshilfsmittel noch Prüfmerkmale zuordnen können.

## 5.3.2 Mengen, Zeiten und Vorgabewerte

Die nächsten Bildbereiche widmen sich den Vorgabewerten und damit auch den Mengen und Zeiten eines Vorgangs.

## Vorgabewerte

Im Bildbereich Vorgabewerte definieren Sie zunächst die Vorgangsmengen und füllen anschließend die Vorgabewerte aus (siehe Abbildung 5.24).

Vorgabewerte

| | | | |
|---|---|---|---|
| Basismenge | 1.000 | | |
| Mengeneinheit Vrg. | ST | | |
| Erholzeit | | | |

Umrechnung Mengeneinheiten

| Kopf | MgEh | | Vorgang | MgEh |
|---|---|---|---|---|
| 1 | ST | <=> | 1 | ST |

| | Vorgabewert | Eh | Leistungsart | Zeitgrad |
|---|---|---|---|---|
| Rüstzeit | 3 | H | LABOR | |
| Maschinenzeit | 21 | H | MACH | |
| Personalzeit | 5 | H | LABOR | |
| Geschäftsprozess | | | | |

*Abbildung 5.24: Vorgangsdetails – Bildbereich »Vorgabewerte«*

Die Basismenge ist die Menge des gefertigten Materials, auf die sich die nachfolgend anzugebenden Vorgabewerte beziehen. Sie hat keine Auswirkung auf die tatsächlich gefertigte Menge, sondern dient lediglich der mengengenauen Berechnung der Vorgabewerte im Plan- und Fertigungsauftrag.

> **☛ Basismenge**
>
> Wählen Sie die Höhe der Basismenge für jeden Vorgang so, dass Sie die zugehörigen Vorgabewerte möglichst passgenau ermitteln können. Für jeden Vorgang innerhalb eines Arbeitsplans können Sie eine eigene, von anderen Vorgängen abweichende Basismenge angeben.

Die Mengeneinheit Vrg. übernimmt das System zunächst aus dem Plankopf. Wird das bearbeitete Material in dem Vorgang anders erfasst, pflegen Sie hier eine abweichende Mengeneinheit. Sie gilt innerhalb des Vorgangs für alle Referenzen auf die Vorgangsmenge (z. B.

für die Basismenge, die Vorgabewerte oder die Mindestweitergabemenge bei Überlappung).

Sofern Sie eine abweichende Vorgangsmengeneinheit angeben, müssen Sie auch die Daten im Bereich Umrechnung Mengeneinheiten pflegen. Beachten Sie, dass die Eingabe von Nachkommastellen nicht vorgesehen ist.

**Abweichende Vorgangsmengeneinheit**

Die Füße FUSS0001 unseres Weckers werden von Stangenmaterial abgedreht. Der Arbeitsplan für die Füße wird in Stück geführt. Beim ersten Vorgang, bei dem das Rohmaterial eingesetzt wird, arbeiten wir jedoch noch nicht mit »Stück Füßen«, sondern mit dem Gewicht des Stangenmaterials. Daher wird die Mengeneinheit Vrg. mit *KG* angegeben und der Umrechnungsfaktor eingetragen (siehe Abbildung 5.25). In unserem Beispiel können aus *1* KG Stangenmaterial (Vorgang) ca. *2.200* ST Füße (Kopf) gefertigt werden.

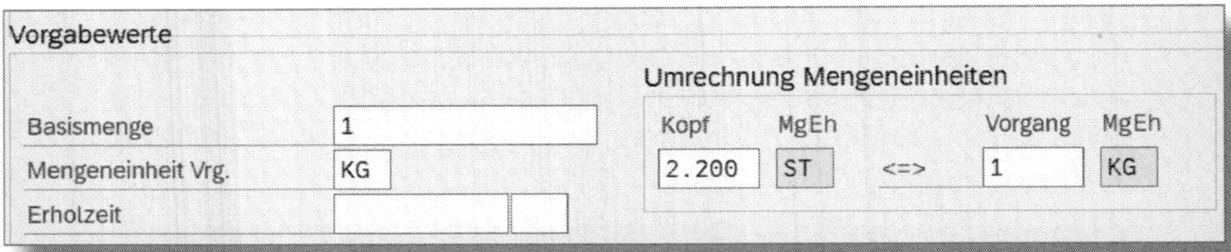

Vorgabewerte

Basismenge 1
Mengeneinheit Vrg. KG
Erholzeit

Umrechnung Mengeneinheiten

Kopf MgEh Vorgang MgEh
2.200 ST <=> 1 KG

*Abbildung 5.25: Umrechnung der Mengeneinheiten bei abweichender Vorgangsmengeneinheit*

Die Erholzeit ist eine informative Zeitangabe, die den Mitarbeitern zur Erholung von schweren körperlichen Arbeiten eingeräumt werden soll. Leider wird diese Angabe nicht bei der Terminierung der Vorgänge berücksichtigt. Um dies zu erreichen, müssen Sie die Erholzeit in den Vorgabewerten (z. B. zur Personalzeit) mit einrechnen.

Die einzelnen Vorgabewerte pflegen Sie anschließend in Bezug zur angegebenen Basismenge. Welche Vorgabewerte Sie zur Pflege angezeigt bekommen, ist abhängig von Ihren Vorgaben im zugeordneten Arbeitsplatz (vgl. Abschnitt 4.2.2). Das Feld GESCHÄFTSPROZESS dient der Identifikation des Geschäftsprozesses innerhalb der Prozesskostenrechnung.

**! Übernahme der Vorgabewerte aus dem Arbeitsplatz**

Die Vorgabewerte und der Zeitgrad werden aus dem Vorgabewertschlüssel des Arbeitsplatzes übernommen (vgl. Abschnitt 4.2.2), sie können im Arbeitsplan nicht verändert werden. Einheit und Leistungsart sind lediglich Vorschlagswerte aus dem Arbeitsplatz (vgl. Abschnitt 4.3 und Abschnitt 4.6) und können überschrieben werden. Die Einheit muss jedoch zur gleichen Dimension gehören (z. B. eine Zeiteinheit).

Die Behandlung von Vorgabewerten aus Untervorgängen steuern Sie im Bildbereich ÜBERNAHME IN AUFTRÄGEN (siehe Abbildung 5.26). Der Bildbereich ist nur relevant, wenn der jeweilige Vorgang Untervorgänge besitzt. *Verdichtung* bedeutet, dass die Vorgabewerte der Untervorgänge in Summe auf den übergeordneten Vorgang übertragen werden. Über das Feld VERDICHTUNGSART legen Sie fest, ob dies gar nicht stattfindet *(leer)* oder ob die Verdichtung im Arbeitsplan und im Auftrag *(1)* oder nur im Auftrag *(2)* durchgeführt wird. Dienen die Untervorgänge nur der Information und sollen nicht in den Auftrag übernommen werden, markieren Sie das Kennzeichen OHNE UNTERVORGANG.

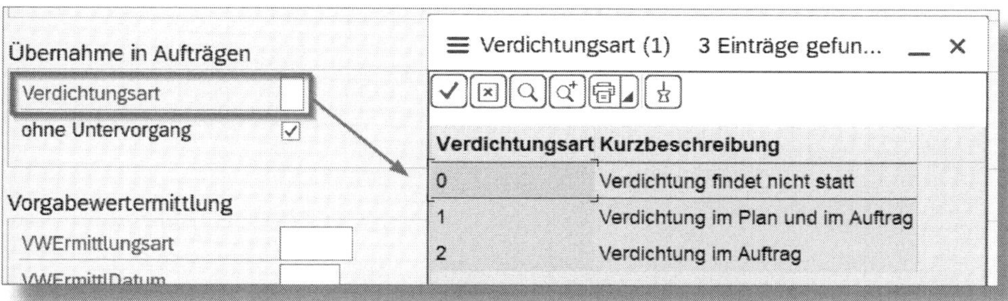


*Abbildung 5.26: Behandlung der Vorgabewerte von Untervorgängen*

## Vorgabewertermittlung

Der nächste Bildbereich Vorgabewertermittlung dient der Hinterlegung von Informationen, wie die Vorgabewerte ermittelt wurden (siehe Abbildung 5.27). Die Angaben beziehen sich primär auf die Vorgabewertermittlung mit CAP (vgl. Abschnitt 4.7), es werden hier nähere Informationen zum Jahr der Vorgabewertermittlung (VWErmittlDatum) sowie Verweise auf weitere Unterlagen für die Berechnung (Berechnungsbasis/ReferenzNr. VWCode), z. B. Dokumentnummern, gegeben.

Vorgabewertermittlung

| | | |
|---|---|---|
| VWErmittlungsart | 2 | man. Zeiterfassung |
| VWErmittlDatum | 2023 | |
| Berechungsbasis | | |
| ReferenzNr. VWCode | | |

CAP

| | |
|---|---|
| CAP FertAuftrag | |
| CAP-Text vorhanden | ☐ |

*Abbildung 5.27: Vorgangsdetails – Bildbereiche »Vorgabewertermittlung« und »CAP«*

### Informationen zu eigenen Vorgabewertermittlungen

Auch wenn Sie CAP nicht verwenden, ist der Bildbereich von Nutzen. Legen Sie sich im Customizing (SPRO • Produktion • Grunddaten • Arbeitsplan • Vorgangsdaten • Vorgabewertermittlungsart definieren) eigene Vorgabewertermittlungsarten an, wenn Sie dokumentieren möchten, wie Sie die Zeiten erfasst haben (siehe Abbildung 5.28). Die drei Felder VWErmittlDatum, Berechnungsbasis und ReferenzNr. VWCode aus Abbildung 5.27 sind einfache Textfelder, die Sie – leicht zweckentfremdet – auch für andere Informationen nutzen können (weitere Unterlagen, die erfassende Person, die letzte Aktualisierung etc.).

| Werk | VWErmArt | Erläuterung zur Zeitermittlung |
|---|---|---|
| DEMD | 1 | CAP Vorgabewertermittelung |
| DEMD | 2 | man. Zeiterfassung |
| DEMD | 3 | Hochrechnung |

*Abbildung 5.28: Anlage eigener Vorgabewertermittlungsarten*

Im Bildbereich CAP legen Sie mit einem Eintrag im Feld CAP FERTAUFTRAG fest, ob CAP-Vorgabewerte für den Vorgang bei Fertigungsauftragseröffnung ermittelt werden sollen. An dieser Stelle sei noch einmal auf die SAP-Hilfe zum Thema »CAP-Vorgabewertermittlung (PP-BD-CAP)« verwiesen.

## Übergangszeiten

Die Bildbereiche ÜBERGANGSZEITEN und ÜBERGANGSZEITEN ARBEITSPLATZ beinhalten Zeitangaben, die in der Terminierung eine Rolle spielen (siehe Abbildung 5.29). Da sie jedoch mit keiner Leistung verbunden sind, werden sie nicht in den Vorgabewerten berücksichtigt. Alle Angaben sind optional. Sie werden in den Fertigungsauftrag übernommen und können dort noch angepasst werden (vgl. Abschnitt 8.2).

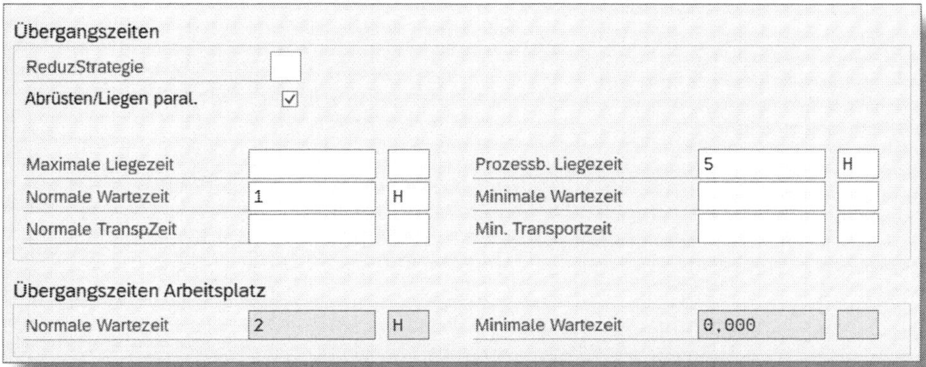

Übergangszeiten

| | | | | | |
|---|---|---|---|---|---|
| ReduzStrategie | | | | | |
| Abrüsten/Liegen paral. | ☑ | | | | |
| Maximale Liegezeit | | | Prozessb. Liegezeit | 5 | H |
| Normale Wartezeit | 1 | H | Minimale Wartezeit | | |
| Normale TranspZeit | | | Min. Transportzeit | | |

Übergangszeiten Arbeitsplatz

| | | | | | |
|---|---|---|---|---|---|
| Normale Wartezeit | 2 | H | Minimale Wartezeit | 0,000 | |

*Abbildung 5.29: Vorgangsdetails – Bildbereich »Übergangszeiten«*

Betrachten wir zunächst die verschiedenen Zeitangaben:

- Die *maximale Liegezeit* (MAXIMALE LIEGEZEIT) definiert die Zeit, die höchstens vergehen darf, bevor das Material im nächsten Vorgang weiterverarbeitet wird, sie hat daher keinen direkten Einfluss auf die Terminierung. Die Angabe ist sinnvoll, wenn bestimmte Materialeigenschaften für die Weiterbearbeitung sonst verloren gingen (z. B. das Material ist zu kalt/warm, erhärtet, verdirbt).
- Die *prozessbedingte Liegezeit* (PROZESSB. LIEGEZEIT) ist hingegen die Zeit, die das Material mindestens liegen muss (abkühlen, erhärten, durchtrocknen etc.), bevor es im nächsten Vorgang weiterverarbeitet werden kann. Sofern eine maximale Liegezeit gepflegt ist, muss die prozessbedingte Liegezeit kleiner sein. Sie wird in der Terminierung explizit als Liegezeit berücksichtigt. Bei prozessbedingten Liegezeiten ist i. d. R. die Parallelisierung von Liegezeit und Abrüstarbeiten sinnvoll; dies aktivieren Sie mit dem Kennzeichen ABRÜSTEN/LIEGEN PARAL.
- Die *normale Wartezeit* (NORMALE WARTEZEIT) ist der Zeitraum, den ein Auftrag im Normalfall am Arbeitsplatz liegt, bevor er bearbeitet wird. Sie wird in der Terminierung vor dem Rüsten eingerechnet.
- Die *minimale Wartezeit* (MINIMALE WARTEZEIT) ist die Dauer, die ein Auftrag in jedem Fall – also mindestens – vor der Bearbeitung am Arbeitsplatz liegt (i. d. R. aus organisatorischen Gründen). Bei Nutzung einer Reduzierungsstrategie ist das der Wert, auf den die Wartezeit höchstens reduziert werden kann.
- Die *normale Transportzeit* (NORMALE TRANSPZEIT) ist die Zeit, die i. d. R. benötigt wird, um das Material vom Arbeitsplatz dieses Vorgangs zum Arbeitsplatz des nächsten Vorgangs zu transportieren. Sie wird in der Terminierung nach Bearbeitung und Liegezeit eingerechnet.
- Die *minimale Transportzeit* (MIN. TRANSPORTZEIT) ist der Zeitraum, der für den Transport »auf schnellstem Weg« benötigt wird. Analog zur minimalen Wartezeit ist dies der Wert, auf

den die Transportzeit bei Einsatz einer Reduzierungsstrategie höchstens minimiert werden kann.

Die ÜBERGANGSZEITEN ARBEITSPLATZ werden direkt aus dem Arbeitsplatz (Sicht »Terminierung«) übernommen (vgl. Abschnitt 4.5). Die Angaben in den Feldern NORMALE WARTEZEIT und MINIMALE WARTEZEIT aus dem Arbeitsplatz werden grundsätzlich in der Terminierung berücksichtigt. Sobald Sie jedoch vorgangsbezogene Werte pflegen, werden diese verwendet, egal, ob sie größer oder kleiner sind als die Wartezeiten aus dem Arbeitsplatz.

Sofern Sie Warte- oder Transportzeiten mit einer Unterscheidung zwischen normaler und minimaler Zeit gepflegt haben, sollten Sie auch eine *Reduzierungsstrategie* nutzen. Darunter versteht man die automatische Verkürzung der Durchlaufzeit von Vorgängen während der Terminierung, die erfolgt, wenn die Ecktermine des Auftrags nicht eingehalten werden können.

Eine Reduzierungsstrategie definieren Sie über die Customizing-Transaktion *OPJS* (SPRO • PRODUKTION • GRUNDDATEN • ARBEITSPLAN • VORGANGSDATEN • REDUZIERUNGSSTRATEGIE DEFINIEREN) und tragen diese anschließend im Feld REDUZSTRATEGIE ein. Abbildung 5.30 zeigt das Customizing der Standardreduzierungsstrategie für das Werk DEMD. Mit bis zu sechs REDUZIERUNGSSTUFEN ❶ legen Sie fest, welche Maßnahmen der Reihe nach ergriffen werden sollen, um die Ecktermine einhalten zu können. Dies sind:

❷ Reduzierung der Wartezeit in Prozent (höchstens bis zur minimalen Wartezeit)

❸ Reduzierung der Transportzeit (höchstens bis zur minimalen Transportzeit)

❹ Reduzierung durch Überlappung (vgl. Abschnitt 5.3.3)

❺ Reduzierung durch Splittung (vgl. Abschnitt 5.3.3)

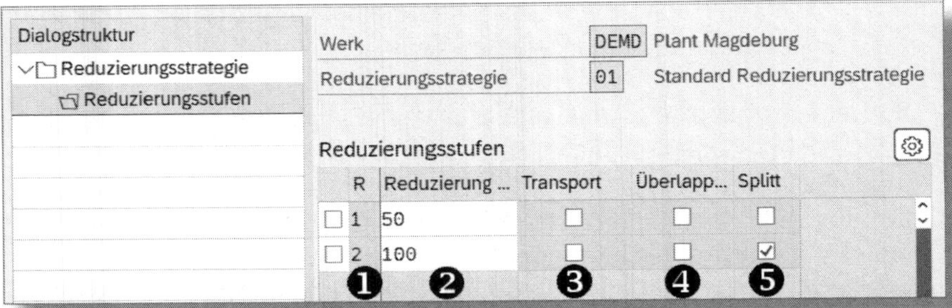


*Abbildung 5.30: Transaktion OPJS – Customizing einer Reduzierungsstrategie*

**! Reduzierung in der Terminierung aktivieren**

Damit die Vorgangszeiten in Fertigungsaufträgen tatsächlich minimiert werden, ist neben der Angabe einer Reduzierungsstrategie im Vorgangsdetail auch die Hinterlegung einer maximalen Reduzierungsstufe in den Terminierungsparametern notwendig (*OPU3*; SPRO • PRODUKTION • FERTIGUNGSSTEUERUNG • VORGÄNGE • TERMINIERUNG • TERMINIERUNGSPARAMETER FERTIGUNGSAUFTRÄGE FESTLEGEN). Die Terminierungsparameter werden detailliert in Abschnitt 8.2.2 vorgestellt.

## 5.3.3 Splittung und Überlappung

Die nächsten beiden Bildbereiche SPLITTUNG und ÜBERLAPPUNG steuern die Parallelisierung von Vorgängen. Ein *Vorgangssplit* ist die Aufteilung eines Vorgangs auf mehrere Einzelkapazitäten (z. B. Maschinen, Mitarbeiter) und beschreibt damit eine Parallelisierung innerhalb eines Vorgangs. Unter *Überlappung* versteht man die Weitergabe von Teilmengen, um den nächsten Vorgang noch vor Ende des aktuellen zu beginnen. Auf diese Weise entsteht eine Parallelisierung von aufeinanderfolgenden Vorgängen.

### Splittung

Für die SPLITTUNG geben Sie über das Kennzeichen MUSS-SPLITTUNG zunächst an, ob die Splittung für diesen Vorgang immer durchgeführt werden soll (siehe Abbildung 5.31). Ohne aktives Kennzeichen wird der Vorgang nur dann gesplittet, wenn Sie die Reduzierung durch Splittung in der Reduzierungsstrategie verwenden (vgl. Abschnitt 5.3.2).

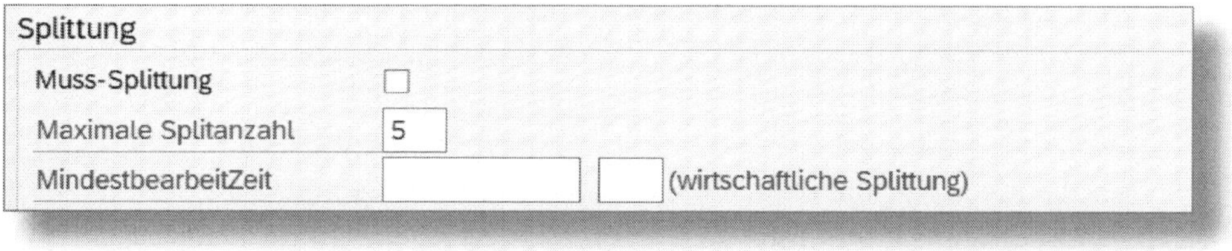

Splittung
Muss-Splittung
Maximale Splitanzahl 5
MindestbearbeitZeit (wirtschaftliche Splittung)

*Abbildung 5.31: Vorgangsdetails – Bildbereich »Splittung«*

Über das Feld MAXIMALE SPLITANZAHL geben Sie vor, wie oft der Vorgang höchstens gesplittet werden darf. Eine Splittung kann die Durchlaufzeit reduzieren, wenn sie in der Terminierungsformel am Arbeitsplatz berücksichtigt wird (vgl. Abschnitt 4.5).

**! Anzahl der Splits ist kleiner oder gleich Anzahl der Einzelkapazitäten**

Die MAXIMALE SPLITANZAHL sollte sinnvollerweise nicht größer sein als die Anzahl der Einzelkapazitäten am Arbeitsplatz (vgl. Abschnitt 4.4.1). Geben Sie eine größere Splitanzahl ein, erhalten Sie eine Warnmeldung. Das System akzeptiert zwar die Eingabe, rechnet in der Terminierung aber mit dem kleineren Wert.

Die Mindestbearbeitungszeit (MINDESTBEARBEITZEIT) geben Sie an, wenn eine festgelegte Bearbeitungszeit aus betriebswirtschaftlichen oder organisatorischen Gründen nicht unterschritten werden soll. Die tatsächliche Anzahl der Splittungen wird dann errechnet, indem die Bearbeitungszeit des Vorgangs durch die hier angegebene Mindestbearbeitungszeit geteilt wird.

> **Einzelkapazitäten, Vorgangsdauer und Splits**
>
> Am Arbeitsplatz der Endmontage (MONT_END) ist die Kapazitätsart »Person« mit fünf Einzelkapazitäten gepflegt. Für den Vorgang »Rückwand montieren« ist im Arbeitsplan eine Personalzeit von zwei Minuten hinterlegt. Bei einem Auftrag über 100 Stück ergibt sich damit eine Bearbeitungszeit von 200 Minuten, unabhängig von der Anzahl der zeitgleich daran arbeitenden Personen. Erst wenn die Splittung im Vorgang aktiviert wird, teilt sich die Bearbeitungszeit durch die Anzahl der Splits. Bei drei Splits ergibt sich damit eine Bearbeitungszeit von 200/3 = 66,7 min. Die Anzahl der möglichen Splits wird dabei durch die Anzahl der Einzelkapazitäten begrenzt, d. h. am Arbeitsplatz MONT_END kann maximal fünfmal gesplittet werden.

### Überlappung

Um die ÜBERLAPPUNG zu nutzen, geben Sie zunächst an, wann Sie diese aktivieren möchten (siehe Abbildung 5.32):

- MUSSÜBERLAPPUNG: Überlappung wird immer durchgeführt
- KANNÜBERLAPPUNG: Überlappung wird angewandt, wenn sie in der Reduzierungsstrategie aktiviert ist (vgl. Abschnitt 5.3.2)
- FLIESSFERTIGUNG: Überlappung greift unabhängig von der Reduzierungsstrategie, sobald die Bedingungen erfüllt sind (s. u.)
- KEINE ÜBERLAPPUNG: Vorgänge überlappen nie

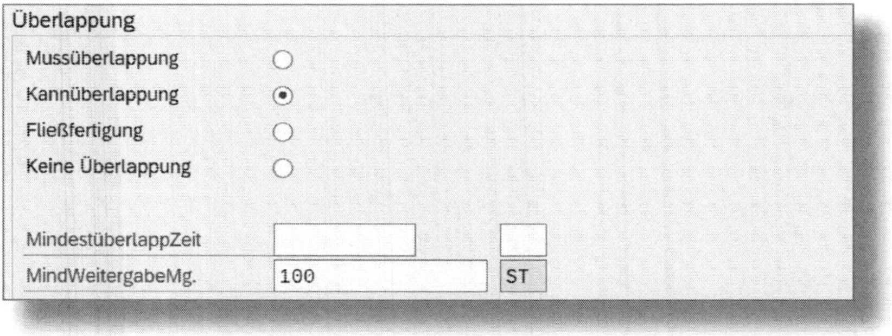

*Abbildung 5.32: Vorgangsdetails – Bildbereich »Überlappung«*

Damit eine Überlappung überhaupt stattfinden kann, muss die Vorgangsdauer zunächst größer sein als die Mindestüberlappungszeit, die Sie optional im Feld MINDESTÜBERLAPPZEIT hinterlegen. Damit verhindern Sie unwirtschaftliche Überlappungen bei zu kurzen Vorgängen.

Der nachfolgende Vorgang beginnt zudem frühestens dann, wenn die Mindestweitergabemenge (MINDWEITERGABEMG.) fertiggestellt ist. Gepflegte Transportzeiten (vgl. Abschnitt 5.3.2) werden bei aktiver Überlappung hinzuaddiert.

### 5.3.4 Allgemeine Angaben

Der Bildbereich ALLGEMEINE ANGABEN beinhaltet verschiedene Steuerungs- und Informationsfelder (siehe Abbildung 5.33).

Allgemeine Angaben

|  |  | |
|---|---|---|
| Ausschuß in % | 2,000 | |
| Lohnscheine Anzahl | | |
| Anz. Rückmeldeschei. | 1 | |
| Lohngruppe | | |
| Lohnart | | |
| Eignung | | |
| Anzahl Mitarbeiter | | |
| Rüstartenschlüssel | 1 | Maschinenbediener |
| Rüstfamiliengruppe | 1 | Stanzen |
| RüstfamSchlüssel | 2 | Streifen |
| KalkRelevanz | X | |
| Nicht wertsch. | ☐ | |

*Abbildung 5.33: Vorgangsdetails – Bildbereich »Allgemeine Angaben«*

Im Feld AUSSCHUSS IN % tragen Sie den anfallenden Vorgangsausschuss ein (zur Erklärung der verschiedenen Ausschussarten vgl. Abschnitt 3.3.1). Mit der Angabe im Arbeitsplan wird der ❶ geplante Ausschuss im Fertigungsauftrag berechnet und im Vorgang angezeigt (siehe Abbildung 5.34). Damit reduziert sich die ❷ Menge nachfolgender Vorgänge, was Auswirkungen auf die Terminierung haben kann. Zudem wird der hier gepflegte Vorgangsausschuss in der Abweichungsermittlung der Fertigungsaufträge berücksichtigt.

> **! Keine Verprobung mit Vorgangsausschuss der Stückliste**
>
> Bitte beachten Sie, dass keine automatische Verprobung mit eventuell gepflegtem Vorgangsausschuss in der Stücklistenposition erfolgt (vgl. Abschnitt 3.3.1). Die Angabe in der Stücklistenposition reduziert den Komponentenbedarf im Vorgang, wohingegen die Angabe im Arbeitsplan Auswirkungen auf die Terminierung und Abweichungsermittlung hat.

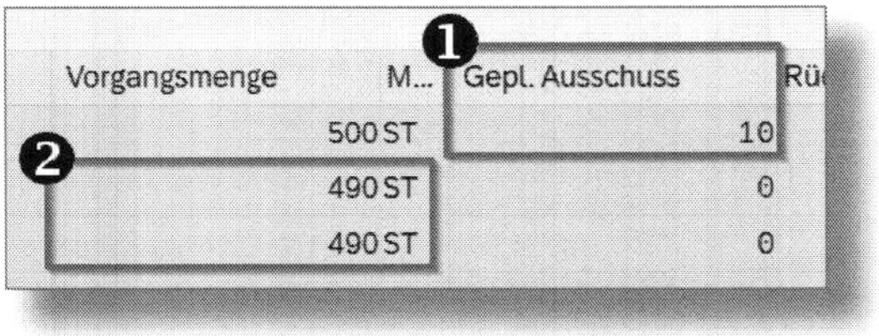

| Vorgangsmenge | M... | Gepl. Ausschuss | Rü |
|---|---|---|---|
| 500 | ST | 10 | |
| 490 | ST | 0 | |
| 490 | ST | 0 | |

*Abbildung 5.34: Auswirkungen des Vorgangsausschusses im Fertigungsauftrag*

In den beiden Feldern Lohnscheine Anzahl und Anz. Rückmeldeschei. geben Sie an, wie viele Exemplare des Lohn- bzw. Rückmeldescheins gedruckt werden sollen (siehe Abbildung 5.33). Die Angabe wirkt sich nur aus, wenn der Steuerschlüssel des Vorgangs den Druck von Lohn- und Rückmeldescheinen vorsieht (vgl. Abschnitt 5.3.1).

Die Lohngruppe und die Lohnart dienen der Klassifizierung des Vorgangs hinsichtlich der Abrechnung von Leistungslohn. Die Integration zur Lohn- und Gehaltsabrechnung muss im SAP-Standard jedoch gesondert aktiviert werden.

Die Eignung hat rein informativen Charakter. Hier hinterlegen Sie Qualifikationen, die zur Ausführung der Tätigkeit benötigt werden und z. B. auf den Arbeitspapieren angedruckt werden sollen. Mögliche Einträge definieren Sie über den Customizing-Pfad SPRO • Produktion •

GRUNDDATEN • ARBEITSPLAN • VORGANGSDATEN • EIGNUNG FESTLEGEN. Auch die Eingabe im Feld ANZAHL MITARBEITER dient lediglich der Information.

Die Werte der Felder LOHNSCHEINE ANZAHL, ANZ. RÜCKMELDESCHEI., LOHNGRUPPE, LOHNART und EIGNUNG können Sie über die Vorschlagswerte am Arbeitsplatz vorbelegen (vgl. Abschnitt 4.3).

Die nächsten drei Felder steuern das Rüstwesen. Die Angaben sind notwendig, wenn Sie Fertigungsaufträge in einer *rüstzeitoptimierenden Reihenfolge* bearbeiten wollen. Dabei handelt es sich um eine Reihenfolgebildung, bei der solche Aufträge vorgezogen werden, die mit der aktuellen Maschineneinstellung gefertigt werden können. Die Reihenfolgebildung selbst ist Teil der Kapazitätsplanung und nicht Gegenstand dieses Buches.

**! Rüstzeit als Vorgabewert**

Beachten Sie, dass die Arbeit mit Rüstzeitoptimierungen nur dann sinnvoll ist, wenn Sie zum einen Rüstzeiten im Vorgang als Vorgabewert pflegen (vgl. Abschnitt 5.3.2) und zum anderen in der Formel zur Terminierung am Arbeitsplatz berücksichtigen (vgl. Abschnitt 4.5).

Der RÜSTARTENSCHLÜSSEL gibt an, durch wen gerüstet wird. Er kann am Arbeitsplatz als Vorschlagswert hinterlegt werden (vgl. Abschnitt 4.3) und wird bei Bedarf auf den Auftragspapieren gedruckt. Der Rüstfamilienschlüssel (RÜSTFAMSCHLÜSSEL) identifiziert Vorgänge mit ähnlichem Rüstzustand. Als Rüstfamilie bezeichnet man Vorgänge oder ganze Aufträge, zwischen denen keine oder wenig Rüstaufwände anfallen. Mehrere Rüstfamilien werden in der RÜSTFAMILIENGRUPPE zusammengefasst.

Die Eingabemöglichkeiten für alle drei Felder definieren Sie über die Customizing-Transaktion *OP18* (SPRO • PRODUKTION • GRUNDDATEN • ARBEITSPLAN • VORGANGSDATEN • RÜSTART UND RÜSTFAMILIE FESTLEGEN). Zunächst geben Sie die Rüstartenschlüssel (RSTARTS) für das

Werk vor (siehe Abbildung 5.35). Anschließend definieren Sie die ❶ Rüstfamiliengruppe zum Werk (siehe Abbildung 5.36). Den ❷ Rüstfamilienschlüssel (RüFaSchl.) ordnen Sie der Rüstfamiliengruppe zu.

**Rüstfamilie für die Stanzmaschine**

Unsere Stanzmaschinen bearbeiten verschiedenartige Materialien und sollen rüstzeitoptimierend ausgelastet werden. Zur Vereinfachung wird zunächst nur zwischen großflächigen Blechen und Streifenmaterial unterschieden. Die Umrüstung übernimmt der Maschinenbediener selbst. Wir definieren daher zunächst den Rüstartenschlüssel (RstArtS) mit *1 – Maschinenbediener* (siehe Abbildung 5.35). Als Rüstfamiliengruppe fassen wir die Rüstfamilien für das *Stanzen* unter dem Schlüssel *1* zusammen und legen dazu die einzelnen Rüstfamilien *1 – Blech* und *2 – Streifen* an (siehe Abbildung 5.36). Je nach bearbeitetem Material tragen wir die Werte im Arbeitsplan ein (siehe z. B. Abbildung 5.33).

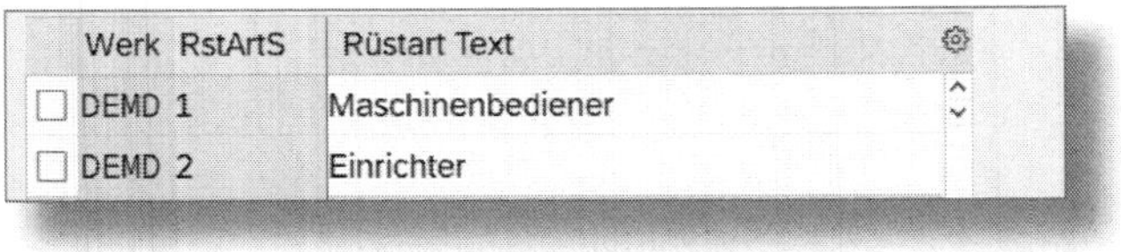

| Werk | RstArtS | Rüstart Text |
|---|---|---|
| DEMD | 1 | Maschinenbediener |
| DEMD | 2 | Einrichter |

*Abbildung 5.35: Transaktion OP18 – Customizing des Rüstartenschlüssels*

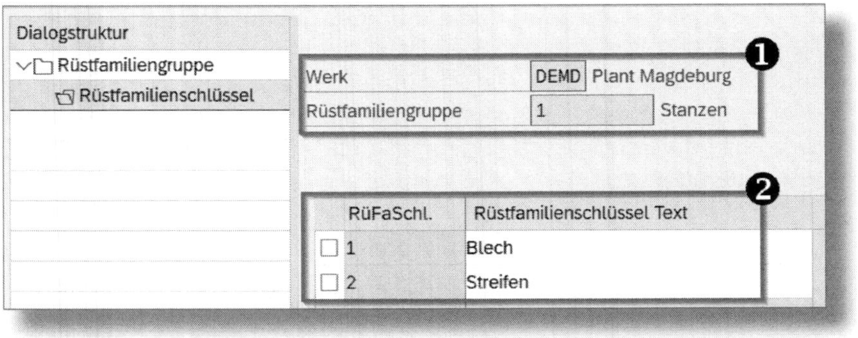

Dialogstruktur
- Rüstfamiliengruppe
  - Rüstfamilienschlüssel

❶

| | | |
|---|---|---|
| Werk | DEMD | Plant Magdeburg |
| Rüstfamiliengruppe | 1 | Stanzen |

❷

| RüFaSchl. | Rüstfamilienschlüssel Text |
|---|---|
| 1 | Blech |
| 2 | Streifen |

*Abbildung 5.36: Transaktion OP18 – Customizing der Rüstfamilie*

Die Übergangszeiten zwischen verschiedenen Rüstzuständen definieren Sie in der Rüstmatrix (Customizing-Transaktion *OPDA*; SPRO • Produktion • Kapazitätsplanung • Stammdaten • Arbeitsplandaten • Rüstmatrix festlegen). Abbildung 5.37 zeigt beispielhaft eine Rüstzeit für den Übergang von Blech auf Streifen von *20* Minuten (Min) bzw. umgekehrt von *30* Minuten.

| Werk | VorgGr. | VorgUGr. | NachfGr. | NachfUGr. | Vorgabe | Einh. | VNr |
|---|---|---|---|---|---|---|---|
| DEMD | STANZEN | BLECH | STANZEN | STREIFEN | 20 | MIN | |
| DEMD | STANZEN | STREIFEN | STANZEN | BLECH | 30 | MIN | |

*Abbildung 5.37: Transaktion OPDA – Beispiel einer Rüstmatrix*

**! Rüstmatrix enthält Freitextfelder**

Beachten Sie, dass es keine systemseitige Verbindung zwischen Rüstmatrix und angelegten Rüstfamilien gibt. Die Rüstmatrix besteht aus Freitextfeldern, Sie können zudem keine Wertehilfe nutzen. Die Rüstmatrix bezieht sich des Weiteren auf die Materialgruppe, die Sie auf der Sicht »Arbeitsvorbereitung« im Materialstamm pflegen (vgl. Abschnitt 2.6.1). Um den Überblick zu behalten, sollten Sie die zu pflegenden Angaben vorher festlegen und einheitlich halten.

Die letzten beiden Felder des Bildbereichs betreffen die kostenmäßige Bewertung des Vorgangs (siehe Abbildung 5.33). Über die Kalkulationsrelevanz (KalkRelevanz) legen Sie fest, ob der Vorgang mit seinen Zeiten in die Materialkalkulation einfließt. Das Kennzeichen Nicht wertsch. markieren Sie, wenn der Vorgang nicht zur Wertschöpfung beitragen soll. So können Sie bei Bedarf die Summe nicht wertschöpfender Arbeitszeiten auswerten.

### 5.3.5 Fremdbearbeitung

Im Bildbereich FREMDBEARBEITUNG spezifizieren Sie die Beschaffungsparameter des Vorgangs (siehe Abbildung 5.38). Die Pflege dieses Bildbereichs ist nur bei Vorgängen nötig, deren Steuerschlüssel auch eine Fremdbearbeitung vorsieht (vgl. Abschnitt 5.3.1). Durch einen fremdbearbeiteten Vorgang wird bei Eröffnung oder Freigabe eines Fertigungsauftrags eine Bestellanforderung für den Einkauf erzeugt (vgl. Abschnitt 8.3).

Bevor jedoch die Inhalte der einzelnen Felder näher betrachtet werden, müssen zunächst die Begriffe »Fremdbearbeitung« und »Lohnbearbeitung« voneinander abgegrenzt werden:

- Bei *Lohnbearbeitung* wird ein Material (z. B. eine Baugruppe) komplett vom Lieferanten gefertigt. Die Komponenten werden dem Lieferanten kostenlos beigestellt, und er liefert die fertige Baugruppe. In der Regel ist die Baugruppe als eigenständige Stücklistenstufe ausgeprägt, die Abwicklung erfolgt über den Einkauf ohne Beteiligung der Produktion.
- Die *Fremdbearbeitung* wird auch als »verlängerte Werkbank« bezeichnet. Hierbei wird kein komplettes Material gefertigt, sondern der Lieferant übernimmt lediglich einzelne Bearbeitungsschritte im Herstellungsprozess. Da die fremdbezogene Leistung nur ein Teilschritt in der Herstellung ist, wird kein eigenes Material angelegt, sondern ein fremdbearbeiteter Vorgang im Arbeitsplan gepflegt.

Der Bildbereich FREMDBEARBEITUNG im Arbeitsplan betrifft folglich nur die Fremdbearbeitung im Sinne der verlängerten Werkbank. Zur Lohnbearbeitung in SAP S/4HANA sei auf das Buch »Lohnbearbeitung mit SAP S/4HANA. Einkaufs- und Produktionsprozess« (Dischinger, Espresso Tutorials, 2021: *http://5649.espresso-tutorials.de*) verwiesen.

Zunächst haben Sie die Option, über das Kennzeichen LOHNBEARBEITUNG auch bei einem fremdbearbeiteten Vorgang zusätzliche Komponenten beizustellen. Sobald das Kennzeichen gesetzt ist, wird die folgende Bestellanforderung bereits mit dem Kontierungstyp »Lohn-

bearbeitung« versehen. Die notwendigen Komponenten müssen dem Vorgang zugeordnet sein (vgl. Abschnitt 5.5).

Fremdbearbeitung

|  |  |  |  |
|---|---|---|---|
| Lohnbearbeitung | ☐ | | |
| Einkaufsinfosatz | 5300000003 | Einkaufsorganisation | OBDE |
| Rahmenvertrag | | Position Rahmenvertrag | |
| Sortierbegriff | | | |
| Warengruppe | | | |
| Einkäufergruppe | EUP | | |
| Lieferant | 105626 | | |
| Planlieferzeit | 1 Tage | | |
| Preiseinheit | 1 | Kostenart | 69820000 |
| Nettopreis | 0,00 | Währung | EUR |
| Prüfart | 0130 | | |
| Erfassungssicht | Einzelwerte und summarische Ergebnisse (Defaults... | | |

*Abbildung 5.38: Vorgangsdetails – Bildbereich »Fremdbearbeitung«*

Sobald Sie einen Vorgang über den Steuerschlüssel als fremdbearbeitet ausweisen, werden zentrale Felder des Bildbereichs zur Pflichteingabe. Grundsätzlich ist die Angabe von EINKAUFSINFOSATZ und EINKAUFSORGANISATION ausreichend, sofern ein Infosatz existiert. Im Einkaufsinfosatz werden alle relevanten Beschaffungsparameter des Einkaufs, wie EINKÄUFERGRUPPE, LIEFERANT, PLANLIEFERZEIT, PREISEINHEIT, NETTOPREIS und WÄHRUNG, hinterlegt. Das hat den Vorteil, dass diese Felder nach Eingabe automatisch ausgefüllt und auch nicht änderbar sind. Einkaufsinfosatz und Einkaufsorganisation können Ihnen vom Einkauf übermittelt werden, was den Koordinationsaufwand erheblich reduziert.

Alternativ ist es auch möglich, die einzelnen Felder selbst auszufüllen. Damit die Bestellanforderung angelegt werden kann, müssen Sie mindestens die EINKÄUFERGRUPPE (zuständige Person oder Gruppe im Einkauf), einen SORTIERBEGRIFF und eine WARENGRUPPE (zur Einordnung der zu bestellenden Leistung) sowie die PLANLIEFERZEIT (zur Berechnung der Vorgangsdauer) eingeben. Weitere Angaben sind optional. Die entstehende Bestellanforderung muss jedoch vom Einkauf vervollständigt werden, was bei nicht ausreichenden Angaben u. U. zu Rückfragen und damit Verzögerungen führen kann.

Sofern der Vorgang laut Steuerschlüssel auch kalkuliert werden soll, ist zudem die Angabe einer KOSTENART notwendig, die Ihnen das Controlling liefern kann.

Wollen Sie eine Qualitätsprüfung der bearbeiteten Materialien nach Erhalt durchführen, geben Sie die gewünschte PRÜFART an. Bei der Prüfung einer Fremdbearbeitung handelt es sich um eine Wareneingangsprüfung. Bei Bedarf erstellen Sie im Customizing des Qualitätsmanagements eine eigene Prüfart für einen Wareneingang aus Fremdbearbeitung und weisen sie hier zu. Damit können Sie eigene Prüfvorgaben definieren, die von der Wareneingangsprüfung von Zukaufteilen abweichen.

Die ERFASSUNGSSICHT steuert die Erfassung der Prüfergebnisse hinsichtlich Form und Ablauf.

## 5.3.6 Benutzerfelder

Der Bildbereich BENUTZERSPEZ. FELDER ist eine Besonderheit im Arbeitsplan (siehe Abbildung 5.39). Hier haben Sie die Möglichkeit, eigene Informationen zum Vorgang zu hinterlegen. Die Angaben können in Listen (z. B. Queries) mit ausgegeben oder in den Auftragspapieren mit angedruckt werden. Um die Benutzerfelder zu aktivieren, muss ein FELDSCHLÜSSEL eingegeben werden. Abbildung 5.39 zeigt über den FELDSCHLÜSSEL *0000001* (Standardbenutzerfelder) die einzelnen Feldtypen, die für eine individuelle Ausgestaltung zur Verfügung stehen.

Um die Benutzerfelder entsprechend Ihren Anforderungen anzupassen, legen Sie über die Customizing-Transaktion *OPEC* (SPRO • PRODUKTION • GRUNDDATEN • ARBEITSPLAN • VORGANGSDATEN • BENUTZERFELDER DEFINIEREN) eigene Feldschlüssel an (siehe Abbildung 5.40). Für jedes Feld, das Sie nutzen wollen, geben Sie einen Namen an. Nur diese Felder sind dann im Vorgang eingabebereit (siehe Abbildung 5.41).

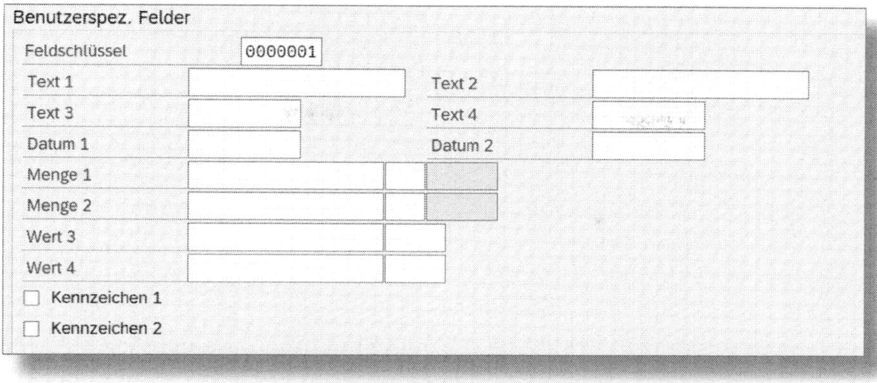

Benutzerspez. Felder

Feldschlüssel 0000001

Text 1

Text 2

Text 3

Text 4

Datum 1

Datum 2

Menge 1

Menge 2

Wert 3

Wert 4

Kennzeichen 1

Kennzeichen 2

*Abbildung 5.39: Vorgangsdetails – Bildbereich »Benutzerspezifische Felder«*

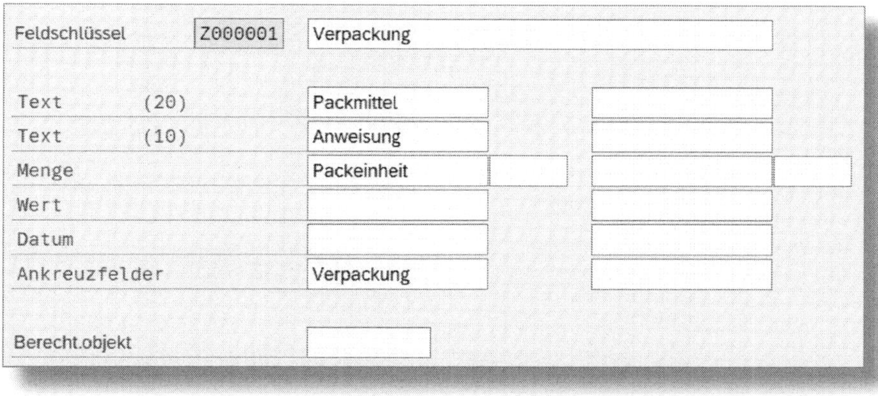

Feldschlüssel Z000001 Verpackung

Text (20) Packmittel

Text (10) Anweisung

Menge Packeinheit

Wert

Datum

Ankreuzfelder Verpackung

Berecht.objekt

*Abbildung 5.40: Transaktion OPEC – Einrichtung eigener Benutzerfelder*

**Benutzerfelder für Verpackungsinformationen**

Für die Weitergabe der Teile zwischen einzelnen Arbeitsvorgängen müssen Verpackungsvorschriften beachtet werden, um Beschädigungen zu vermeiden. Das zu nutzende Packmittel und die Packanweisung sollen im Arbeitsvorgang in den Auftragspapieren mit angedruckt werden. Außerdem wünscht die Arbeitsvorbereitung zwecks Optimierungen eine einfache Abfrage (z. B. eine Query), bei welchen Vorgängen eine Verpackung notwendig ist und welche Menge in eine Packeinheit passt. Wir legen hierzu einen neuen Feldschlüssel *Z000001 – Verpackung* an und fügen folgende Felder hinzu (siehe Abbildung 5.40): das *Packmittel* als Text (20), die *Anweisung* als Text (10), die *Packeinheit* als Menge sowie das Ankreuzfeld *Verpackung* (d. h., ob generell Packinformationen beachtet werden müssen). Die Felder werden anschließend von der Arbeitsvorbereitung je Vorgang mit den entsprechenden Informationen bestückt (siehe Abbildung 5.41).

Benutzerspez. Felder

| Feldschlüssel | Z000001 | |
|---|---|---|
| Packmittel | PAK_M_3124 | |
| Anweisung | PA-23-01 | |
| Packeinheit | 100 | ST |
| ☑ Verpackung | | |

*Abbildung 5.41: Eigene Benutzerfelder – Beispiel Verpackungsinformationen*

**! Nur ein Feldschlüssel je Vorgang**

Obwohl Sie im Customizing beliebig viele Feldschlüssel anlegen können, ist die Zuordnung zum Vorgang auf einen Feldschlüssel beschränkt. Sie müssen daher alle Informationen, die Sie einem Vorgang zuordnen wollen, in einem Feldschlüssel bündeln.

## 5.3.7 Weitere Daten

Abschließend stelle ich Ihnen kurz die weiteren Bildbereiche vor, die in den obigen Ausführungen noch nicht angesprochen wurden.

Der Bildbereich Erforderliche Qualifikation dient dazu, dem Vorgang eine benötigte Qualifikation für die Durchführung zuzuordnen,

z. B. Berufserfahrung, Zertifizierungen, Zusatzausbildungen (siehe Abbildung 5.42). Für eine Nutzung ist der Einsatz des SAP-Personalmanagements Voraussetzung. Im Standard wird die Qualifikation jedoch nur in den Vorgang des Fertigungsauftrags übertragen. Prüfungen, ob die Kapazität mit der erforderlichen Qualifikation vorhanden ist oder die Rückmeldung von einer qualifizierten Person durchgeführt wird, sind nicht vorgesehen.

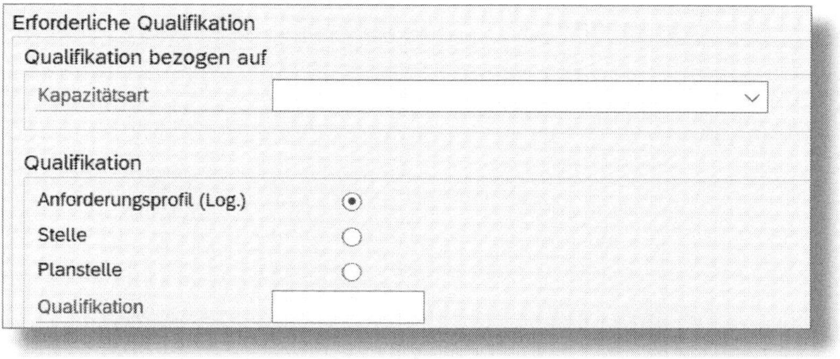

Erforderliche Qualifikation
Qualifikation bezogen auf
Kapazitätsart
Qualifikation
Anforderungsprofil (Log.)
Stelle
Planstelle
Qualifikation

*Abbildung 5.42: Vorgangsdetails – Bildbereich »Erforderliche Qualifikation«*

Die SAP ME VORGANGSDATEN sind nur relevant, wenn Sie SAP ME auch einsetzen (siehe Abbildung 5.43). Sie pflegen hier die Verbindung zum entsprechenden Vorgang in SAP ME.

SAP ME Vorgangsdaten
Produktionsstätte
Vorgang
Schritt-ID
Version (SAP ME)

*Abbildung 5.43: Vorgangsdetails – Bildbereich »SAP ME Vorgangsdaten«*

Am Ende der Vorgangsdetails finden Sie die VERWALTUNGSDATEN (siehe Abbildung 5.44). Analog zum Arbeitsplankopf sehen Sie die Gültigkeitsdaten des Vorgangs sowie Datum und Nutzer der Anlage und der letzten Änderung. Auch hier ist eine Einschränkung des GÜLTIG-BIS-Datums sowie eine genaue Nachvollziehbarkeit der Änderungen nur gegeben, wenn Sie Änderungsstammsätze nutzen und eine ÄNDERUNGSNUMMER eingeben (vgl. Abschnitt 5.2.3).

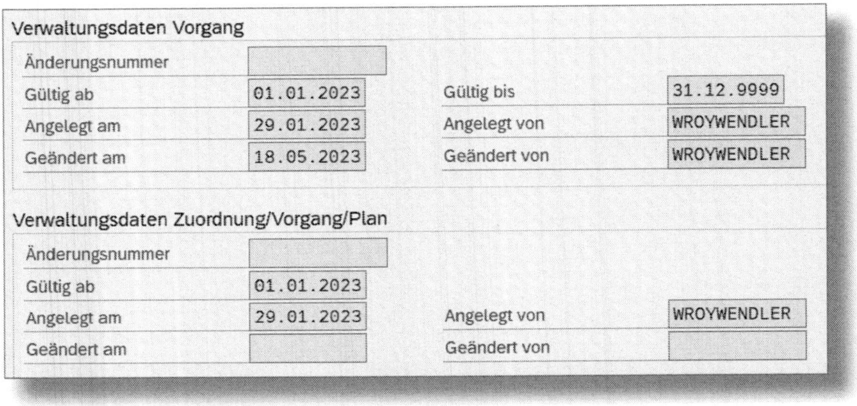

*Abbildung 5.44: Vorgangsdetails – Bildbereich »Verwaltungsdaten«*

## 5.4 Folgen

In Abschnitt 5.1 wurde der Zweck alternativer und paralleler Folgen bereits kurz vorgestellt. Über den Button Folgen springen Sie in die Folgenübersicht. Abbildung 5.45 zeigt exemplarisch einen Ausschnitt aus der Folgenübersicht mit der immer existenten Stammfolge und einer alternativen Folge.

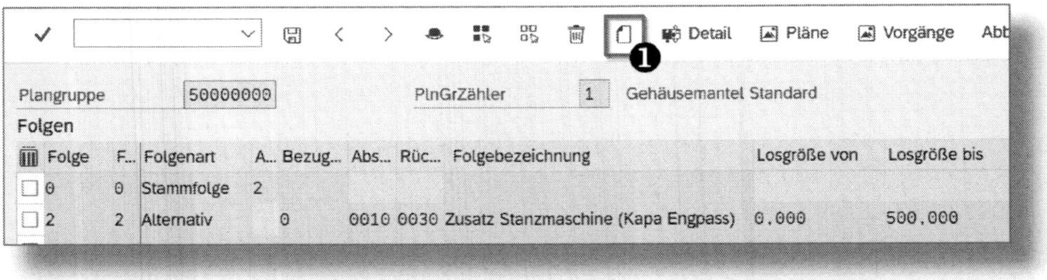

*Abbildung 5.45: Folgenübersicht im Arbeitsplan – Ausschnitt*

Um eine neue Folge anzulegen, wählen Sie den ❶ Button (Neuer Eintrag). Im daraufhin erscheinenden Pop-up entscheiden Sie, ob es sich um eine alternative oder parallele Folge handeln soll. Anschließend ordnen Sie die Folge in Ihren Arbeitsplan ein (siehe Abbildung 5.46). Hierzu vergibt das System eine fortlaufende Nummer (Folge). Bei Bedarf passen Sie diese an und geben einen erklärenden Kurztext ein (Folgebezeichn.).

Im Bildbereich Bezug wird die Bezugsfolge spezifiziert. Das ist i. d. R. die Stammfolge mit der Nummer *0*. Als Absprungvorgang und Rücksprungvorgang geben Sie die Nummern der Vorgänge ein, in deren Bereich eine alternative Folge die Vorgänge der Stammfolge ersetzt bzw. eine parallele Folge ab- und wieder zurückspringt. Die angegebenen Vorgangsnummern werden dabei inkludiert, d. h. ersetzt bzw. parallel ausgeführt.

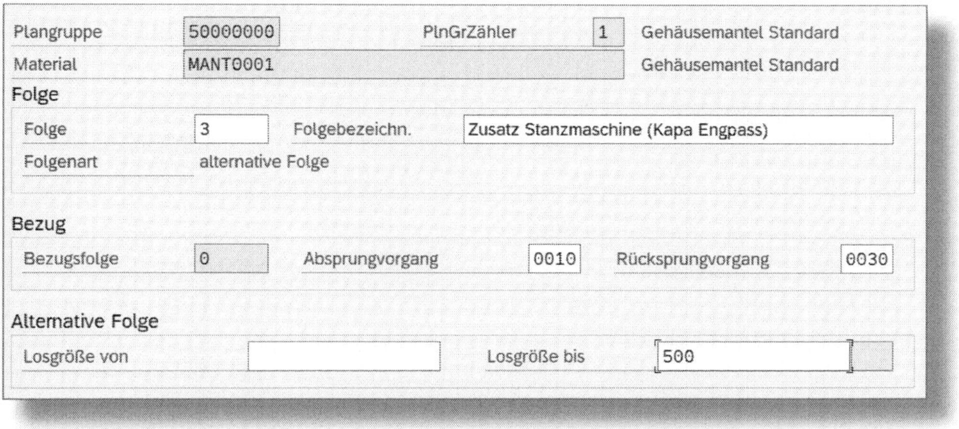

Plangruppe 50000000 PlnGrZähler 1 Gehäusemantel Standard
Material MANT0001 Gehäusemantel Standard

Folge
Folge 3 Folgebezeichn. Zusatz Stanzmaschine (Kapa Engpass)
Folgenart alternative Folge

Bezug
Bezugsfolge 0 Absprungvorgang 0010 Rücksprungvorgang 0030

Alternative Folge
Losgröße von Losgröße bis 500

*Abbildung 5.46: Anlage einer neuen Folge bzw. alternativen Folge*

Für alternative Folgen legen Sie zudem optional einen Losgrößenbereich fest (Losgrösse von/Losgrösse bis), in dem die Folge auswählbar ist. Für parallele Folgen ist hingegen die Angabe eines Ausrichtungsschlüssels (AusrichtSchl.) nötig (siehe Abbildung 5.47). Damit legen Sie fest, an welcher Stelle ein eventueller zeitlicher Puffer bei unterschiedlichen Durchlaufzeiten der parallel durchgeführten Vorgänge geplant wird.

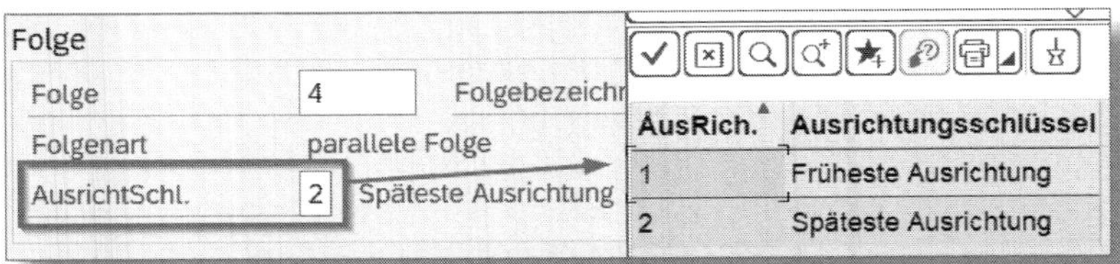


*Abbildung 5.47: Ausrichtungsschlüssel bei parallelen Folgen*

Die Vorgänge der neuen Folge pflegen Sie ebenso wie die Vorgänge der Stammfolge, indem Sie per Doppelklick auf die Folge in die Vorgangsübersicht springen (vgl. Abschnitt 5.3).

**! Nicht alle Vorgänge erneut pflegen!**

Bedenken Sie, dass Sie nur die abweichenden Vorgänge zwischen Absprungvorgang und Rücksprungvorgang pflegen müssen. Alle anderen Vorgänge der Stammfolge werden unverändert in den Auftrag übernommen.

Um alternative Folgen im Fertigungsauftrag nutzen zu können, müssen Sie zudem Einstellungen in den auftragsartabhängigen Parametern vornehmen (vgl. Abschnitt 8.3).

**Alternative Folge bei Kapazitätsengpass**

In unserem Beispiel steht für die Fertigung der Gehäuseteile eine zusätzliche ältere Stanzmaschine bereit. Aufgrund der geringeren Effizienz kommt diese jedoch nur bei Kapazitätsengpässen zum Einsatz. Ob und wann sie genutzt wird, entscheidet die Fertigungssteuerung. Daher wird keine Arbeitsplanalternative angelegt, sondern eine alternative Folge in den Arbeitsplan integriert, welche die Arbeitsschritte Stanzen, Entgraten und Formen (von ABSPRUNGVORGANG *0010* bis RÜCKSPRUNGVORGANG *0030*) ersetzt (siehe Abbildung 5.46). Außerdem wird festgehalten, dass die Folge nur für kleinere LOSGRÖSSEN BIS *500* Stück genutzt werden darf. Über die auftragsartabhängigen Parameter wird eine manuelle Auswahl bei Auftragseröffnung eingestellt (siehe Abbildung 5.48).

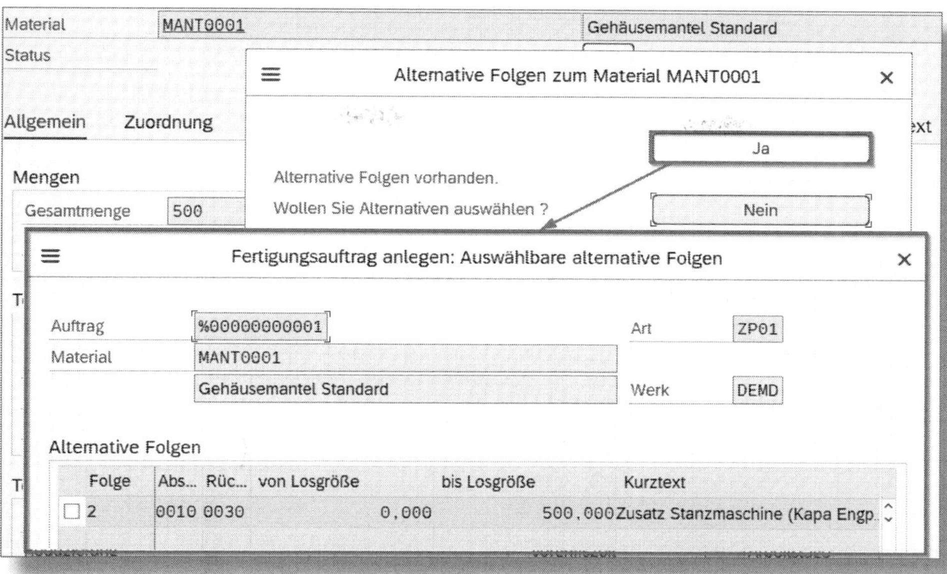


*Abbildung 5.48: Manuelle Auswahl der alternativen Folge bei Auftragseröffnung*

## 5.5 Komponentenzuordnung

Die Verbindung zwischen Stückliste und Arbeitsplan besteht nicht nur über das Kopfmaterial, sondern auch über die Stücklistenkomponenten, die in den einzelnen Vorgängen des Arbeitsplans bearbeitet oder montiert werden. Über die *Komponentenzuordnung* haben Sie die Möglichkeit, jede Komponente explizit dem Vorgang zuzuweisen, bei dem sie erstmalig benötigt wird.

Das hat den Vorteil, dass je nach Terminierungseinstellungen der Bedarfstermin der Komponenten auf den Beginn des Vorgangs gelegt werden kann. Somit steht mehr Zeit zur Verfügung, um die benötigten Komponenten zu fertigen bzw. zu beschaffen. Die notwendigen Terminierungseinstellungen werden in Abschnitt 8.2.2 behandelt.

> **☛ Standardzuordnung immer am ersten Vorgang**
>
> Sofern Sie keine vorgangsgenaue Zuordnung vornehmen, werden alle Komponenten automatisch dem ersten Vorgang des Arbeitsplans zugeordnet.

Um eine vorgangsbezogene Zuordnung vorzunehmen, wählen Sie ausgehend vom Arbeitsplankopf oder der Positionsübersicht den Button ALLOKATION. Sie verzweigen in die POSITIONSÜBERSICHT innerhalb des Arbeitsplans (siehe Abbildung 5.49). Ob bereits eine Vorgangszuordnung existiert, erkennen Sie an der ❶ Spalte für die Vorgangsnummer (VORG...). Hier ist die jeweilige Nummer pro Komponente aufgeführt.

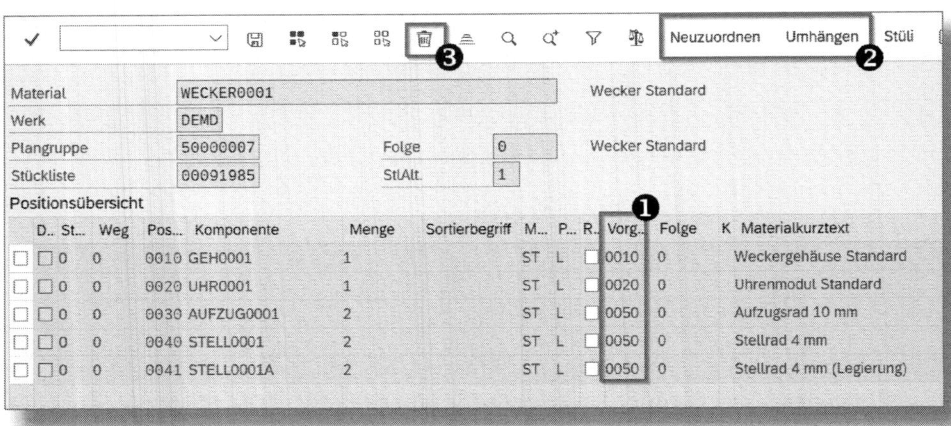


*Abbildung 5.49: Komponentenzuordnung im Arbeitsplan – Positionsübersicht*

Die Zuordnung selbst nehmen Sie über die ❷ Buttons im oberen Bildbereich vor. Um eine Komponente erstmalig einem Vorgang zuzuordnen, wählen Sie NEUZUORDNEN. Wollen Sie eine bereits vorhandene Vorgangszuordnung ändern, nutzen Sie den Button UMHÄNGEN. Über das ❸ Papierkorbsymbol löschen Sie eine vorhandene Zuordnung komplett. Die Komponente erscheint dann wieder ohne Vorgangsnummer und wird so behandelt, als sei sie dem ersten Vorgang zugeordnet.

Die Stücklistenpositionen als solche können im Arbeitsplan grundsätzlich nicht verändert werden. Die einzige Ausnahme bildet das ❶ Kennzeichen RETROGRAD... (siehe Abbildung 5.50). Hierüber aktivieren Sie für eine Komponente die retrograde Entnahme speziell für diesen Arbeitsplan – unabhängig von der Einstellung im Materialstamm (vgl. Abschnitt 2.3.1).

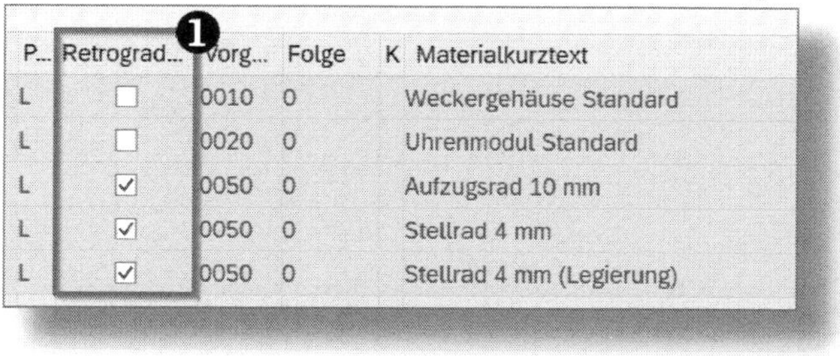

| P... | Retrograd... ❶ | Vorg... | Folge | K | Materialkurztext |
|---|---|---|---|---|---|
| L | ☐ | 0010 | 0 | | Weckergehäuse Standard |
| L | ☐ | 0020 | 0 | | Uhrenmodul Standard |
| L | ☑ | 0050 | 0 | | Aufzugsrad 10 mm |
| L | ☑ | 0050 | 0 | | Stellrad 4 mm |
| L | ☑ | 0050 | 0 | | Stellrad 4 mm (Legierung) |

*Abbildung 5.50: Aktivierung retrograder Entnahme im Arbeitsplan*

Auch Fertigungshilfsmittel werden den einzelnen Vorgängen zugeordnet; das Vorgehen wird in Abschnitt 7.2 näher erläutert.

**! Abweichungsermittlung des Materialeinsatzes**

Die exakte Komponentenzuordnung ist auch für das Controlling wichtig, um Abweichungen von Einsatzmengen und Ausschuss bei vorgangsbezogenen Rückmeldungen korrekt zu errechnen.

# 6 Fertigungsversion

**Mit der Fertigungsversion verbinden sich Stückliste und Arbeitsplan zu einer gültigen Kombination für die Herstellung eines Materials. Sie ist notwendig, um die Produktion in Form eines Fertigungsauftrags überhaupt anstoßen zu können.**

Die *Fertigungsversion* bildet eine konkrete Fertigungstechnik ab, d. h., sie gibt vor, welches Material mit welcher Stücklisten- und Arbeitsplanalternative in welchem Zeitraum und innerhalb welchen Losgrößenbereichs gefertigt werden darf.

**! Pflicht zur Fertigungsversion in SAP S/4HANA**

Beachten Sie, dass mit SAP S/4HANA eine Pflicht zur Nutzung von Fertigungsversionen eingeführt wurde. Andere Methoden zur Auswahl von Stückliste und Arbeitsplan sind nur noch teilweise vorhanden, um ungültige Alternativen generell auszuschließen (vgl. Abschnitt 3.1.1 und Abschnitt 5.1.3). Ebenso ist auch bei nur jeweils einer Alternative von Stückliste und Arbeitsplan zu einem Material eine Fertigungsversion zu erstellen. Ohne gültige Fertigungsversion lässt sich kein Fertigungsauftrag anlegen.

Fertigungsversionen zu einem Material können Sie zwar über den Materialstamm pflegen (vgl. Abschnitt 2.5.1), es empfiehlt sich aber die Nutzung der Transaktion *C223* (SAP MENÜ • LOGISTIK • PRODUKTION • STAMMDATEN • FERTIGUNGSVERSIONEN).

Im oberen Bildbereich wählen Sie die Fertigungsversionen, die Sie bearbeiten wollen (siehe Abbildung 6.1). Möchten Sie lediglich die Fertigungsversionen eines Materials bearbeiten, selektieren Sie nach WERK und MATERIAL. Über gröbere Selektionskriterien wie z. B. den DISPONENTEN oder die PLANGRUPPE starten Sie eine Massenbearbeitung vieler Fertigungsversionen. Über den Button ❶ Mehrfachselektion öffnet sich ein Pop-up-Fenster, in dem Sie nach nahezu allen in den Fertigungsversionen enthaltenen Feldern selektieren können.

Im unteren Bildbereich werden anschließend alle den Selektionskriterien genügenden Fertigungsversionen aufgelistet (siehe Abbildung 6.2 und Abbildung 6.3). Eine Fertigungsversion wird über die drei Felder WERK, MATERIAL und Fertigungsversionsnummer (FERT...) eindeutig identifiziert. Der TEXT dient der inhaltlichen Beschreibung.

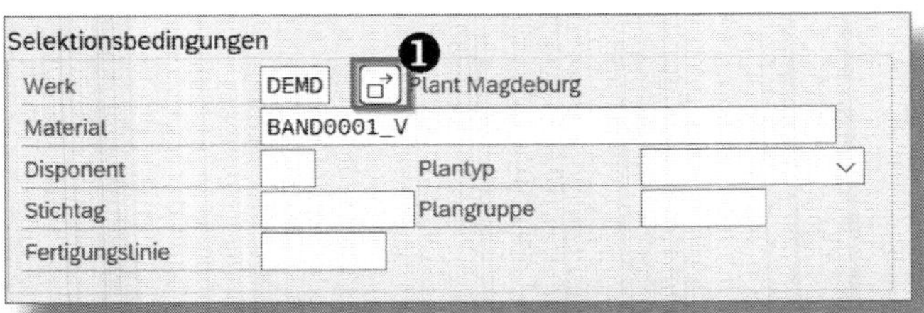


*Abbildung 6.1: Möglichkeiten zur Selektion der Fertigungsversionen*

Konsistenzprüfung | Änderungsnummer zuordnen | Dokument

Fertigungsversionen

| Werk | Material | Fert... | Text für Fertigungsv | Sperre | M.. | S... | Ä... | Stat... | Prüfdatum | Gültig ab | Gültig bis |
|---|---|---|---|---|---|---|---|---|---|---|---|
| DEMD | BAND0001_V | 001 | Abstrahlen | Ni... | | | | | 26.05.2023 | 01.01.2023 | 31.12.9999 |
| DEMD | BAND0001_V | 002 | Beizen | Ni... | | | | | | 13.04.2023 | 31.12.2030 |

*Abbildung 6.2: Übersicht der Fertigungsversionsdetails – Teil 1*

| Von Losgröße | Bis Losgröße | Ei... | Stü... | St... | Auft... | Plangrup... | Pla... | Plantyp |
|---|---|---|---|---|---|---|---|---|
| | | ST | 1 | 3 | | 50000008 | 1 | N No... |
| | | ST | 1 | 3 | | 50000008 | 2 | N No... |

*Abbildung 6.3: Übersicht der Fertigungsversionsdetails – Teil 2*

Die Gültigkeit der Fertigungsversion wird über eine Datumsangabe (GÜLTIG AB/GÜLTIG BIS) und eine Losgrößenangabe (VON LOSGRÖSSE/BIS LOSGRÖSSE) eingegrenzt.

**☛ Gültigkeit von Stückliste und Arbeitsplan abstimmen**

Achten Sie darauf, die Gültigkeitsbeschränkungen von Stücklisten und Arbeitsplänen zu einem Material möglichst aufeinander abzustimmen. Dies erleichtert die Pflege der Fertigungsversionen. Bei abweichenden Gültigkeitsdaten ist eine Kombination von Stückliste und Arbeitsplan zur Fertigungsversion nur in dem sich überlappenden Datums- und Losgrößenbereich möglich.

Die zu nutzende Fertigungstechnik ergibt sich aus (siehe Abbildung 6.3)

- genau einer Stückliste durch die ❶ Angabe von Stücklistenalternative (STÜ ), Stücklistenverwendung (ST...) und ggf. Aufteilungsschema bei Kuppelproduktion (AUFT...)
- genau einem Arbeitsplan durch die ❷ Angabe von Plangruppe (PLANGRUP...), Plangruppenzähler (PLA...) und PLANTYP

Diese Angaben sind für die diskrete Fertigung bereits ausreichend. Die Fertigungsversion enthält noch eine Reihe weiterer Felder (z. B. Fertigungslinie, Entnahme- und Empfangslagerorte), die jedoch nur für die Serienfertigung benötigt werden und in der diskreten Fertigung ungenutzt bleiben.

**☛ Fertigungsversionen ohne Stückliste oder Arbeitsplan**

Es ist auch möglich, Fertigungsversionen entweder ohne Stückliste oder ohne Arbeitsplan anzulegen. Auf die Angabe der Stückliste können Sie verzichten, wenn Sie die Alternativenbestimmung bei der Stücklistenauflösung über die Fertigungsversion deaktiviert haben (vgl. Abschnitt 3.2.1). Ein Arbeitsplan ist bei Fertigungsversionen für Dummy-Baugruppen nicht vorhanden und daher unnötig (vgl. Abschnitt 3.1.2). In beiden Fällen ist aber dennoch grundsätzlich eine Fertigungsversion anzulegen.

Nachdem Sie eine Fertigungsversion angelegt oder eine vorhandene geändert haben, müssen Sie diese über den Button KONSISTENZPRÜFUNG auf Konsistenz kontrollieren (siehe Abbildung 6.2). Hierbei ermittelt das System, ob die Gültigkeitsbereiche (Datum und Losgröße) der Fertigungsversion innerhalb der Gültigkeitsgrenzen von Stückliste und Arbeitsplan liegen. Im Fall von Inkonsistenzen bekommen Sie eine entsprechende Meldung und können die Fertigungsversion nicht in den Aufträgen verwenden.

Je nach dem Ergebnis der Konsistenzprüfung ändert sich auch die Statusampel in der Übersicht (STAT...):

- **Grün:** Konsistenzprüfung erfolgreich, Fertigungsversion verwendbar
- **Gelb:** Konsistenzprüfung nach Anlage/Änderung noch nicht durchgeführt, Fertigungsversion (noch) nicht verwendbar
- **Rot:** Konsistenzprüfung fehlerhaft, Fertigungsversion nicht verwendbar

**! Reihenfolge gültiger Fertigungsversionen**

Existieren mehrere gültige Fertigungsversionen, wird im MRP-Lauf bzw. im Fertigungsauftrag bei automatischer Auswahl (vgl. Abschnitt 8.3) die erste gültige Version, ergo diejenige mit der kleinsten Fertigungsversionsnummer, ausgewählt. Achten Sie daher auf die Reihenfolge Ihrer Fertigungsversionen.

Möchten Sie eine Fertigungsversion grundsätzlich oder temporär nicht mehr verwenden, müssen Sie diese nicht löschen. Es ist ausreichend, wenn Sie hierfür eine ❶ SPERRE setzen (siehe Abbildung 6.4). Soll die Fertigungsversion gar nicht mehr verwendet werden, wählen Sie den Eintrag *1* – GESPERRT FÜR JEDE VERWENDUNG.

Der Eintrag *2* – GESPERRT FÜR AUTOMATISCHE BEZUGSQUELLENFINDUNG ist neu in SAP S/4HANA. Da Fertigungsversionen nun auch für Lohnbearbeitung notwendig sind, grenzen Sie mit diesem Eintrag Versionen ab, die ausschließlich für die interne Fertigung erstellt worden sind und nicht über die automatische Bezugsquellenfindung für Lohnbearbeiter ausgewählt werden sollen.

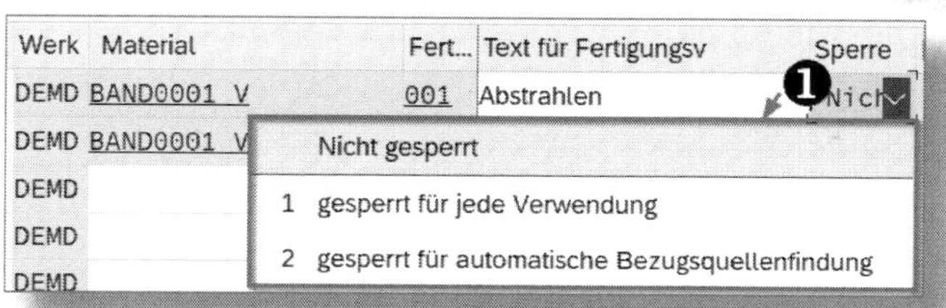


*Abbildung 6.4: Sperren einer Fertigungsversion*

# 7 Fertigungshilfsmittel

**Fertigungshilfsmittel gehen nicht als Komponenten ins Produkt ein, werden aber für den Produktionsprozess benötigt. Sie müssen zur Verfügung stehen, und die Mitarbeiter in der Produktion brauchen die Information, welche Fertigungshilfsmittel einzusetzen sind.**

In diesem Kapitel werden zunächst die unterschiedlichen Möglichkeiten der Abbildung von Fertigungshilfsmitteln vorgestellt und gegeneinander abgegrenzt. Am Schluss des Kapitels erläutere ich, wie die Verbindung zwischen Fertigungshilfsmittel und Arbeitsplan hergestellt wird.

## 7.1 Abbildung von Fertigungshilfsmitteln

*Fertigungshilfsmittel* im engeren Sinne sind Betriebsmittel wie Öle und Schmierstoffe, Werkzeuge, Messmittel und Vorrichtungen. In einem weiteren Verständnis zählen aber auch Dokumente wie Anweisungen und Zeichnungen, Programme (z. B. für CNC-Maschinen) oder Verpackungen dazu.

SAP bietet Ihnen vier Möglichkeiten, Fertigungshilfsmittel im System abzubilden. Alle Varianten lassen sich im Arbeitsplan zuordnen und unterscheiden sich v. a. hinsichtlich der ausführbaren betriebswirtschaftlichen Prozesse:

- *Materialstamm:* Die Anlage als eigenständiger Materialstamm ist notwendig, wenn Sie Bestände des Fertigungshilfsmittels führen möchten. Ebenso können Sie nur mit Materialstämmen die Bedarfsplanung (MRP-Lauf) zur Steuerung der Beschaffung nutzen.
- *Fertigungshilfsmittelstamm:* Als Fertigungshilfsmittelstamm können Sie grundsätzlich jede Art von Fertigungshilfsmittel an-

legen. Die Pflege ist im Vergleich zum Materialstamm weniger komplex, jedoch sind keine Bestände abbildbar.

- *Dokument:* Alle Dokumente wie Zeichnungen, Anweisungen, Vorschriften können Sie als Dokumentenstammsatz anlegen. Das ermöglicht Ihnen auch die Anbindung eines externen Dokumentenmanagementsystems.
- *Equipment:* Als Equipment werden Messgeräte und Werkzeuge angelegt, die regelmäßig gewartet oder kalibriert werden müssen. Dadurch stehen Ihnen die Wartungsplanung der Instandhaltung (PM) und die Führung von Serialnummern zur Verfügung.

Die Transaktionen zum Anlegen, Ändern und Anzeigen jeder Variante finden Sie unter dem Pfad SAP MENÜ • LOGISTIK • PRODUKTION • STAMMDATEN • FERTIGUNGSHILFSMITTEL • FERTIGUNGSHILFSMITTEL.

## 7.1.1 Materialstamm

Um ein Fertigungshilfsmittel als Material anzulegen, erstellen Sie einen neuen Materialstammsatz mit der Transaktion *MM01* (SAP MENÜ • LOGISTIK • PRODUKTION • STAMMDATEN • FERTIGUNGSHILFSMITTEL • FERTIGUNGSHILFSMITTEL • MATERIAL • ANLEGEN ALLGEMEIN). Der Materialstamm wurde bereits in Kapitel 2 behandelt.

**Materialart FHMI**

Im SAP-Standard gibt es die Materialart FHMI, die Sie speziell für Fertigungshilfsmittel nutzen können. Es lassen sich jedoch auch andere Materialarten als Fertigungshilfsmittel in den Arbeitsplan einbinden. Die Voraussetzung hierfür ist lediglich, dass die Sicht FERTHILFSMITTEL (siehe Abbildung 7.1) vorhanden und gepflegt ist.

Um ein Material als Fertigungshilfsmittel zu verwenden, benötigen Sie zwingend die Sicht FERTHILFSMITTEL. Die Sicht ist werksspezifisch und enthält keine Lagerortdaten. Sie gliedert sich in die beiden Bildbereiche ALLGEMEINE DATEN und VORSCHLAGSWERTE PLANZUORDNUNG.

Die ersten vier Felder im Bildbereich ALLGEMEINE DATEN (BASISMENGENEINHEIT, AUSGABEMENGENEINHEIT, WERKSSPEZ. MATSTATUS, GÜLTIG AB) entsprechen den gleichnamigen Feldern der Sicht »Arbeitsvorbereitung« (vgl. Abschnitt 2.6).

Das Kennzeichen LADESÄTZE erfüllt auch in SAP S/4HANA leider noch immer nicht die vorgesehene Funktion. Prinzipiell sollte es möglich sein, über dieses Kennzeichen die Materialbedarfsplanung zu aktivieren. Derzeit können Sie es jedoch nur für eigene Auswertungen oder Zusatzprogrammierungen nutzen.

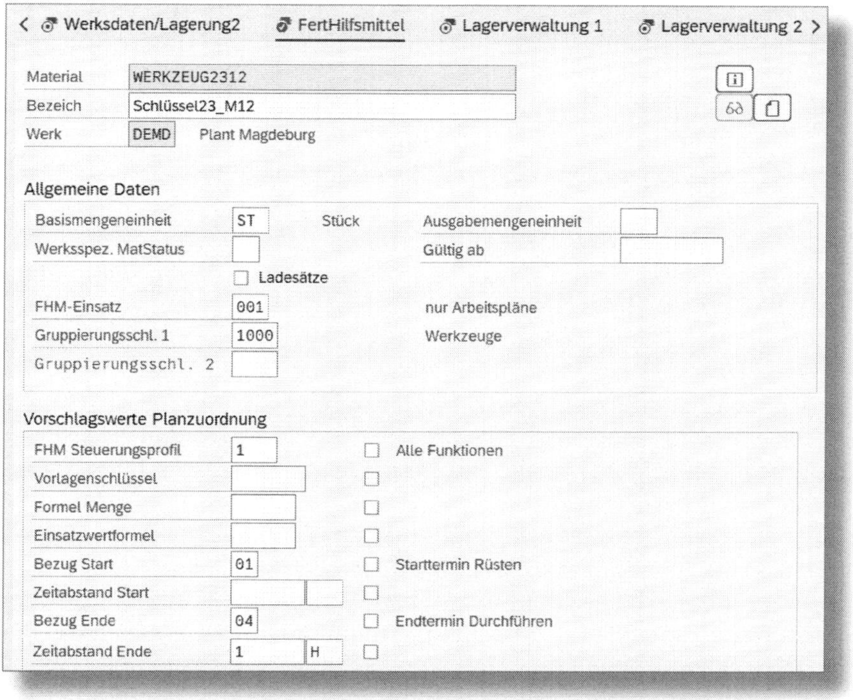

*Abbildung 7.1: Materialstamm – Sicht »Fertigungshilfsmittel«*

Über das Feld FHM-Einsatz steuern Sie die Plantypen, in denen das Fertigungshilfsmittel verwendet werden kann (analog zum Arbeitsplatz; siehe Abbildung 4.6).

Mittels der beiden Gruppierungsschlüssel (Gruppierungsschl. 1/ Gruppierungsschl. 2) kategorisieren Sie Ihr Fertigungshilfsmittel. Auf diese Weise lassen sich Fertigungshilfsmittel selektieren und auswählen. Die nutzbaren Gruppierungsschlüssel legen Sie vorher im Customizing über den Pfad SPRO • Produktion • Grunddaten • Fertigungshilfsmittel • Allgemeine Daten • FHM-Gruppenschlüssel definieren an (siehe Abbildung 7.2).

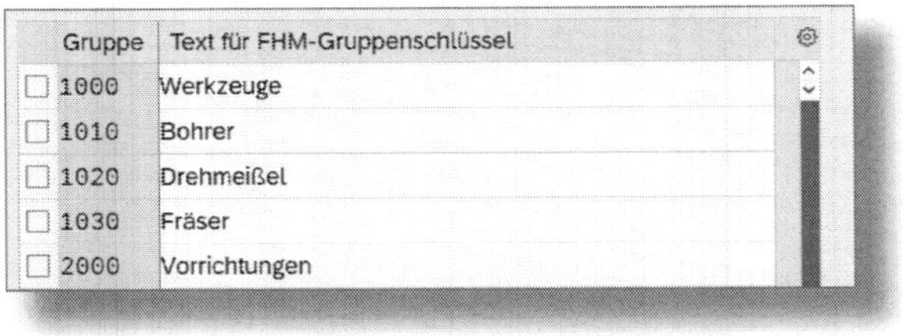

| Gruppe | Text für FHM-Gruppenschlüssel |
|---|---|
| 1000 | Werkzeuge |
| 1010 | Bohrer |
| 1020 | Drehmeißel |
| 1030 | Fräser |
| 2000 | Vorrichtungen |

*Abbildung 7.2: Customizing der Gruppierungsschlüssel*

Der zweite Bildbereich Vorschlagswerte Planzuordnung dient der Vorbelegung von Feldern bei der Zuordnung des Fertigungshilfsmittels zum Vorgang im Arbeitsplan – analog zu den Vorschlagswerten am Arbeitsplatz (siehe Abbildung 7.1; vgl. Abschnitt 4.3). Grundsätzlich handelt es sich um Vorschläge, die vom Arbeitsplanersteller bei der Planzuordnung überschrieben werden können. Wollen Sie einen Wert fest vorgeben, markieren Sie das Ankreuzfeld hinter dem jeweiligen Vorschlagswert. Damit ist der Wert im Arbeitsplan nicht mehr änderbar.

Das FHM Steuerungsprofil legt fest, welche Funktionen mithilfe des Fertigungshilfsmittels im Arbeitsplan und im Fertigungsauftrag durchführbar sind. Die Steuerungsprofile, auch Steuerschlüssel genannt, definieren Sie im Customizing (SPRO • Produktion • Grunddaten • Fertigungshilfsmittel • Fertigungshilfsmittel-Zuordnung • FHM-Steuerschlüssel definieren). Für jeden Steuerschlüssel können

Sie je nach Bedarf die folgenden Funktionen aktivieren (siehe Abbildung 7.3):

- TERMINIEREN: Der Einsatztermin des Fertigungshilfsmittels wird über die Auftragsterminierung berechnet und im Auftrag fortgeschrieben.
- KALKULIEREN: Das Fertigungshilfsmittel fließt in die Auftragskalkulation ein. Hierzu muss eine Einsatzwertformel hinterlegt werden (siehe Abbildung 7.4).
- RÜCKMELDEN: Das Fertigungshilfsmittel wird zur Rückmeldung im Vorgang vorgeschlagen. Das ist z. B. bei Equipments mit Zählerstandserfassung nötig.
- EXPANDIEREN: Über diese Funktion können beim Auftragsdruck erweiterte Informationen ausgegeben werden, z. B. verknüpfte Dokumente.
- DRUCKEN: Dies ermöglicht den Andruck des Fertigungshilfsmittels auf den Auftragspapieren.

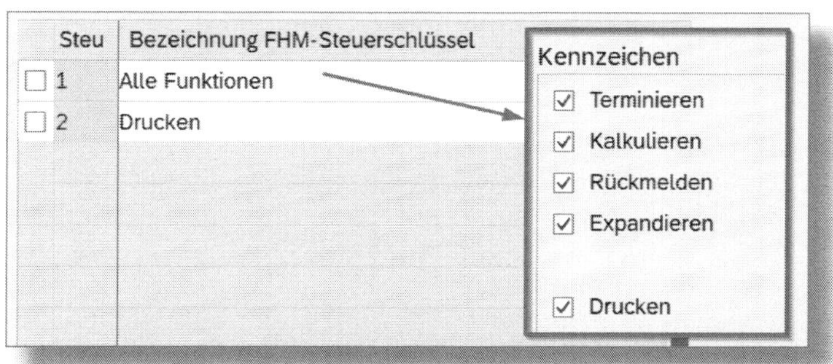


*Abbildung 7.3: Customizing des FHM-Steuerschlüssels*

Über den VORLAGENSCHLÜSSEL (siehe Abbildung 7.1) ordnen Sie bei Bedarf einen Standardtext analog dem Vorlagenschlüssel der Arbeitsplanvorgänge zu (vgl. Abschnitt 5.3.1).

Ist die Menge des benötigten Fertigungshilfsmittels von der Vorgangsmenge abhängig, pflegen Sie eine Formel im Feld FORMEL MENGE.

Entsprechend geben Sie eine EINSATZWERTFORMEL an, wenn das Fertigungshilfsmittel in die Kalkulation einfließen soll.

Die Formeln und die dazu benötigten Parameter definieren Sie über die Customizing-Transaktionen *OP65* (FORMELPARAMETER EINSTELLEN) und *OP82* (FORMELDEFINITION EINSTELLEN), die sich beide unter dem Pfad SPRO • PRODUKTION • GRUNDDATEN • FERTIGUNGSHILFSMITTEL • FERTIGUNGSHILFSMITTEL-ZUORDNUNG • FORMELN befinden. Zur Erstellung von Formeln sei auf Abschnitt 4.4.4 verwiesen. Um die Formeln beim Fertigungshilfsmittel verwenden zu können, muss zwingend das ❶ Kennzeichen FÜR BEDARF FHM ERLAUBT gesetzt sein (siehe Abbildung 7.4).

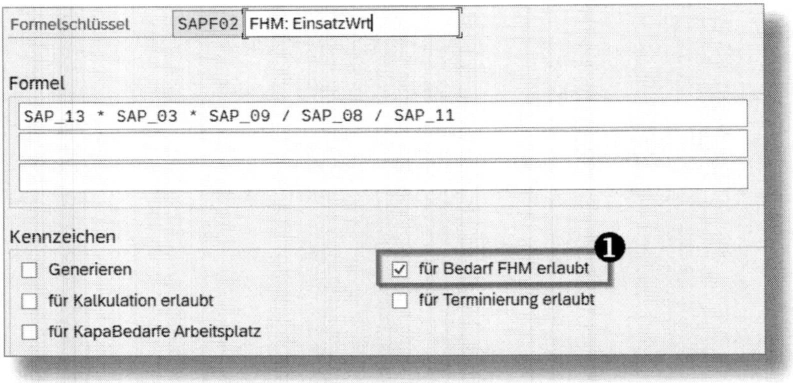

*Abbildung 7.4: Formeldefinition für Fertigungshilfsmittel*

Die letzten vier Felder in Abbildung 7.1 dienen der Berechnung der Einsatzzeit des Fertigungshilfsmittels über die Auftragsterminierung. Über BEZUG START und BEZUG ENDE legen Sie fest, zwischen welchen Terminen (z. B. Rüsten, Bearbeiten, Liegen) das Fertigungshilfsmittel benötigt wird. Mit den Feldern ZEITABSTAND START und ZEITABSTAND ENDE verschieben Sie diesen Termin noch nach vorn (negativer Wert) oder nach hinten (positiver Wert). Im Fertigungsauftrag wird das Fertigungshilfsmittel dann auf Basis dieser Angaben terminiert (siehe Abbildung 7.5).

| Vorgaben der Terminierung | | | | | |
|---|---|---|---|---|---|
| Zeitabstand Start | 0 | | Bezug Start | 01 | Starttermin Rüsten |
| Zeitabstand Ende | 1 | H | Bezug Ende | 04 | Endtermin Durchführen |

Termine des FHM-Einsatzes

| Früheste Lage | | Späteste Lage | | Ist Lage | | Dauer | Einh. |
|---|---|---|---|---|---|---|---|
| Startterm. | Endtermin | Startterm. | Endtermin | Iststart | Istende | | |
| 29.06.2023 | 30.06.2023 | 29.06.2023 | 30.06.2023 | | | 63 | MIN |
| 14:55:55 | 07:21:49 | 14:55:55 | 07:21:49 | 00:00:00 | 00:00:00 | | |

*Abbildung 7.5: Terminierung eines Fertigungshilfsmittels im Fertigungsauftrag*

## 7.1.2 Fertigungshilfsmittelstamm

Der Fertigungshilfsmittelstammsatz dient der Abbildung beliebiger Fertigungshilfsmittel. Auch Materialien oder Dokumente können Sie hiermit abbilden, sofern Sie weder Bestandsführung noch eine Verknüpfung in ein Dokumentenmanagementsystem benötigen.

Einen Fertigungshilfsmittelstammsatz erstellen Sie mit der Transaktion *CF01* (SAP MENÜ • LOGISTIK • PRODUKTION • STAMMDATEN • FERTIGUNGSHILFSMITTEL • FERTIGUNGSHILFSMITTEL • FHM-STAMM (SONSTIGE) • ANLEGEN). Die Fertigungshilfsmittel sind keinem einschränkenden Nummernkreis zugeordnet und können daher eine beliebige alphanumerische Identifikation erhalten. Abbildung 7.6 zeigt beispielhaft die Stammdaten einer Vorrichtung. Der Fertigungshilfsmittelstammsatz teilt sich viele Felder mit der Fertigungshilfsmittelsicht im Materialstamm (vgl. Abschnitt 7.1.1), die im Folgenden nicht erneut erläutert werden sollen.

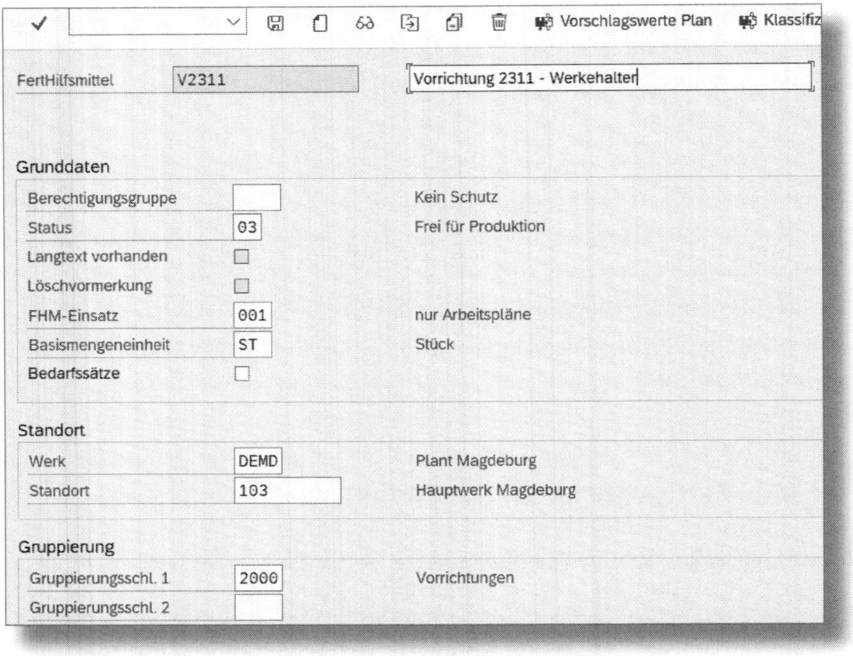

*Abbildung 7.6: Fertigungshilfsmittelstammsatz*

Zunächst geben Sie neben der Identifikation (FERTHILFSMITTEL) eine kurze Beschreibung an. Im Bildbereich GRUNDDATEN sind die Felder FHM-EINSATZ und BASISMENGENEINHEIT analog zum Materialstamm. Das Kennzeichen BEDARFSSÄTZE entspricht fernerhin dem Kennzeichen »Ladesätze« im Materialstamm, es hat zudem die gleichen funktionellen Einschränkungen (vgl. Abschnitt 7.1.1).

Über die BERECHTIGUNGSGRUPPE schränken Sie bei Bedarf die Berechtigungen zum Bearbeiten einzelner Fertigungshilfsmittel auf bestimmte Benutzergruppen ein. Die auswählbaren Werte definieren Sie über die Customizing-Transaktion *OP73* (SPRO • PRODUKTION • GRUNDDATEN • FERTIGUNGSHILFSMITTEL • ALLGEMEINE DATEN • FHM-BERECHTIGUNGSGRUPPE FESTLEGEN). Anschließend müssen Sie den Nutzern entsprechende Rollen zuweisen.

Der Status dokumentiert den Bearbeitungsstand. Mögliche Einträge definieren Sie im Customizing unter SPRO • Produktion • Grunddaten • Fertigungshilfsmittel • Allgemeine Daten • FHM-Status definieren. Für jeden Status treffen Sie folgende Einstellungen (siehe Abbildung 7.7):

- FEP: Das Fertigungshilfsmittel kann im Arbeitsplan oder im Auftrag verwendet werden.
- FPR: Für das Fertigungshilfsmittel kann die Verfügbarkeitsprüfung eingesetzt werden.

| Status | Kurzbezeichnung | FEP | FPR |
|---|---|---|---|
| 01 | Erstellung | ☐ | ☐ |
| 02 | Frei für Einsatzplanung | ☑ | ☐ |
| 03 | Frei für Produktion | ☑ | ☑ |

*Abbildung 7.7: Customizing des Status für Fertigungshilfsmittel*

**! Verfügbarkeitsprüfung von Fertigungshilfsmitteln**

Da Fertigungshilfsmittelstammsätze keine Bestände haben, kann keine klassische Verfügbarkeitsprüfung stattfinden. Es kann auch nicht geprüft werden, ob das Fertigungshilfsmittel zeitgleich von anderen Aufträgen benötigt wird. Die Verfügbarkeitsprüfung von Fertigungshilfsmitteln prüft schlicht gegen ebendiesen Status. Es ist verfügbar, sobald das Kennzeichen FPR gesetzt ist. Um die Verfügbarkeitsprüfung zu nutzen, müssen Sie daher den Status des Fertigungshilfsmittels dynamisch setzen, sobald es in Verwendung ist. Ein entsprechender Automatismus ist im SAP-Standard jedoch nicht implementiert.

Das Kennzeichen Langtext vorhanden wird aktiviert, sobald Sie über den Button Langtext eine längere Beschreibung erfassen. Analog dazu ist die Löschvormerkung dann aktiv, wenn für das Fertigungshilfsmittel das entsprechende Kennzeichen gesetzt wurde (siehe Abbildung 7.6).

Im Bildbereich STANDORT geben Sie optional an, in welchem WERK sich das Fertigungshilfsmittel befindet. Die möglichen Standorte entsprechen denen des Arbeitsplatzes (vgl. Abschnitt 4.2.1). Die Gruppierungsschlüssel im Bildbereich GRUPPIERUNG entsprechen den gleichnamigen Feldern im Materialstamm (vgl. Abschnitt 7.1.1).

Auch im Fertigungshilfsmittelstamm haben Sie die Möglichkeit, Vorschlagswerte für die Einbindung im Arbeitsplan zu pflegen. Mit dem Button VORSCHLAGSWERTE PLAN wechseln Sie in die entsprechende Pflegesicht. Wie Sie in Abbildung 7.8 erkennen, entsprechen die Felder zu den Vorschlagswerten exakt denjenigen im Materialstamm (vgl. Abschnitt 7.1.1).

Allgemeine Daten

| | | nicht änderbar | |
|---|---|---|---|
| FHM Steuerungsprofil | 1 | ☐ | Alle Funktionen |
| Vorlagenschlüssel | | ☐ | |

Formeln

| | | nicht änderbar | |
|---|---|---|---|
| Formel Menge | SAPF01 | ☐ | FHM: Mengen |
| Einsatzwertformel | | ☐ | |

Terminierungsdaten

| | | | nicht änderbar | |
|---|---|---|---|---|
| Bezug Start | 01 | | ☐ | Starttermin Rüsten |
| Zeitabstand Start | | | ☐ | |
| Bezug Ende | 04 | | ☐ | Endtermin Durchführen |
| Zeitabstand Ende | 1 | H | ☐ | |

*Abbildung 7.8: Fertigungshilfsmittelstamm – Vorschlagswerte Arbeitsplan*

### 7.1.3 Dokument

Möchten Sie Dokumente wie z. B. Arbeitsanweisungen, Zeichnungen, Programme als Fertigungshilfsmittel einbinden, bietet sich die Nutzung eines *Dokumentenstammsatzes* an. Der eigentliche Zweck ist die Verbindung mit einem Dokumentenmanagementsystem von SAP oder auch einem Drittanbieter hinsichtlich aller verbundenen Funktionen wie Versionierung, digitaler Zugriff, berechtigungsbasierte Zugriffskontrolle etc. Bezüglich Nutzung und Einrichtung eines Dokumentenmanagementsystems sei auf entsprechende Literatur verwiesen, z. B. »Document Management with SAP S/4HANA« (Akhtar, SAP Press, 2020).

Wollen Sie jedoch nur einen Verweis auf die Dokumente in Ihrem Arbeitsplan einbinden, z. B. um die Dokumentnummern auf den Auftragspapieren mit anzudrucken, können Sie die Dokumentenstammsätze auch ohne Dokumentenmanagementsystem nutzen. Sie legen hierzu über die Transaktion *CV01N* (SAP MENÜ • LOGISTIK • PRODUKTION • STAMMDATEN • FERTIGUNGSHILFSMITTEL • FERTIGUNGSHILFSMITTEL • DOKUMENT • ANLEGEN) nur eine »Hülle« des Dokuments mit minimalen Informationen an.

Abbildung 7.9 zeigt einen Ausschnitt eines Dokumentenstammsatzes für eine ❶ Arbeitsanweisung (eigene Dokumentart ZAA) mit der ❷ BESCHREIBUNG *AA-1375* und dem ❸ DOKUMENTSTATUS *FR* (freigegeben). Diese Angaben sind ausreichend, um das Dokument als Fertigungshilfsmittel im Sinne eines Verweises zu nutzen. Zur Differenzierung Ihrer Dokumente legen Sie bei Bedarf eigene Dokumentarten im Customizing unter SPRO • ANWENDUNGSÜBERGREIFENDE KOMPONENTEN • DOKUMENTENVERWALTUNG • STEUERUNGSDATEN • DOKUMENTARTEN DEFINIEREN an.

**Dokumenten- vs. Fertigungshilfsmittelstamm**

Einen einfachen Andruck einer Dokumentnummer im Vorgang des Fertigungsauftrags erreichen Sie sowohl mit einem Dokumenten- als auch mit einem Fertigungshilfsmittelstammsatz. Der Dokumentenstammsatz erlaubt Ihnen durch die verschiedenen Dokumentarten aber eine differenzierte Selektion im Druckprogramm, um z. B. einzelne Dokumentarten nur unter bestimmten Umständen anzudrucken oder mehrere angebundene Dokumente nach ihrer Art zu gruppieren.

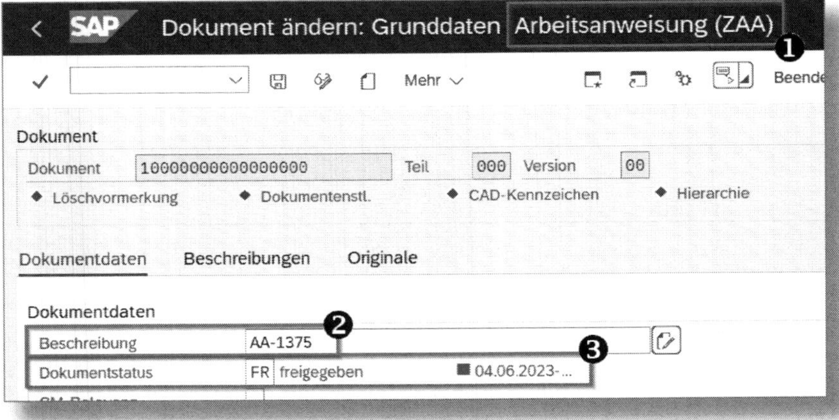


*Abbildung 7.9: Minimaler Dokumentenstammsatz zur Nutzung als Fertigungshilfsmittel – Ausschnitt*

## 7.1.4 Equipment

*Equipments* werden hauptsächlich in der Instandhaltung genutzt, um regelmäßig zu wartende Gegenstände, wie z. B. Maschinenteile, abzubilden. Sie können in Wartungspläne eingebunden werden. Daher eignen sie sich v. a. für Fertigungshilfsmittel, die in regelmäßigen Abständen gewartet (z. B. Werkzeuge) oder kalibriert werden müssen (z. B. Prüfmittel). Zudem kann das Equipment mit einer Serialnummer verknüpft werden und ist deshalb für serialnummernverwaltete Fertigungshilfsmittel von besonderem Interesse.

Ein neues Equipment legen Sie über die Transaktion *IE01* (SAP MENÜ • LOGISTIK • PRODUKTION • STAMMDATEN • FERTIGUNGSHILFSMITTEL • FERTIGUNGSHILFSMITTEL • EQUIPMENT • ANLEGEN) an. Eine detaillierte Beschreibung aller Sichten des Equipments würde den Rahmen dieses Kapitels sprengen, hierzu sei daher auf entsprechende Literatur wie »Schnelleinstieg in SAP S/4HANA EAM (Anlagenmanagement)« (Neiss, Espresso Tutorials, 2021: *http://5423.espresso-tutorials.de*) verwiesen.

Für die Nutzung eines Equipments als Fertigungshilfsmittel ist die Sicht FHM-DATEN maßgeblich (siehe Abbildung 7.10). Alle Felder auf dieser Sicht entsprechen den gleichnamigen Feldern im Materialstamm und im Fertigungshilfsmittelstamm (vgl. Abschnitt 7.1.1 sowie Abschnitt 7.1.2).

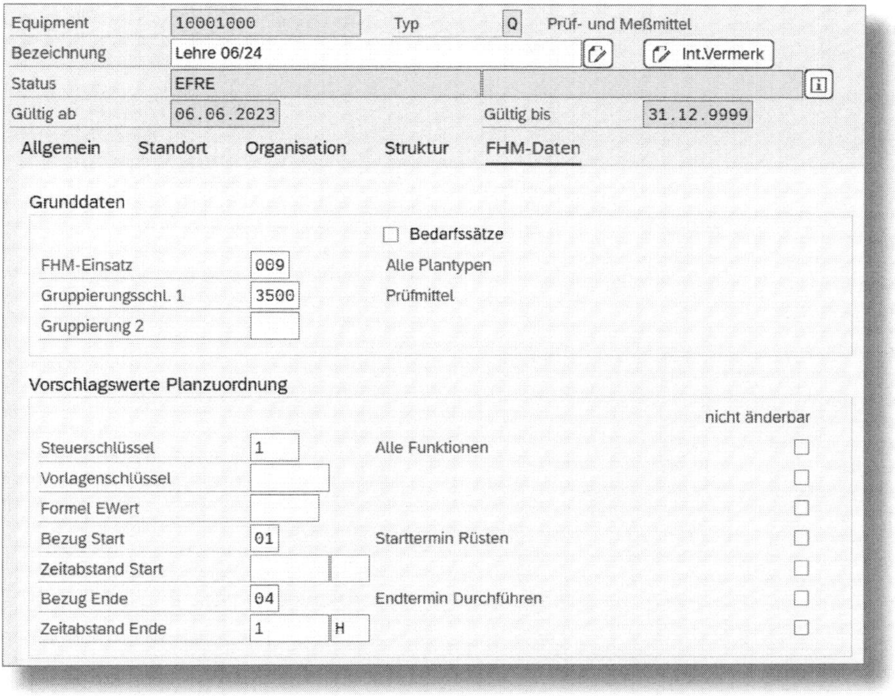

*Abbildung 7.10: Equipment – Sicht »FHM-Daten«*

**! Menge beim Equipment immer »1«**

Beachten Sie, dass es kein Feld für die Einsatzmengenberechnung des Fertigungshilfsmittels im Equipment gibt, da ein Equipment immer genau einen körperlichen Gegenstand repräsentiert.

## 7.2 Zuordnung im Arbeitsplan

Die angelegten Fertigungshilfsmittel ordnen Sie den jeweiligen Vorgängen im Arbeitsplan zu. Um in die Fertigungshilfsmittelübersicht zu gelangen, markieren Sie den gewünschten Vorgang und wählen über das Kopfmenü den Eintrag ❶ FERTHILFSMITTEL aus, oder Sie klicken doppelt auf das jeweilige Ankreuzfeld in der Spalte ❷ FE... (siehe Abbildung 7.11).

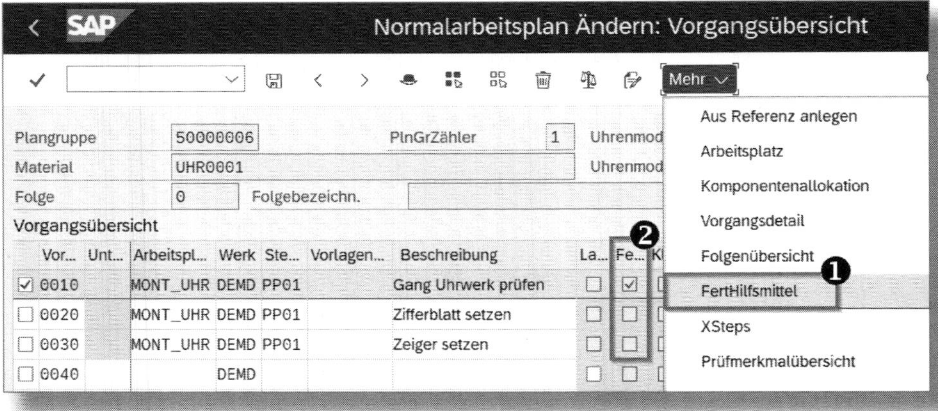


*Abbildung 7.11: Navigation zur Fertigungshilfsmittelübersicht*

In der Übersicht sehen Sie alle zugeordneten Fertigungshilfsmittel (siehe Abbildung 7.12). Die Spalte ❶ ART zeigt Ihnen, um welchen Typ von Fertigungshilfsmittel es sich handelt:

- D: Dokument
- E: Equipment

- M: Material
- S: Sonstiges (Fertigungshilfsmittelstamm)

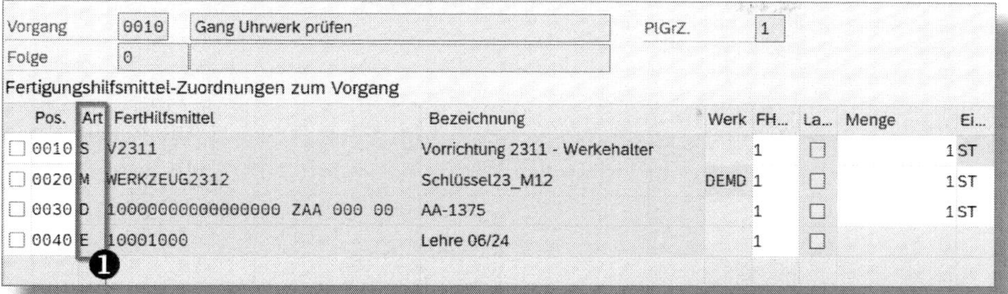

Vorgang 0010 Gang Uhrwerk prüfen PlGrZ. 1
Folge 0
Fertigungshilfsmittel-Zuordnungen zum Vorgang

| Pos. | Art | FertHilfsmittel | Bezeichnung | Werk | FH... | La... | Menge | Ei... |
|---|---|---|---|---|---|---|---|---|
| 0010 | S | V2311 | Vorrichtung 2311 - Werkehalter | | 1 | ☐ | 1 | ST |
| 0020 | M | WERKZEUG2312 | Schlüssel23_M12 | DEMD | 1 | ☐ | 1 | ST |
| 0030 | D | 10000000000000000 ZAA 000 00 | AA-1375 | | 1 | ☐ | 1 | ST |
| 0040 | E | 10001000 | Lehre 06/24 | | 1 | ☐ | | |

*Abbildung 7.12: Fertigungshilfsmittelübersicht im Arbeitsplan*

Über einen Doppelklick auf eine Position springen Sie in die Detailsicht (siehe Abbildung 7.13), in der Sie alle Vorschlagswerte noch ändern können, sofern Sie diese nicht im Fertigungshilfsmittel über das Ankreuzfeld »nicht änderbar« gesperrt haben (vgl. Abschnitt 7.1).

Vorgang 0010 Gang Uhrwerk prüfen PlGrZ. 1
Folge 0

Fertigungshilfsmittel
FHM-Positionsnummer 0010
FertHilfsmittel V2311 Vorrichtung 2311 - Werkehalter

Allgemeine Daten
FHM Steuerungsprofil 1 Alle Funktionen
Vorlagenschlüssel
☐ Langtext vorh.

Vorgabewerte

| | Vorgabewerte | | Formeln | |
|---|---|---|---|---|
| Menge | 1 | ST | SAPF01 | FHM: Mengen |
| Standardeinsatzwert | | | | |

*Abbildung 7.13: Fertigungshilfsmittel im Arbeitsplan – Detailsicht*

Leider ist im SAP-Standard keine Fertigungshilfsmittelbereitstellung implementiert, was sich auch in der fehlenden Funktionalität des Kennzeichens »Ladesätze« bzw. »Bedarfssätze« äußert (vgl. Abschnitt 7.1). Daher dient die Zuordnung zum Arbeitsplan in erster Linie der Information.

So haben Sie die Möglichkeit, zugeordnete Fertigungshilfsmittel auf den Auftragspapieren mitzudrucken. Zudem können Sie Listen und Auswertungen mit den berechneten Terminen in den Aufträgen bereitstellen und z. B. einer zentralen Werkzeugausgabe zur Verfügung stellen (siehe Abbildung 7.5).

**Fertigungshilfsmittel als Stücklistenkomponente**

Fertigungshilfsmittel nehmen durch die fehlenden Bedarfssätze nicht an der plangesteuerten Disposition teil und werden i. d. R. verbrauchsgesteuert disponiert. Wollen Sie zu verbrauchende Fertigungshilfsmittel (z. B. Betriebsmittel) dennoch plangesteuert disponieren, nehmen Sie diese als Stücklistenkomponenten auf, statt sie als Fertigungshilfsmittel anzulegen. Dazu muss natürlich eine mengenbezogene Zuordnung (fix oder variabel) zum Material des Stücklistenkopfes möglich sein. Achten Sie darauf, die Kalkulationsrelevanz zu entfernen (vgl. Abschnitt 3.3.2), sollten Sie auf diesen Workaround zurückgreifen wollen.

# 8 Integration im Fertigungsauftrag

**Der Fertigungsauftrag gehört zwar nicht zu den Stammdaten, aber in ihm laufen die Informationen aus den fertigungsrelevanten Stammdaten zusammen. Viele Einstellungen entfalten erst im Fertigungsauftrag ihre Wirkung. Zudem existieren auch für Fertigungsaufträge »stammdatenähnliche« Objekte wie das Fertigungssteuerungsprofil oder die auftragsartabhängigen Parameter, die in ihren Ausprägungen und Funktionen eng mit den anderen Stammdaten verknüpft sind.**

Der *Fertigungsauftrag* ist das zentrale Objekt innerhalb der Fertigungssteuerung und beschreibt, welches Material zu welchem Termin in welcher Menge zu produzieren ist. Er beinhaltet zudem die benötigten Komponenten mit Bedarfsterminen und genauer Menge sowie die einzelnen Tätigkeiten zur Bearbeitung mit dabei erforerlichen Fertigungshilfsmitteln. Alle diese Informationen werden bei Auftragseröffnung aus den zuvor angelegten Stammdaten integriert.

In diesem Kapitel erfolgt zunächst eine schlaglichtartige Darstellung, wie sich die in den vorigen Kapiteln behandelten Einstellungen der Stammdaten im Fertigungsauftrag auswirken. Anschließend werden wichtige »Customizing-Stammdaten« für Fertigungsaufträge vorgestellt.

## 8.1 Kopfmaterial

In den meisten Fällen werden Fertigungsaufträge zu einem Material angelegt. Man bezeichnet dieses in Abgrenzung zu den benötigten Komponenten als *Kopfmaterial*. Der integrative Charakter des Fertigungsauftrags wird besonders deutlich, wenn Sie manuell einen neuen Auftrag über die Transaktion *CO01* (SAP MENÜ • LOGISTIK • PRODUKTION • FERTIGUNGSSTEUERUNG • AUFTRAG • ANLEGEN • MIT MATERIAL) erstellen. Die Angabe von Kopfmaterial und Werk ist bereits ausreichend, um den Auftrag anzulegen (siehe Abbildung 8.1).

| Material | WECKER0001 |
|---|---|
| Produktionswerk | DEMD |
| Planungswerk | |
| Auftragsart | |
| Auftrag | |

*Abbildung 8.1: Fertigungsauftrag – Einstieg in die Anlage*

Bei vollständigen Stammdaten geben Sie anschließend nur noch die GESAMTMENGE und je nach Terminierungsart den START oder das ENDE ein, um den Auftrag eröffnen bzw. freigeben zu können (siehe Abbildung 8.2).

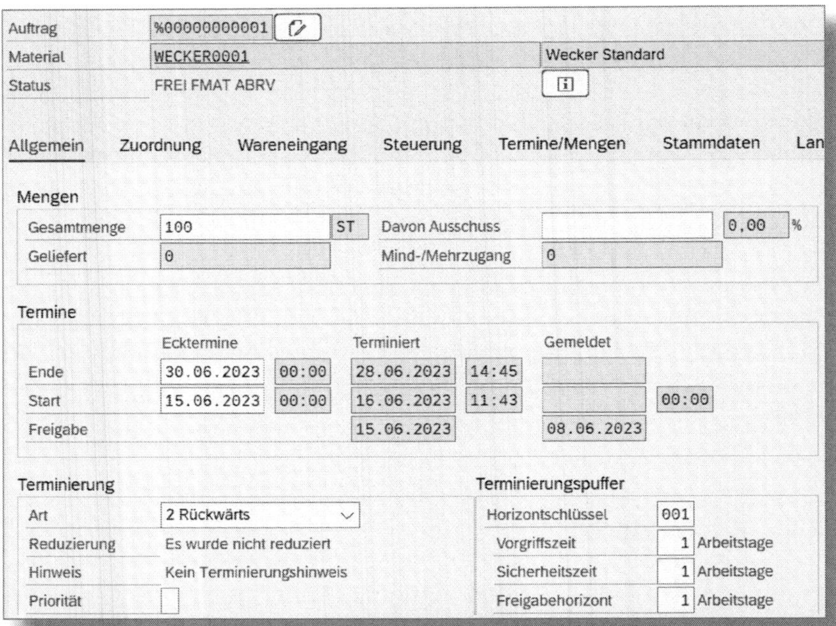


*Abbildung 8.2: Fertigungsauftrag – freigegeben*

Aus dem Materialstamm wird eine Reihe von Feldern in den Fertigungsauftrag übernommen. Auf der Registerkarte ALLGEMEIN werden der

Baugruppenausschuss (Davon Ausschuss) und der Horizontschlüssel aus den Sichten Disposition 1 und Disposition 2 eingetragen.

Auf der Registerkarte Zuordnung (siehe Abbildung 8.3) wird die organisatorische Zuordnung von Disponent und Fertigungssteuerer des Materials übernommen. Über den Fertigungssteuerer oder direkt aus dem Materialstamm erfolgt die Zuweisung des Fertigungssteuerungsprofils (vgl. Abschnitt 8.4), über das wiederum die Standardauftragsart (vgl. Abschnitt 8.3) für die Auftragseröffnung gefunden wird.

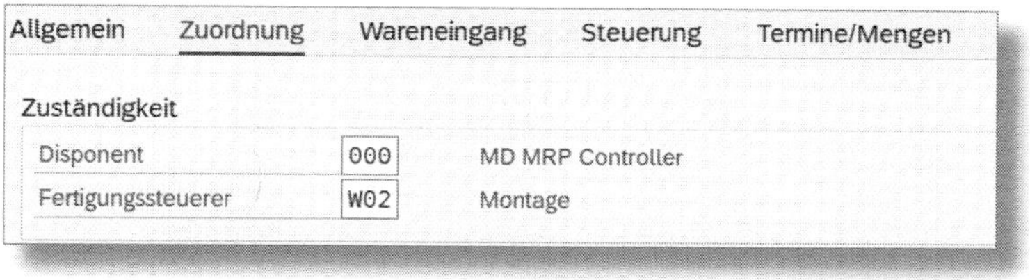

Allgemein Zuordnung Wareneingang Steuerung Termine/Mengen

Zuständigkeit

Disponent 000 MD MRP Controller

Fertigungssteuerer W02 Montage

*Abbildung 8.3: Fertigungsauftrag – organisatorische Zuordnung*

Die Registerkarte Wareneingang (siehe Abbildung 8.4) beinhaltet u. a. den Lagerort für den Zugang und die Wareneingangsbearbeitungszeit (WE-BearbeitZeit) aus der Sicht Disposition 2 sowie die Toleranzen aus der Sicht »Arbeitsvorbereitung«.

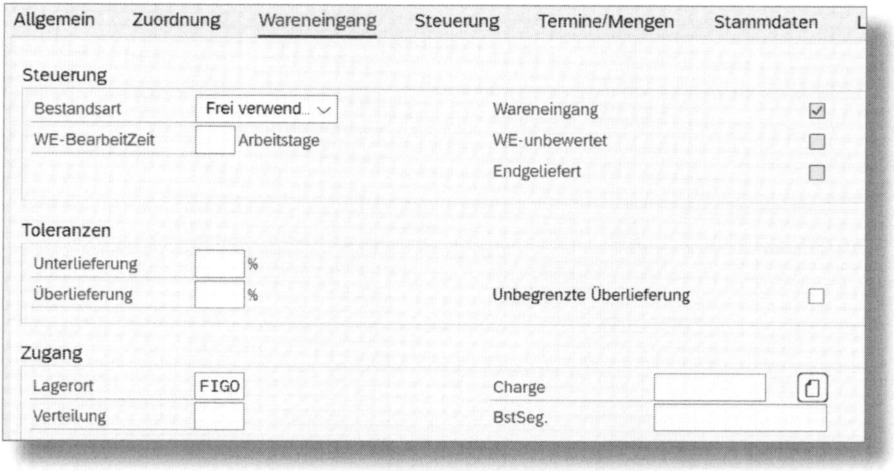

Allgemein Zuordnung Wareneingang Steuerung Termine/Mengen Stammdaten

Steuerung

Bestandsart Frei verwend... Wareneingang ☑

WE-BearbeitZeit Arbeitstage WE-unbewertet ☐

Endgeliefert ☐

Toleranzen

Unterlieferung %

Überlieferung % Unbegrenzte Überlieferung ☐

Zugang

Lagerort FIGO Charge

Verteilung BstSeg.

*Abbildung 8.4: Fertigungsauftrag – Wareneingangsinformationen*

**! Materialstamm bestimmt übernommene Werte**

Beachten Sie, dass die Ausführungen in diesem Abschnitt nur exemplarisch sind. Je nach Ausprägung des Materialstamms unterscheiden sich die in den Fertigungsauftrag übernommenen Werte.

**Übernommene Werte änderbar**

Nahezu alle aus dem Materialstamm übernommenen Werte sind im Fertigungsauftrag änderbar. Sie sollten aber den Materialstamm so umfassend wie möglich auf Ihren Standardprozess abstimmen, um den Pflegeaufwand für die Fertigungssteuerung zu minimieren. Ein manuelles Eingreifen ist dann nur bei Sonderfällen nötig.

## 8.2 Arbeitsplan und Stückliste

Die Materialnummer des Kopfmaterials ist auch der Einstieg, mit dem das System im Hintergrund die Fertigungsversion, die dazugehörige Stückliste und den Arbeitsplan selektiert. Alle drei zugeordneten Objekte werden im Auftragskopf auf der Registerkarte STAMMDATEN zusammengefasst (siehe Abbildung 8.5). Über den ❶ Button öffnen Sie das Dialogfeld zum Nachlesen der Stammdaten. Auf diesem Weg können Sie eine alternative Fertigungsversion auswählen oder die Stückliste und den Arbeitsplan bei zwischenzeitlichen Änderungen im Auftrag aktualisieren.

**! Stammdaten lassen sich nur bis zum Bearbeitungsstart nachlesen**

Beachten Sie, dass das Nachlesen der Stammdaten nur für noch nicht angearbeitete Fertigungsaufträge möglich ist, d. h., es dürfen noch keine Warenbewegungen oder Rückmeldungen gebucht sein. Ist der Auftrag bereits freigegeben, wird er auf den Status »Eröffnet« zurückgesetzt.

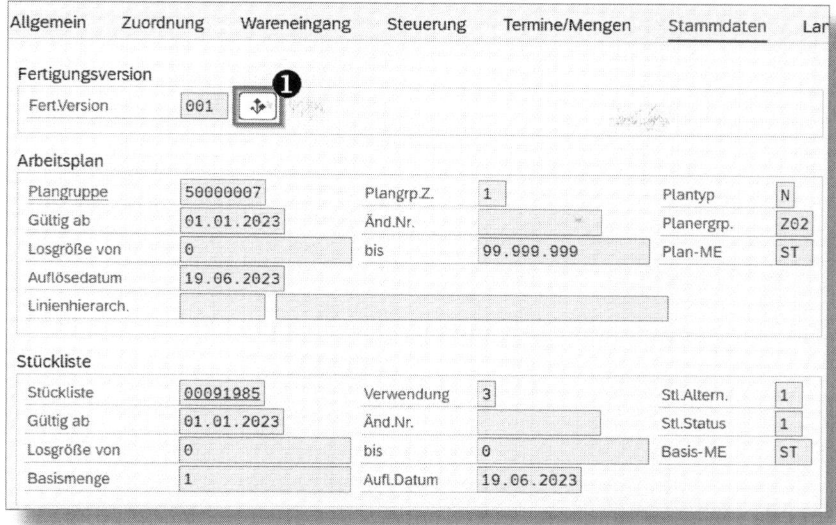


*Abbildung 8.5: Fertigungsauftrag – zugeordnete Stammdaten*

**☛ Stammdaten als Vorlage**

Ebenso wie die Werte des Materialstamms dienen auch Stückliste und Arbeitsplan als Vorlage zur Erstellung des Fertigungsauftrags. Bei korrekten Stammdaten ist im Standardfall kein Eingreifen nötig. Dennoch kann die Fertigungssteuerung jederzeit für konkrete Fertigungsaufträge Vorgänge oder Komponenten hinzufügen, ändern oder löschen, ohne dass die Änderungen Auswirkungen auf Arbeitsplan und Stückliste haben.

Das Einlesen des Arbeitsplans erzeugt die Vorgänge im Fertigungsauftrag. In die Vorgangsübersicht springen Sie aus dem Auftragskopf über den ❶ Button VORGÄNGE (siehe Abbildung 8.6). Analog werden über die Stückliste die benötigten Komponenten in den Auftrag geschrieben. Die Komponentenübersicht erreichen Sie über den ❷ Button KOMPONENTEN.

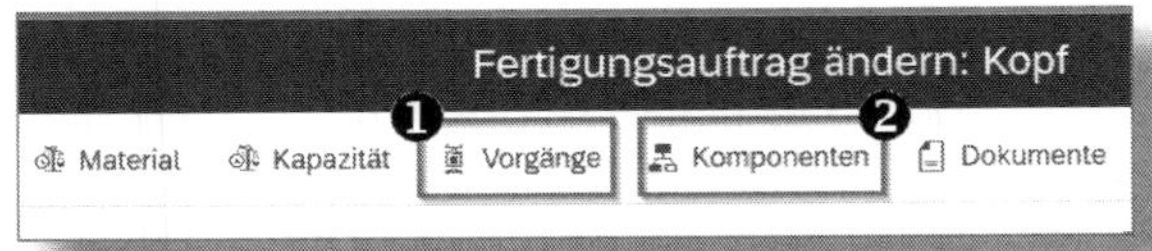


*Abbildung 8.6: Absprung in Vorgangs- und Komponentenübersicht*

Die *Vorgangsübersicht* enthält alle Vorgänge zur Bearbeitung eines Fertigungsauftrags. Die Angaben in Ihrem Arbeitsplan (vgl. Kapitel 5) werden hierher übernommen, was sich in einer sehr ähnlichen Darstellung widerspiegelt (siehe Abbildung 8.7).

In der Vorgangsübersicht können Sie bei den ❶ übernommenen Vorgängen Arbeitsplatz (Arbeitspl...), Werk, Steuerschlüssel (Ste...) und Kurztext anpassen. Die ❷ Zuordnung von Komponenten (KO...) und Fertigungshilfsmitteln (FHM) wird ebenfalls übernommen. Mit einem Doppelklick auf das markierte Kennzeichen hängen Sie diese bei Bedarf an andere Vorgänge an oder entfernen sie.

Die ❸ Vorgangsmenge (Vorgan...) kann nicht auf der Vorgangsebene beeinflusst werden, da sie sich aus der zu fertigenden Menge des Kopfmaterials und einem eventuellen Umrechnungsfaktor (vgl. Abschnitt 5.3.2) berechnet. Analog sind die Termine (Start/Ende) nicht manuell anpassbar, da sie aus den hinterlegten Vorgabewerten und der Vorgangsmenge ermittelt werden.

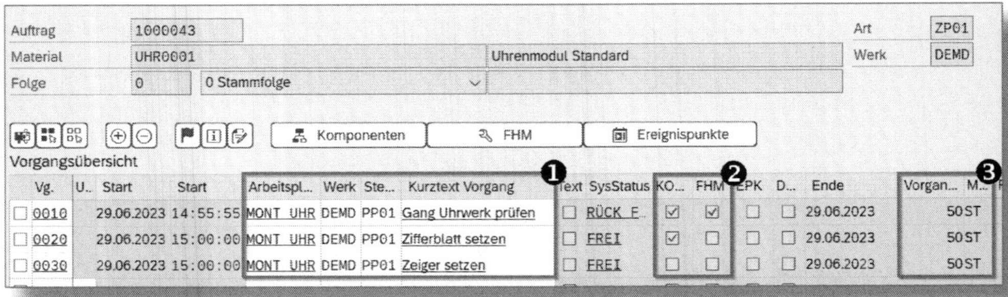


*Abbildung 8.7: Fertigungsauftrag – Vorgangsübersicht, Ausschnitt*

Mit einem Doppelklick auf die Vorgangsnummer (Vg.) springen Sie in die Vorgangsdetails (siehe Abbildung 8.8). Hier steht Ihnen eine Vielzahl an Feldern und Eingabemöglichkeiten zur Verfügung, die Sie auch im Arbeitsplan haben. Für den konkreten Auftragsvorgang treffen Sie hier bei Bedarf abweichende Eingaben. Je nach Art der Änderung ist eine Neuterminierung, Neukalkulation oder ein Wiederholdruck der Auftragspapiere notwendig. Änderungen sind nur an solchen Vorgängen sinnvoll, die noch nicht rückgemeldet wurden.

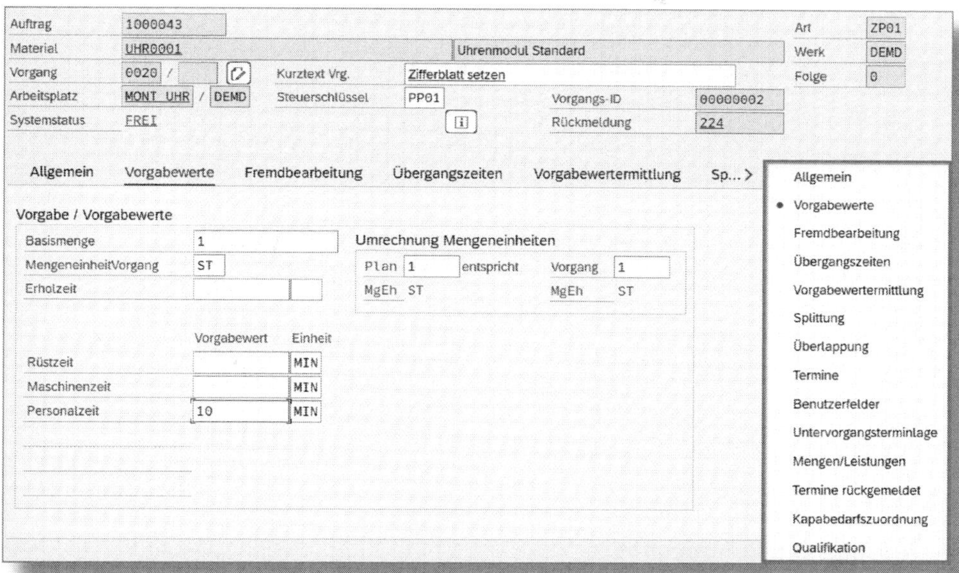


*Abbildung 8.8: Fertigungsauftrag – Vorgangsdetails*

Die *Komponentenübersicht* listet alle benötigten Komponenten auf und enthält hierzu die Angaben aus der Stückliste (vgl. Kapitel 3), die auch im Fertigungsauftrag in ähnlicher Form aufgeführt werden (siehe Abbildung 8.9).

Die ➊ KOMPONENTEN entsprechen Ihren Stücklistenpositionen und können (je nach eventuell einschränkenden Bedingungen wie Materialausläufen) für den konkreten Auftrag noch ausgetauscht werden. Die ➋ Bedarfsmenge (BEDARF...) errechnet sich aus der Kopfmenge des Fertigungsauftrags und dem Mengenfaktor in der Stücklistenposition sowie eventuellen Ausschussangaben (vgl. Abschnitt 8.2.1). Die automatisch kalkulierte Bedarfsmenge ist trotzdem überschreibbar.

Zudem enthält die Komponentenübersicht eine Reihe von ❸ Kennzeichen, die Besonderheiten in der Steuerung der jeweiligen Position übersichtlich aufzeigen (Dummy-Positionen, Auslaufarten des Materialauslaufs, Schüttgüter, retrograde Entnahme usw.).

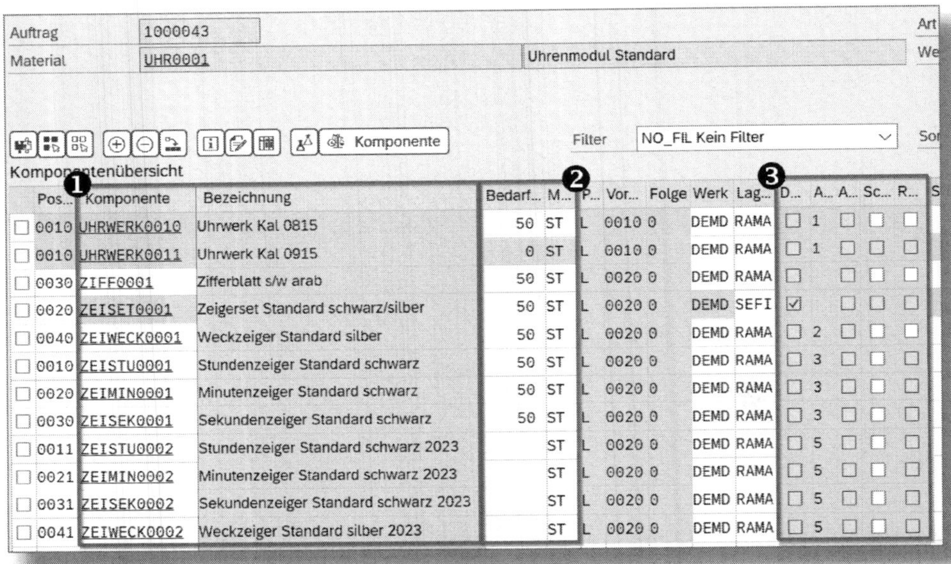


| Pos... | Komponente | Bezeichnung | Bedarf... | M... | P... | Vor... | Folge | Werk | Lag... | D... | A... | A... | Sc... | R... |
|---|---|---|---|---|---|---|---|---|---|---|---|---|---|---|
| 0010 | UHRWERK0010 | Uhrwerk Kal 0815 | 50 | ST | L | 0010 | 0 | DEMD | RAMA | ☐ | 1 | ☐ | ☐ | ☐ |
| 0010 | UHRWERK0011 | Uhrwerk Kal 0915 | 0 | ST | L | 0010 | 0 | DEMD | RAMA | ☐ | 1 | ☐ | ☐ | ☐ |
| 0030 | ZIFF0001 | Zifferblatt s/w arab | 50 | ST | L | 0020 | 0 | DEMD | RAMA | ☐ | | ☐ | ☐ | ☐ |
| 0020 | ZEISET0001 | Zeigerset Standard schwarz/silber | 50 | ST | L | 0020 | 0 | DEMD | SEFI | ☑ | | ☐ | ☐ | ☐ |
| 0040 | ZEIWECK0001 | Weckzeiger Standard silber | 50 | ST | L | 0020 | 0 | DEMD | RAMA | ☐ | 2 | ☐ | ☐ | ☐ |
| 0010 | ZEISTU0001 | Stundenzeiger Standard schwarz | 50 | ST | L | 0020 | 0 | DEMD | RAMA | ☐ | 3 | ☐ | ☐ | ☐ |
| 0020 | ZEIMIN0001 | Minutenzeiger Standard schwarz | 50 | ST | L | 0020 | 0 | DEMD | RAMA | ☐ | 3 | ☐ | ☐ | ☐ |
| 0030 | ZEISEK0001 | Sekundenzeiger Standard schwarz | 50 | ST | L | 0020 | 0 | DEMD | RAMA | ☐ | 3 | ☐ | ☐ | ☐ |
| 0011 | ZEISTU0002 | Stundenzeiger Standard schwarz 2023 | | ST | L | 0020 | 0 | DEMD | RAMA | ☐ | 5 | ☐ | ☐ | ☐ |
| 0021 | ZEIMIN0002 | Minutenzeiger Standard schwarz 2023 | | ST | L | 0020 | 0 | DEMD | RAMA | ☐ | 5 | ☐ | ☐ | ☐ |
| 0031 | ZEISEK0002 | Sekundenzeiger Standard schwarz 2023 | | ST | L | 0020 | 0 | DEMD | RAMA | ☐ | 5 | ☐ | ☐ | ☐ |
| 0041 | ZEIWECK0002 | Weckzeiger Standard silber 2023 | | ST | L | 0020 | 0 | DEMD | RAMA | ☐ | 5 | ☐ | ☐ | ☐ |

*Abbildung 8.9: Fertigungsauftrag – Komponentenübersicht, Ausschnitt*

### Fertigungsauftrag mit Dummy und Materialauslauf

Abbildung 8.9 zeigt eine recht komplexe Komponentenübersicht, da hier verschiedene Beispiele aus Kapitel 3 zusammenlaufen. So ist die Komponente ZEISET0001 eine Dummy-Position (D...), bestehend aus den einzelnen Zeigern (vgl. Abschnitt 3.1.2). Zudem sind mehrere unterschiedliche Materialausläufe integriert (vgl. Abschnitt 3.4.2). Das UHRWERK0010 wird durch UHRWERK0011 per Einfachauslauf (A...: *1*) ersetzt. Analog laufen die einzelnen Zeiger (ZEI*0001) parallel aus (A...: *2/3*) und werden durch neue Varianten (ZEI*0002) ersetzt (A...: *5*). Für alle Auslaufmaterialien ist jedoch noch genügend Bestand vorhanden, daher haben die Nachfolgekomponenten aktuell keine Bedarfsmenge (*0* bzw. *leer*).

Über einen Doppelklick auf die Positionsnummer (Pos...) springen Sie in die Detailsicht der Komponente (siehe Abbildung 8.10). Einzelne Angaben und Kennzeichen sind hier änderbar. Was genau änderbar ist, hängt von der konkreten Ausgestaltung der Komponente und den Einstellungen in der Stückliste ab, da sich viele Einstellungen gegenseitig ausschließen oder nur in der Stückliste bzw. im Materialstamm selbst gepflegt werden können (z. B. Dummy-Position oder Ausschussangaben). Auch den BEDARFSTERMIN können Sie manuell nicht ändern, da er über die Terminierung ermittelt wird und vom zugeordneten Vorgangstermin abhängt.

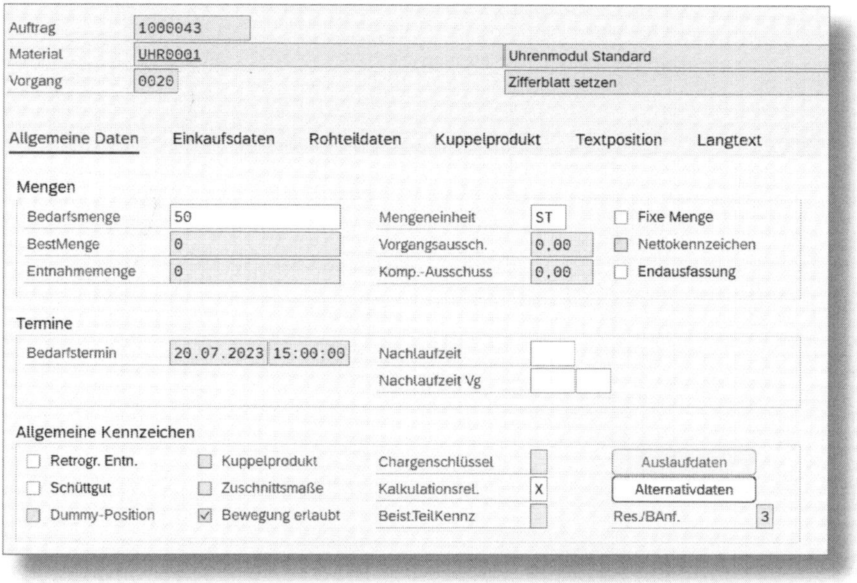

*Abbildung 8.10: Fertigungsauftrag – Komponentendetails, Ausschnitt*

**! Eingriffe im Fertigungsauftrag reduzieren**

Manuelle Eingriffe in den Vorgangsdetails oder den Stücklistenkomponenten sollten bei Fertigungsaufträgen die Ausnahme sein. Nimmt die Fertigungssteuerung hier regelmäßig Änderungen vor, ist dies ein wichtiger Hinweis auf falsche oder unzureichend gepflegte Stammdaten.

### 8.2.1 Mengenberechnung

Die Bedarfsmengen der Komponenten werden maßgeblich durch die Stückliste bestimmt. Grundsätzlich gilt:

- Bedarfsmenge = (Einsatzmenge Stücklistenposition)/(Basismenge Stücklistenkopf) × Auftragsmenge

Diese einfache Berechnung kann jedoch durch weitere Angaben in den Stücklistenpositionen und im Materialstamm beeinflusst werden. Ob der jeweilige Einflussfaktor aktiv ist, erkennen Sie auch im Fertigungsauftrag (siehe Abbildung 8.11 und Abbildung 8.12). Zu den beeinflussenden Faktoren gehören:

❶ Fixe Menge in der Stücklistenposition

❷ Vorgangs- (Vorgangsaussch.) und Komponentenausschuss (Komp.-Ausschuss) in der Stücklistenposition bzw. im Materialstamm

❸ Baugruppenausschuss (Davon Ausschuss) im Materialstamm des Kopfmaterials mit/ohne ...

❹ Nettokennzeichen in den Stücklistenpositionen

❺ Alternativpositionen (Alternativdaten) oder Materialauslauf (Auslaufdaten)

Eine ausführliche Beschreibung der genannten Einflussfaktoren finden Sie in Abschnitt 3.3.1 für die Ausschussberechnung, in Abschnitt 3.4.2 für den Materialauslauf und in Abschnitt 3.4.3 für die Alternativpositionen.

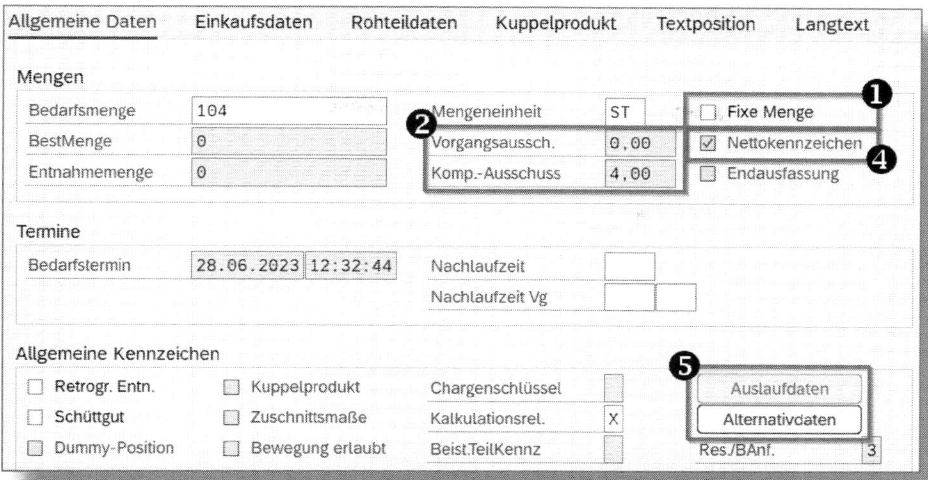


*Abbildung 8.11: Komponentendetails – Einflussfaktoren auf die Berechnung der Bedarfsmenge*

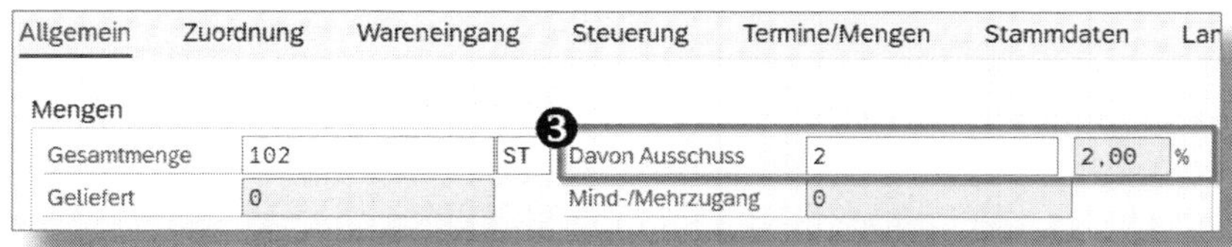


*Abbildung 8.12: Auftragskopf – berücksichtigter Baugruppenausschuss*

## 8.2.2 Terminierung

Über die *Terminierung* ermittelt das System die Produktionstermine des Fertigungsauftrags (TERMINIERT in Abbildung 8.13), die Sie im Gegensatz zu den Eckterminen nicht manuell vorgeben können. Eine Übersicht aller Termine auf Kopfebene finden Sie auf der Registerkarte TERMINE/MENGEN. In den Vorgangsdetails sehen Sie zudem auf der Registerkarte TERMINE eine detaillierte Aufstellung aller Zeitabschnitte und Übergangszeiten für jeden einzelnen Vorgang (siehe Abbildung 8.14).

Allgemein | Zuordnung | Wareneingang | Steuerung | Termine/Mengen | Stammdaten

Termine

| | Freigabe | Start | | Ende | |
|---|---|---|---|---|---|
| Planauftrag | | 23.05.2023 | | 31.05.2023 | |
| Ecktermine | | 14.06.2023 | 00:00:00 | 27.06.2023 | 00:00:00 |
| Terminiert | 14.06.2023 | 15.06.2023 | 06:00:00 | 23.06.2023 | 09:50:03 |
| Gemeldet | 14.06.2023 | | 00:00:00 | | 00:00:00 |
| Bestätigt | | | | 23.06.2023 | |

*Abbildung 8.13: Fertigungsauftrag – Terminübersicht*

< Vorgabewertermittlung | Splittung | Überlappung | Termine | Benutzerfelder | Untervorgang

Termine der Vorgangsabschnitte

| | Früheste Lage | | Späteste Lage | | Dauer | Einh |
|---|---|---|---|---|---|---|
| Warten | | | | | 1,0 | H |
| Rüsten | 15.06.2023 | | 15.06.2023 | | 3,0 | H |
| | 06:00:00 | | 07:22:46 | | | |
| Bearbeiten | 15.06.2023 | | 15.06.2023 | | 10,5 | H |
| | 10:08:17 | | 11:31:03 | | | |
| Abrüsten | 16.06.2023 | 16.06.2023 | 16.06.2023 | 16.06.2023 | 0,0 | H |
| | 08:37:15 | 08:37:15 | 10:00:01 | 10:00:01 | | |
| Liegen | 16.06.2023 | 16.06.2023 | 16.06.2023 | 16.06.2023 | 5,0 | H |
| | 08:37:15 | 13:37:15 | 10:00:01 | 15:00:01 | | |
| Transport | | | | | 0,0 | |

*Abbildung 8.14: Fertigungsauftrag – Produktionstermine auf Vorgangsebene*

Während sich die ECKTERMINE aus der Eigenfertigungszeit im Materialstamm ergeben (vgl. Abschnitt 2.3.2 und Abschnitt 2.6.3), errechnen sich die Produktionstermine aus einer Reihe verschiedener Angaben und Einstellungen:

- Die Vorgabewerte im Arbeitsplan bilden die Basis für die Vorgangsdauer (vgl. Abschnitt 5.3.2).
- Die Formeln zur Terminierung am Arbeitsplatz bestimmen, wie die Vorgabewerte verrechnet werden (vgl. Abschnitt 4.5).
- Gepflegte Übergangszeiten im Arbeitsplan beeinflussen die Zeit zwischen den einzelnen Vorgängen (vgl. Abschnitt 5.3.2).
- Angaben zur Splittung und Überlappung ermöglichen eine Reduzierung der Zeiten der Vorgänge (vgl. Abschnitt 5.3.3).
- Die Nutzung einer Reduzierungsstrategie aktiviert Überlappung oder Split und verkleinert Übergangszeiten (vgl. Abschnitt 5.3.2).

**! Nachvollziehbarkeit der Terminierungsergebnisse**

Nutzen Sie viele Zeitkomponenten und Einstellungen mit Auswirkungen auf die Terminierung (Horizonte, Liegezeiten, Reduzierung, komplexe Formeln etc.), kann das Ergebnis durchaus schwer nachvollziehbar werden. Legen Sie daher möglichst einheitlich fest, welche Zeitkomponenten Sie in der Terminierung berücksichtigen wollen, und vermeiden Sie eine Zweckentfremdung von terminierungsrelevanten Feldern. Denken Sie außerdem daran, dass einige Zeiten in Tagen und andere in Arbeitstagen angegeben werden.

Von zentraler Bedeutung sind neben den gepflegten Stammdaten die *Terminierungsparameter*. Hierbei handelt es sich um grundlegende Einstellungen, wie die Terminierung im Fertigungsauftrag durchgeführt wird. Obwohl sie eher der Fertigungssteuerung zuzuordnen sind, werden die Terminierungsparameter im Folgenden kurz vorgestellt, da sie großen Einfluss auf die Verarbeitung der Stammdaten haben.

Die Terminierungsparameter pflegen Sie mit der Customizing-Transaktion *OPU3* (SPRO • PRODUKTION • FERTIGUNGSSTEUERUNG • VORGÄNGE • TERMINIERUNG • TERMINIERUNGSPARAMETER FERTIGUNGSAUFTRÄGE FESTLEGEN). Für jede Auftragsart (vgl. Abschnitt 8.3) müssen Sie mindestens einen Eintrag anlegen, anderenfalls kann der Fertigungsauftrag nicht terminiert und damit auch nicht gesichert werden. Zudem haben Sie die Möglichkeit, je nach Fertigungssteuerer (FerSt) abweichende Terminierungsparameter anzulegen (siehe Abbildung 8.15).

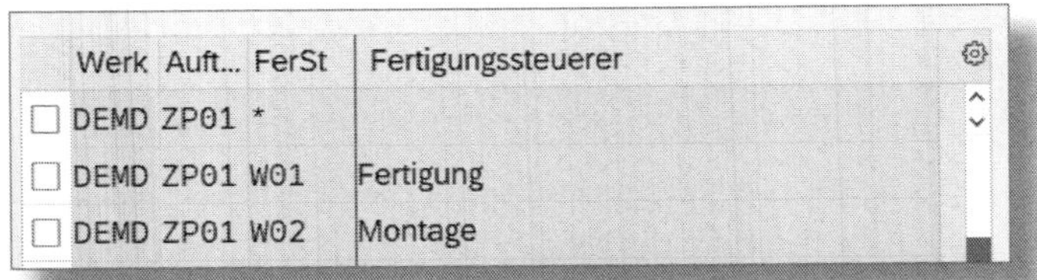

| Werk | Auft... | FerSt | Fertigungssteuerer |
|---|---|---|---|
| DEMD | ZP01 | * | |
| DEMD | ZP01 | W01 | Fertigung |
| DEMD | ZP01 | W02 | Montage |

*Abbildung 8.15: Transaktion OPU3 – Differenzierung Terminierungsparameter*

Die einzelnen Einstellungen der Terminierungsparameter sind in Abbildung 8.16 ersichtlich: Im ersten Bildbereich Feinterminierung ist das Kennzeichen Terminierung im Sinne der Durchlaufterminierung grundsätzlich aktiviert. Sie entscheiden, ob das System für diese Auftragsart auch Kapazitätsbedarfe erzeugen soll.

**☛ Terminierung von Planaufträgen**

Fertigungsaufträge werden grundsätzlich durchlaufterminiert. Daher ist das Kennzeichen Terminierung gesetzt und ausgegraut (siehe Abbildung 8.16). Die Option ist aufgeführt, da es eine entsprechende Customizing-Transaktion für Planaufträge gibt, in der die Durchlaufterminierung optional aktiviert werden kann (Transaktion *OPU5* bzw. SPRO • Produktion • Bedarfsplanung • Planung • Terminierungs- und Kapazitätsparameter • Terminierungsparameter Planaufträge festlegen).

| Werk | DEMD | Plant Magdeburg |
|---|---|---|
| Auftragsart | ZP01 | Fertigungsauftrag Standard |
| FertSteuerer | W02 | Montage |

Feinterminierung

- [x] Terminierung
- [x] Kapazitätsbedarfe erzeugen

Terminanpassung

Termine anpassen: Ecktermine anpassen, Sekundärbedarf auf Vorgangstermine

Terminierungssteuerung für Feinterminierung

Terminierungsart: 2 Rückwärts
Start in Vergangenheit:

- [x] Terminierung automatisch
- [ ] Protokoll automatisch
- [ ] Pausengenaue Terminierung
- [ ] Von Produktionsterminen
- [ ] Verschieben Auftrag

Bedarfsterminbestimmung der Komponenten

Vorgangsabschnitt: Rüsten

- [x] Material späteste Lage

Reduzierung

Reduzierungsart: Alle Vorgänge des Auftrags werden reduziert
Maximale Reduzierungsstufe: 6 reduzieren bis maximale Reduzierungsstufe 6

| | S1 | S2 | S3 | S4 | S5 | S6 |
|---|---|---|---|---|---|---|
| %Red. Vorgriffs-/Sicherheitszeit | | | | | | |

*Abbildung 8.16: Fertigungsauftrag – Terminierungsparameter*

Im Bildbereich TERMINANPASSUNG setzen Sie fest, wie das System reagieren soll, wenn die ermittelten Produktionstermine nicht innerhalb der Ecktermine liegen. Zudem treffen Sie hier die Entscheidung, ob die Bedarfstermine der den einzelnen Vorgängen zugeordneten Komponenten auf den Vorgangstermin oder den Eckstarttermin gelegt werden (siehe Abbildung 8.17). Diese Einstellung ist auch für die Berechnung der Nachlaufzeit relevant (vgl. Abschnitt 3.3.1).

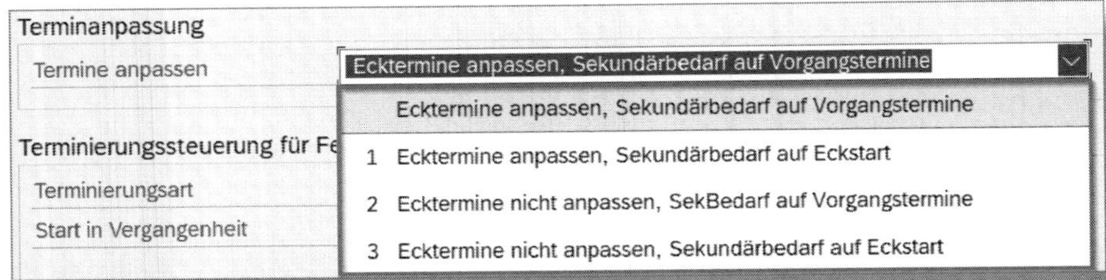


*Abbildung 8.17: Fertigungsauftrag – Terminanpassung und Lage der Sekundärbedarfe*

Der Bildbereich TERMINIERUNGSSTEUERUNG FÜR FEINTERMINIERUNG (siehe Abbildung 8.16) enthält diverse Steuerungsparameter. Zunächst legen Sie die grundsätzliche TERMINIERUNGSART fest (siehe Abbildung 8.18). Hierbei stehen die Vorwärtsterminierung (ausgehend vom Eckstart), die Rückwärtsterminierung (ausgehend vom Eckende) jeweils mit oder ohne Uhrzeiten sowie eine Terminierung ausgehend vom Tagesdatum zur Verfügung. Der Eintrag NUR KAPAZITÄTSBEDARFE schaltet die Terminierung praktisch aus, und alle Vorgänge liegen zeitgleich zwischen Eckstart und Eckende.

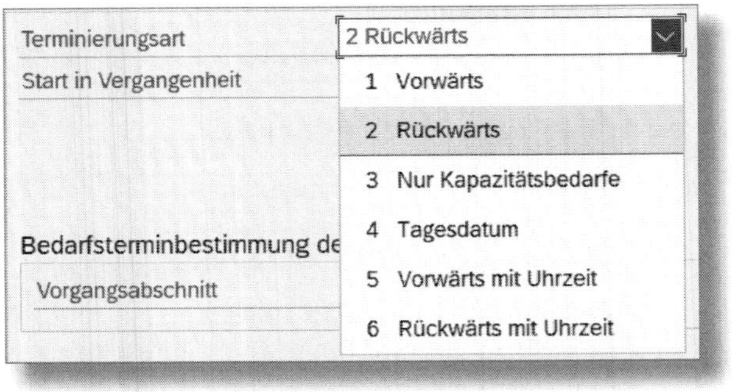

Terminierungsart — 2 Rückwärts
Start in Vergangenheit
1 Vorwärts
2 Rückwärts
3 Nur Kapazitätsbedarfe
4 Tagesdatum
5 Vorwärts mit Uhrzeit
6 Rückwärts mit Uhrzeit
Bedarfsterminbestimmung de
Vorgangsabschnitt

*Abbildung 8.18: Fertigungsauftrag – verfügbare Terminierungsarten*

Falls gewünscht, geben Sie im Feld START IN VERGANGENHEIT (siehe Abbildung 8.16) die Anzahl von Tagen an, die der terminierte Starttermin in der Vergangenheit liegen darf. Ohne Eintrag starten alle Aufträge auch bei Verzug frühestens zum Tagesdatum.

Die Kennzeichen auf der rechten Seite des Bildbereichs bewirken im Einzelnen Folgendes:

- TERMINIERUNG AUTOMATISCH: Der Auftrag wird bei jedem Sichern automatisch terminiert. Die Aktivierung dieses Kennzeichens ist praktisch nur für eröffnete Aufträge relevant, da es bei Freigabe des Auftrags vom System automatisch gesetzt wird.
- PROTOKOLL AUTOMATISCH: Das Terminierungsprotokoll wird nach der Terminierung sofort angezeigt. Anderenfalls erhalten Sie nur einen Hinweis auf eventuelle Fehler- und Warnmeldungen im Protokoll.
- PAUSENGENAUE TERMINIERUNG: Die Terminierung berücksichtigt die zeitliche Lage der Pausen, sodass ein errechneter Termin nicht in eine Pausenzeit fällt. Damit diese Funktion genutzt werden kann, muss einerseits eine Terminierungsart mit Uhrzeit gewählt werden und andererseits dem Kapazitätsangebot des Arbeitsplatzes ein Schichtprogramm mit definierten Pausenzeiten zugewiesen sein (vgl. Abschnitt 4.4.2).
- VON PRODUKTIONSTERMINEN: Ist dieses Kennzeichen gesetzt, müssen Sie die Produktionstermine als Ausgangspunkt für die Terminierung vorgeben. Ohne Kennzeichen geht das System von den Eckterminen aus. Eine Vorgabe der Produktionstermine ergibt u. U. dann Sinn, wenn die Terminierung in einem Drittsystem (z. B. MES) stattfindet.
- VERSCHIEBEN AUFTRAG: Die Isttermine vorhandener Rückmeldungen werden bei einer erneuten Terminierung nicht berücksichtigt. Ohne das Kennzeichen wird von den bereits gemeldeten Istterminen ausgehend weiterterminiert.

Im Bildbereich BEDARFSTERMINBESTIMMUNG DER KOMPONENTEN geben Sie den VORGANGSABSCHNITT an (*Rüsten*, *Bearbeiten* oder *Abrüsten*), auf dessen Termine der Bedarfstermin der Komponenten gelegt wird. Grundsätzlich wird hierzu der früheste terminierte Termin des Vorgangsabschnitts genutzt. Möchten Sie den Bedarfstermin auf den spätesten Termin setzen, markieren Sie zusätzlich das Kennzeichen MATERIAL SPÄTESTE LAGE.

> **! Bedarfsterminbestimmung für Nebenprodukte**
>
> Für Nebenprodukte (vgl. Abschnitt 3.4.1) verhält sich die Bedarfsterminbestimmung bezüglich frühester und spätester Lage genau umgekehrt, da es sich um einen Zugang handelt. Das heißt, standardmäßig liegt der Zugangstermin (d. h. Bedarfstermin) auf der spätesten Lage, durch Setzen des Kennzeichens wird er auf die früheste Lage verschoben.

Der letzte Bildbereich steuert die Reduzierung. Über die Reduzierungsart legen Sie zunächst fest, ob bei Nutzung einer Reduzierungsstrategie (vgl. Abschnitt 5.3.2) alle Vorgänge oder nur die diejenigen des kritischen Weges reduziert werden sollen. Die zweite Option ist nur dann sinnvoll, wenn Sie parallele Folgen in den Arbeitsplänen verwenden (vgl. Abschnitt 5.4). Über die Maximale Reduzierungsstufe bestimmen Sie, bis zu welcher Stufe die Reduzierungsstrategie höchstens angewendet werden soll. Zusätzlich zu den Angaben in der Reduzierungsstrategie geben Sie in den Feldern zur %Red. Vorgriffs-/Sicherheitszeit optional für jede Stufe an, um wie viel Prozent die Vorgriffszeit und die Sicherheitszeit (vgl. Abschnitt 2.3.2) reduziert werden sollen. Beachten Sie, dass sich die Reduzierung immer auf den ursprünglichen Wert bezieht und ❶ höhere Stufen bei gleicher Reduzierung daher nicht leer bleiben dürfen (siehe Abbildung 8.19).

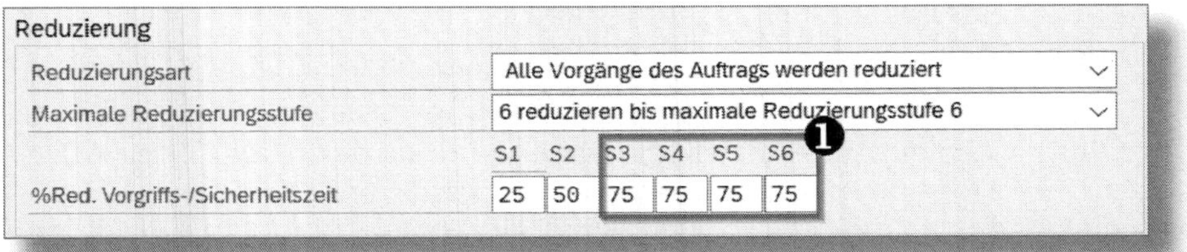

*Abbildung 8.19: Fertigungsauftrag – Beispiel Reduzierung*

**Reduzierung Vorgriffs-/Sicherheitszeit**

Die gepflegten Vorgriffs- und Sicherheitszeiten betragen jeweils vier Tage und sollen bei Terminengpässen in drei Stufen um jeweils 25 Prozent reduziert werden. Eine Reduzierung von mehr als 75 Prozent ist nicht möglich. Daher pflegen wir im Feld S1 einen Wert von *25*, im Feld S2 einen Wert von *50* und in allen vier weiteren Reduzierungsstufen (S3 bis S6) einen Wert von *75* (siehe Abbildung 8.19). Auf Reduzierungsstufe 1 ergibt sich damit eine Vorgriffs- bzw. Sicherheitszeit von drei Tagen, auf Stufe 2 von zwei Tagen und ab Stufe 3 von einem Tag.

## 8.3 Auftragsarten

Mithilfe der *Auftragsart* hinterlegen Sie unterschiedliche Steuerungsinformationen hinsichtlich Auftragsumsetzung und -durchführung. Zudem beziehen sich viele weiterführende Customizing-Einstellungen (wie z. B. Stücklistenauflösung, Verfügbarkeitsprüfung, Terminierung, Drucksteuerung) auf die Auftragsart und können entsprechend unterschiedlich ausgestaltet werden. Somit dient die Auftragsart in erster Linie der Differenzierung Ihrer Fertigungsaufträge bezüglich ihrer Verwendung. Unterschiedliche Auftragsarten sind u. a. sinnvoll zur Abgrenzung von

- verschiedenen Fertigungs- und Montagebereichen
- Forschungs- und Entwicklungsaufträgen
- Nacharbeitsaufträgen
- Demontageaufträgen (Komponentenrückgewinnung)

Die Auftragsart unterscheidet sich von den bisher vorgestellten Stammdaten dadurch, dass sie ausschließlich im Customizing angelegt wird. Sie gehört somit nicht zu den klassischen Stammdaten in Verantwortung der Fachbereiche, sondern kann nur in Zusammenarbeit von Fachbereich und (interner) SAP-Beratung gepflegt werden.

**☛ Immer eigene Auftragsarten anlegen**

Der SAP-Standard bringt bereits einige vordefinierte Auftragsarten mit. Da es jedoch unwahrscheinlich ist, dass sich Ihre Fertigungsprozesse zu 100 Prozent mit den Standardeinstellungen umsetzen lassen, ist von Beginn an die Anlage eigener Auftragsarten zu empfehlen. So müssen Sie bei späteren Anpassungen den Standard nicht abändern und haben immer die Standardauftragsarten als Referenz zur Verfügung.

Die Auftragsarten werden über die Customizing-Transaktion *OPJH* (SPRO • PRODUKTION • FERTIGUNGSSTEUERUNG • STAMMDATEN • AUFTRAG • AUFTRAGSARTEN DEFINIEREN) gepflegt. In diesem Schritt wird die Auftragsart zunächst angelegt und mit grundlegenden Einstellungen versehen (siehe Abbildung 8.20). Neben dem KURZTEXT werden hier v. a. kostenrechnungsrelevante Informationen in den Bildbereichen STEUERUNGSKENNZEICHEN und KOSTENRECHNUNGSSTEUERUNG hinterlegt, die Sie mit dem Controlling abstimmen. Der Bildbereich REORGANISATION regelt Zeitspannen für das Löschen und Archivieren von Fertigungsaufträgen. Über die STATUSVERWALTUNG ordnen Sie bei Bedarf eigene Statusschemata für die Auftragsbearbeitung zu.

Deutlich wichtiger im Sinne der Stammdatenintegration sind die *auftragsartabhängigen Parameter*. Hier nehmen Sie die eigentliche Steuerung zur Übernahme von Stückliste und Arbeitsplan vor. Die Pflege erfolgt über die Customizing-Transaktion *OPL8* (SPRO • PRODUKTION • FERTIGUNGSSTEUERUNG • STAMMDATEN • AUFTRAG • AUFTRAGSARTABHÄNGIGE PARAMETER DEFINIEREN). Die auftragsartabhängigen Parameter definieren Sie für jede gültige Kombination von WERK und AUFTRAGSART (siehe Abbildung 8.21). Sie bestehen aus den vier Sichten PLANUNG, REALISIERUNG, KOSTENRECHNUNG und DARSTELLUNGSPROFILE. In diesem Buch wird nachfolgend lediglich auf die Sicht PLANUNG eingegangen, da hier alle notwendigen Informationen für die Stammdatenintegration hinterlegt werden.

Die Sicht PLANUNG unterteilt sich in mehrere Bildbereiche, die in den Abschnitten STAMMDATEN und ALLGEMEIN (siehe Abbildung 8.22) zusammengefasst sind.

| | |
|---|---|
| Auftragstyp | 10 |
| Auftragsart | ZP01 |
| Kurztext | Fertigungsauftrag Standard |

**Steuerungskennzeichen**

| | |
|---|---|
| CO-Partnerfortschr. | teilaktiv |
| Obligoverwaltung | ☐ |

**Reorganisation**

| | |
|---|---|
| Residenzzeit 1 | 1 |
| Residenzzeit 2 | 1 |

**Kostenrechnungssteuerung**

| | | |
|---|---|---|
| Abrechnungsprofil | PP01 | Fertigungsauftrag |
| Funktionsbereich | | |
| Auftragsnetz mit Warenbewegung | | ☐ |

**Statusverwaltung**

| | |
|---|---|
| Statusschema Kopf | |
| Statusschema Vorgang | |

*Abbildung 8.20: Transaktion OPJH – Customizing der Auftragsart*

Der erste Bildbereich betrifft die FERTIGUNGSVERSION (siehe Abbildung 8.21). Hier stellen Sie ein, ob die Fertigungsversion automatisch oder manuell ausgewählt werden soll. Bei automatischer Auswahl wird die erste gültige Fertigungsversion verwendet, die bezüglich Losgröße und Datum dem Fertigungsauftrag entspricht (vgl. Kapitel 6). Bei manueller Auswahl erscheint im Falle von mehreren gültigen Fertigungsversionen bei der Eröffnung des Fertigungsauftrags ein Pop-up zur Selektion der anzuwendenden Fertigungsversion.

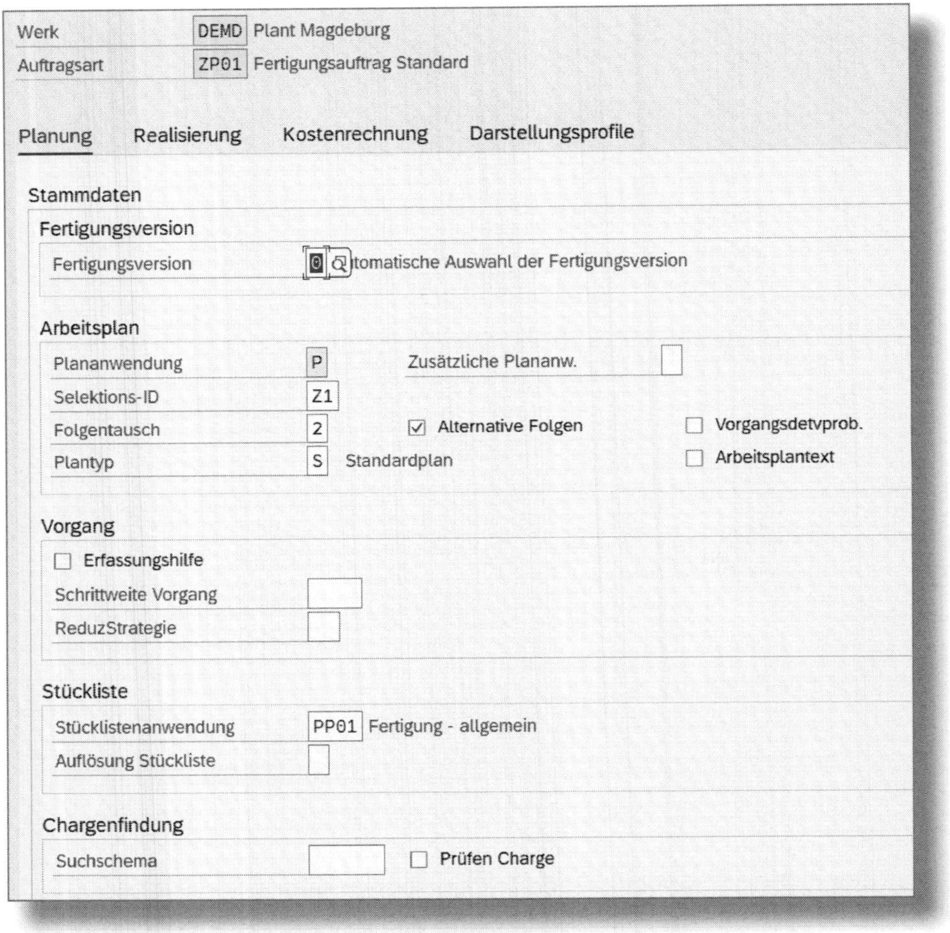

Werk DEMD Plant Magdeburg
Auftragsart ZP01 Fertigungsauftrag Standard

Planung | Realisierung | Kostenrechnung | Darstellungsprofile

Stammdaten

Fertigungsversion
Fertigungsversion 0 [Au]tomatische Auswahl der Fertigungsversion

Arbeitsplan
Plananwendung P | Zusätzliche Plananw.
Selektions-ID Z1
Folgentausch 2 | ☑ Alternative Folgen | ☐ Vorgangsdetvprob.
Plantyp S Standardplan | ☐ Arbeitsplantext

Vorgang
☐ Erfassungshilfe
Schrittweite Vorgang
ReduzStrategie

Stückliste
Stücklistenanwendung PP01 Fertigung - allgemein
Auflösung Stückliste

Chargenfindung
Suchschema | ☐ Prüfen Charge

*Abbildung 8.21: Transaktion OPL8 – Sicht »Planung«, Abschnitt »Stammdaten« der auftragsartabhängigen Parameter*

### Manuelle vs. automatische Auswahl

Organisieren Sie Ihre Fertigungsversionen so, dass die Standardversion für Ihre Fertigung immer die erste ist. Stellen Sie dann in den auftragsartabhängigen Parametern für diese Auftragsarten eine automatische Selektion ein, vermindert sich der manuelle Aufwand bei Auftragseröffnung deutlich. Um eventuell abweichende Fertigungsversionen für Nacharbeiten oder Entwicklungsaufträge korrekt zu selektieren, erstellen Sie hierfür eigene Auftragsarten mit manueller Selektion.

Im Bildbereich ARBEITSPLAN steuern Sie die Selektion des korrekten Arbeitsplans für den Fertigungsauftrag. Erfahrenen Anwendern von SAP ERP wird auffallen, dass die grundlegende Einstellung zur Arbeitsplanselektion nicht mehr existiert. Diese Einstellung ist obsolet, da SAP S/4HANA Arbeitspläne immer über die Fertigungsversion selektiert. Dennoch sind in diesem Bildbereich noch detaillierte Angaben zu treffen.

Die PLANANWENDUNG *P* ist fest vorgegeben und steuert, dass nur Arbeitspläne für die Fertigung verwendet werden dürfen (und keine Prüfpläne, Netzpläne etc.). Über das Feld ZUSÄTZLICHE PLANANW. lassen Sie, falls nötig, Arbeitspläne der Linienfertigung zu, und im Feld PLANTYP geben Sie einen weiteren Plantyp an, der bei Bedarf außerdem verwendet werden darf.

**! Einbindung von Standardarbeitsplänen**

In der Produktion werden i. d. R. Normalarbeitspläne verwendet. Ein Standardarbeitsplan ist jedoch sinnvoll, wenn Sie Fertigungsaufträge ohne Kopfmaterial nutzen (z. B. für Nacharbeiten oder Demontagen). Um einen Standardarbeitsplan verwenden zu können, müssen Sie im Feld PLANTYP explizit die Nutzung von Standardarbeitsplänen *(S)* erlauben (siehe Abbildung 8.21). Anderenfalls bricht die Auftragsanlage ab, da keine Fertigungsversion selektierbar ist.

Über die Angabe einer SELEKTIONS-ID schränken Sie wählbare Arbeitspläne nach Plantyp, Planverwendung und Status ein. Dies kann sinnvoll sein, wenn Sie sehr viele Fertigungsversionen mit unterschiedlichen Arbeitsplanalternativen nutzen. Ein Beispiel für eine Selektions-ID finden Sie in Abschnitt 5.1.3.

Sofern Sie mit Folgen arbeiten (vgl. Abschnitt 5.4), steuern Sie über das Feld FOLGENTAUSCH, ob die Auswahl der Folge bei Auftragseröffnung automatisch oder manuell erfolgt. Das Kennzeichen ALTERNATIVE FOLGEN aktiviert deren Nutzung grundsätzlich für die Auftragsart.

Die Aktivierung des Kennzeichens VORGANGSDETVPROB. erzwingt die Überprüfung aller Detailbilder der eingebundenen Vorgänge. Markieren Sie das Kennzeichen allerdings nur bei Auftragsarten, die viele Änderungen an den übernommenen Arbeitsplandaten erwarten lassen (z. B. Forschungs- und Entwicklungsaufträge).

Mit Aktivierung des Kennzeichens ARBEITSPLANTEXT übernehmen Sie den Langtext des Arbeitsplankopfes in den Langtext des Fertigungsauftragskopfes.

Im Bildbereich VORGANG bewirkt die ERFASSUNGSHILFE, dass beim Anlegen neuer Vorgänge im Auftrag immer automatisch in die Vorgangsdetailbilder gesprungen wird, um relevante Eingaben zu tätigen oder zu prüfen. Die Abstände der Vorgangsnummern (siehe Feld VG. in Abbildung 8.7) bestimmen Sie über das Feld SCHRITTWEITE VORGANG, sofern Sie vom Standard der 0010er-Schritte abweichen wollen (siehe Abbildung 8.21). Im Feld REDUZSTRATEGIE geben Sie der Auftragsart eine generelle Reduzierungsstrategie mit.

**! Vorgangseinstellungen für neu hinzugefügte Vorgänge**

Die Einstellungen im Bildbereich VORGANG gelten zunächst nur für Vorgänge, die im Auftrag neu eingefügt werden. Aus dem Arbeitsplan übernommene Vorgänge sind nicht betroffen. Einzig die Reduzierungsstrategie wird auch auf bestehende Vorgänge angewendet, sofern im Arbeitsplan nicht bereits eine abweichende Reduzierungsstrategie festgelegt wurde.

Der Bildbereich STÜCKLISTE dient der Festlegung der Stücklistenauflösung für die Auftragsart. Die Angabe einer STÜCKLISTENANWENDUNG ist obligatorisch. In der Regel ist hier der Standardeintrag *PP01* zu wählen, sofern Sie keine eigene Anwendung definiert haben (vgl. Abschnitt 3.2.1). Mit dem Feld Auflösung Stückliste steuern Sie, ob beim Umsetzen eines Planauftrags die Stückliste nachgelesen werden soll, und wenn ja, zu welchem Datum.

Der letzte Bildbereich im Abschnitt Stammdaten betrifft die Chargenfindung und wird hauptsächlich in der Serienfertigung angewandt. Das Suchschema bezieht sich auf die Chargenfindung der Komponenten und legt fest, nach welcher Strategie die Chargen ausgewählt werden. Mit dem Kennzeichen Prüfen Charge bestimmen Sie, ob auch manuell eingegebene Chargen mit dem Suchschema auf Gültigkeit geprüft werden sollen.

Im ersten Bildbereich Zuordnung des Abschnitts Allgemein (siehe Abbildung 8.22) geben Sie zunächst optional eine generelle organisatorische Zuordnung an. Sie wird übernommen, wenn im Materialstamm kein Disponent (Ersatzdisponent) oder Fertigungssteuerer (ErsatzfertigSteuerer) gepflegt ist.

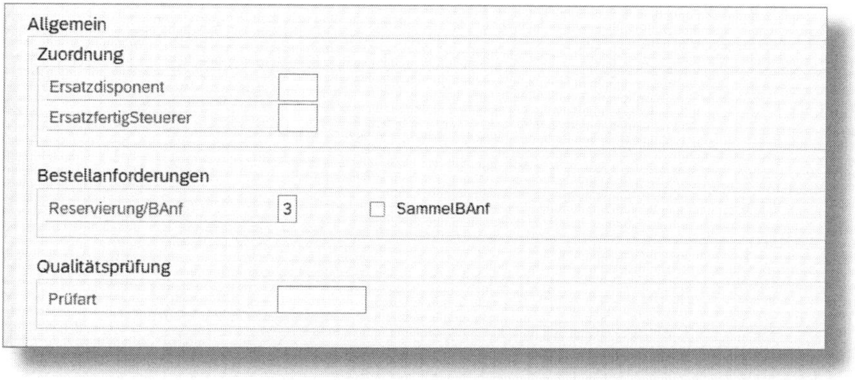

*Abbildung 8.22: Transaktion OPL8 – Sicht »Planung«, Abschnitt »Allgemein« der auftragsartabhängigen Parameter*

Über das Feld Reservierung/BAnf im Bildbereich Bestellanforderungen steuern Sie, wann die Bestellanforderung oder die Reservierung für die Komponenten angelegt wird (*1*: nie, *2*: ab Freigabe, *3*: sofort). Mit dem Kennzeichen SammelBAnf legen Sie fest, ob es eine Bestellanforderung je Vorgang (nicht markiert) oder eine je Auftrag (markiert) geben soll.

**! Reservierung/BAnf auch für Lagerpositionen**

Beachten Sie, dass die Einstellung im Feld RESERVIERUNG/BANF nicht nur für Bestellanforderungen und Nichtlagermaterialien, sondern auch für »ganz normale« Lagerpositionen gilt. Wenn Sie hier z. B. den Wert *2* (ab Freigabe) eintragen, erzeugt ein eröffneter Fertigungsauftrag keine Komponentenreservierungen.

Der letzte Eintrag betrifft die QUALITÄTSPRÜFUNG. Im Feld PRÜFART geben Sie bei Bedarf eine Prüfart an. Diese steuert die Prüflosherkunft für die Prüflosbearbeitung, sofern Sie vom Standard abweichen.

## 8.4 Fertigungssteuerungsprofil

Mit dem *Fertigungssteuerungsprofil* legen Sie verschiedene betriebswirtschaftliche Vorgänge und automatische Aktionen fest. Diese gelten dann für die Fertigungsaufträge, denen das entsprechende Profil zugeordnet ist. Die Zuordnung erfolgt wahlweise direkt über den Materialstamm oder indirekt über den Fertigungssteuerer (vgl. Abschnitt 2.6.1). Im Folgenden stelle ich die einzelnen Einstellungen vor.

Genau wie die Auftragsarten wird das Fertigungssteuerungsprofil im Customizing angelegt. Sie nutzen hierfür die Customizing-Transaktion *OPKP* (SPRO • PRODUKTION • FERTIGUNGSSTEUERUNG • STAMMDATEN • FERTIGUNGSSTEUERUNGSPROFIL DEFINIEREN). Die Pflege erfolgt werksbezogen (siehe Abbildung 8.23).

| Werk | Bezeichnung | Fertigungssteuerungspr... | Text |
|---|---|---|---|
| DEMD | Plant Magdeburg | Z10 | Auto. Freigabe, Terminierung, Druck |
| DEMD | Plant Magdeburg | Z10MAN | Man. Freigabe |

*Abbildung 8.23: Transaktion OPKP – Definition des Fertigungssteuerungsprofils*

Der Inhalt des Fertigungssteuerungsprofils gliedert sich in mehrere Bildbereiche (siehe Abbildung 8.24 und Abbildung 8.25). Zunächst wählen Sie im Bildbereich Automatische Aktionen (siehe Abbildung 8.24) aus, welche betriebswirtschaftlichen Vorgänge automatisch durchgeführt werden sollen.

Bei Eröffnung des Auftrags sind folgende Automatisierungen möglich:

- Freigabe durchführen: Der Auftrag wird bei Anlage sofort freigegeben. Der Status »Eröffnet« wird damit übersprungen.
- Dokumenten-Verknüpfungen Material: Vorhandene Dokumente am Materialstamm des Kopfmaterials werden in den Auftrag übernommen.
- Dokumenten-Verknüpfungen Stückliste: Dokumentenpositionen aus der Stückliste werden in den Auftrag übernommen.

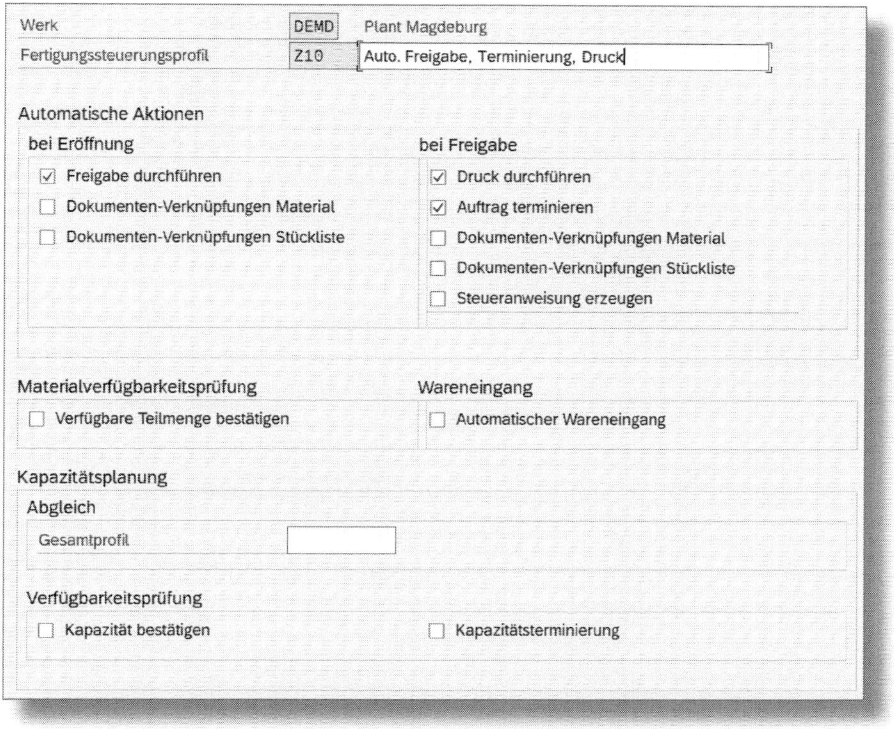

*Abbildung 8.24: Transaktion OPKP – Fertigungssteuerungsprofil, Details, Teil 1*

BEI FREIGABE des Auftrags sind weitere Automatisierungen einstellbar:

- DRUCK DURCHFÜHREN: Der Druck der Auftragspapiere wird automatisch angestoßen.
- AUFTRAG TERMINIEREN: Die Terminierung des Auftrags wird sofort bei Freigabe durchgeführt.
- DOKUMENTEN-VERKNÜPFUNGEN MATERIAL: s. o.
- DOKUMENTEN-VERKNÜPFUNGEN STÜCKLISTE: s. o.
- STEUERANWEISUNG ERZEUGEN: Steueranweisungen für die Prozessintegration werden erzeugt und versendet (an Fertigungsleitstände, Maschinen etc.).

**Kette automatischer Aktionen**

Unsere Montagebereiche sind so weit standardisiert, dass die von der Produktionsplanung umgesetzten Planaufträge i. d. R. kaum Nachbearbeitungen der Fertigungssteuerung benötigen. Hier kann eine sofortige Freigabe und Terminierung erfolgen. Auch die Drucksteuerung ist so eingerichtet, dass die Auftragspapiere direkt am Arbeitsplatz gedruckt werden und daher sofort ausgegeben werden können. Wir setzen somit zunächst in der Sektion BEI ERÖFFNUNG das Kennzeichen FREIGABE DURCHFÜHREN. Durch diese Aktion werden die aktivierten automatischen Aktionen im Bereich BEI FREIGABE (DRUCK DURCHFÜHREN, AUFTRAG TERMINIEREN) ebenfalls unmittelbar nach Auftragsanlage ausgeführt.

**Terminierung automatisieren**

Da die Terminierung für Fertigungsaufträge im Prinzip immer ausgeführt werden muss, sollten Sie diese automatisieren. Hierzu nutzen Sie entweder das Kennzeichen AUFTRAG TERMINIEREN im Fertigungssteuerungsprofil oder das Kennzeichen TERMINIERUNG AUTOMATISCH in den Terminierungsparametern zur Auftragsart (siehe Abbildung 8.16).

Im Bildbereich MATERIALVERFÜGBARKEITSPRÜFUNG aktivieren Sie auf Wunsch eine spezielle Funktion der Verfügbarkeitsprüfung (siehe Abbildung 8.24). Normalerweise bestätigt die Verfügbarkeitsprüfung alle Komponenten in der maximal möglichen Menge. Mit dem Kennzeichen VERFÜGBARE TEILMENGE BESTÄTIGEN orientieren sich die bestätigten Mengen an der Komponente mit der niedrigsten verfügbaren Menge. Alle Komponenten werden im gleichen Mengenverhältnis nur teilweise bestätigt, auch wenn mehr verfügbarer Bestand für einzelne Komponenten vorliegt. In Tabelle 8.1 ist eine Beispielrechnung für einen Auftrag über 50 Stück Weckergehäuse (GEH0001) mit und ohne die Bestätigung von Teilmengen aufgeführt.

| Komponente | Benötigte Menge | Verfügbarer Bestand | Bestätigte Menge ohne Teilmengen | Bestätigte Menge mit Teilmengen |
|---|---|---|---|---|
| WECK0001 | 50 | 50 | 50 | 20 |
| UHRGEH0001 | 50 | 20 | 20 | 20 |

*Tabelle 8.1: Bestätigung verfügbarer Teilmengen – Beispielrechnung*

Mit Aktivierung des Kennzeichens AUTOMATISCHER WARENEINGANG im Bildbereich WARENEINGANG sorgen Sie dafür, dass bei Rückmeldung des letzten rückmeldefähigen Vorgangs eines Fertigungsauftrags gleichzeitig der Wareneingang entsprechend der rückgemeldeten Menge gebucht wird.

**! Automatischer Wareneingang**

Beachten Sie, dass auch ohne das Kennzeichen AUTOMATISCHER WARENEINGANG im Fertigungssteuerungsprofil der Wareneingang automatisch gebucht werden kann, wenn im Steuerschlüssel des Vorgangs das entsprechende Kennzeichen gesetzt ist (vgl. Abschnitt 5.3.1).

Der folgende Bildbereich steuert die KAPAZITÄTSPLANUNG. Zunächst können Sie ein für die zugeordneten Aufträge generell gültiges GESAMTPROFIL definieren, das eine Vielzahl von Einstellungen und Steuerungsparametern für den Kapazitätsabgleich zusammenfasst. Die nächsten beiden Kennzeichen sind nur relevant für die VERFÜGBARKEITSPRÜFUNG der Kapazität im Hintergrund (z. B. bei der Sammelumsetzung von Planaufträgen). Mit aktivem Kennzeichen Kapazität bestätigen gehen nur die Kapazitäten der durchführbaren Vorgänge in die Arbeitsplatzbelastung ein. Im Rahmen einer Kapazitätsterminierung sucht das System bei nicht ausreichender Kapazität nach Alternativterminen ohne Kapazitätsengpässe.

Steuerungsoptionen für die Rückmeldung finden sich im nächsten Bildbereich (siehe Abbildung 8.25). Normalerweise schreibt das System eine im Vergleich zur geplanten Vorgangsmenge erhöhte oder verringerte Menge bei einer Endrückmeldung im Auftragskopf fort (siehe ❶ in Abbildung 8.26). Über die Kennzeichen Keine Fortschreibung Mehrzugang und Keine Fortschreibung Minderzugang schalten Sie diese Weitergabe wahlweise in eine oder beide Richtungen aus (siehe Abbildung 8.25).

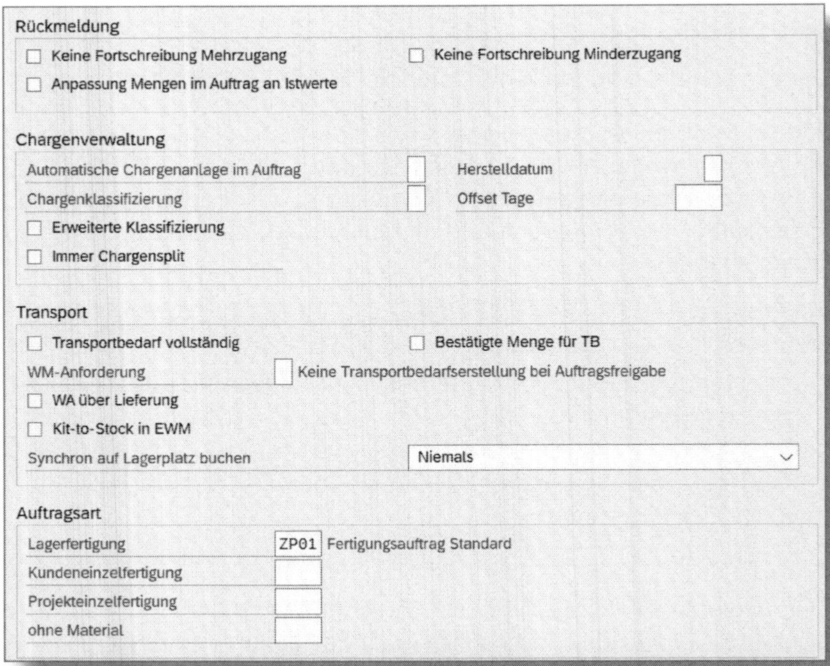

*Abbildung 8.25: Transaktion OPKP – Fertigungssteuerungsprofil, Details, Teil 2*

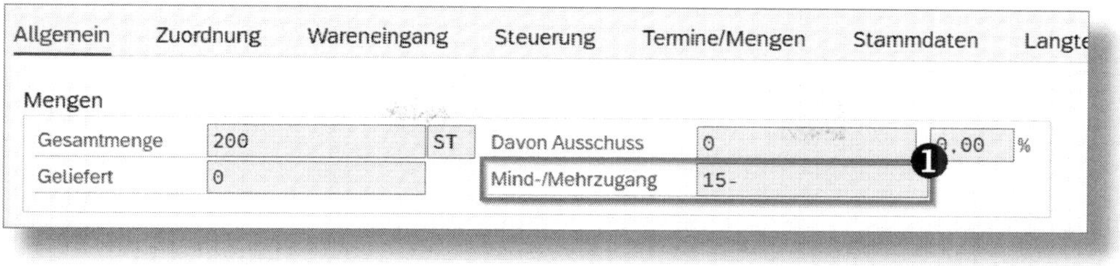

*Abbildung 8.26: Fertigungsauftrag – Fortschreibung des Minder-/ Mehrzugangs*

Mit dem Kennzeichen ANPASSUNG MENGEN IM AUFTRAG AN ISTWERTE aktivieren Sie die Anpassung von Vorgangsmengen und Komponentenmengen nachfolgender Vorgänge, sobald eine (Teil-)Rückmeldung mit erhöhter Menge oder eine Endrückmeldung mit verringerter Menge abgegeben wird. Ohne aktives Kennzeichen bleiben die Planmengen auch bei Mehr- und Minderzugängen unverändert.

Der Bildbereich CHARGENVERWALTUNG ist nur dann relevant, wenn die mit dem jeweiligen Fertigungssteuerungsprofil hergestellten Materialien chargengeführt sind (vgl. Abschnitt 2.6.1). Mit dem Kennzeichen AUTOMATISCHE CHARGENANLAGE IM AUFTRAG automatisieren Sie die Erzeugung von Chargen wahlweise bei Auftragseröffnung oder Auftragsfreigabe. Da die Chargenverwaltung ein eigenes komplexes Thema ist, sei für alle weiteren Funktionen auf entsprechende Fachliteratur verwiesen, z. B. »Schnelleinstieg in die Chargenverwaltung für SAP S/4HANA« (Neiss, Espresso Tutorials, 2023: *https://es-tu.de/aCwc*).

Die Einstellungen des Bildbereichs TRANSPORT greifen integrativ in die Themen »Produktionsversorgung« und »Warehouse Management« ein, die ebenfalls innerhalb dieses Buches nicht ausgeführt werden sollen. Zur weiterführenden Lektüre empfehle ich z. B. »Warehouse Management mit SAP S/4HANA« (Bauer et al., SAP Press, 2023). Erwähnenswert aus Sicht der Produktion sind die ersten beiden Kennzeichen des Bildbereichs: Mittels TRANSPORTBEDARF VOLLSTÄNDIG werden nur dann Transportbedarfe für die Komponenten erstellt, wenn alle Komponenten im jeweiligen Vorgang geliefert werden können. Über das Kennzeichen BESTÄTIGTE MENGE FÜR TB legen Sie fest, dass nur die bestätigte Menge der Komponente bereitgestellt wird und nicht die gesamte

Bedarfsmenge, was v. a. in Kombination mit der oben beschriebenen Bestätigung von Teilmengen sinnvoll ist.

Im letzten Bildbereich AUFTRAGSART geben Sie Vorschlagswerte für die Auftragsarten im jeweiligen Kontext an (LAGERFERTIGUNG, KUNDENEINZELFERTIGUNG, PROJEKTEINZELFERTIGUNG, OHNE MATERIAL). Damit ist bei Auftragsanlage keine Angabe der Auftragsart notwendig, wenn dem Material ein entsprechend gepflegtes Fertigungssteuerungsprofil zugeordnet ist. Beachten Sie, dass es sich hierbei nur um Vorschlagswerte handelt, die jederzeit manuell übersteuert werden können.

# 9 Schlussbetrachtung

Im Verlauf dieses Buches haben Sie einen umfassenden Überblick über die relevanten Stammdaten in der diskreten Fertigung erhalten. Die Komplexität des Themas und die Wechselwirkungen zwischen verschiedenen Einstellungen wurden anhand von Beispielen dargestellt und notwendige Customizing-Einstellungen beleuchtet.

Es ist deutlich geworden, welch entscheidenden Einfluss korrekt eingestellte Stammdaten auf die wertschöpfenden Prozesse haben. Hierbei geht es nicht nur darum, die Fertigung möglichst realitätsnah abzubilden, sondern die Systemeinstellungen so weit zu optimieren, dass manuelle Eingriffe und Korrekturen minimiert werden.

Nach der Lektüre dieses Buches sollten Sie genügend Argumente haben, die Pflege der Stammdaten eben nicht nur als ein »lästiges Übel« zu begreifen, das Ressourcen bindet und nicht zur Wertschöpfung beiträgt. Im Gegenteil, sowohl die Effektivität als auch die Effizienz der Fertigungsprozesse im SAP-System haben ihren Ursprung in bestmöglich gepflegten Stammdaten. Falsche, inkonsistente oder suboptimale Stammdaten können schlimmstenfalls die Ausführung Ihrer wertschöpfenden Prozesse erheblich behindern.

Dennoch sollte auch bei der Stammdatenpflege und dem verbundenen Customizing vor der Umsetzung einer neuen Anforderung immer die Frage nach dem Verhältnis von Aufwand und Nutzen gestellt werden. Viele spezielle Prozesse können Sie mit den richtigen Einstellungen im System abbilden. Wird dieser Prozess jedoch nur ein- oder zweimal im Jahr ausgeführt, kann der Pflegeaufwand den Nutzen der korrekten Abbildung übersteigen. Dieses Buch soll Ihnen dabei helfen, die richtigen Fragen zu stellen und zu beantworten: Was möchte mein Business erreichen? Was will das Controlling wissen? Was kann ich dafür einrichten? Welchen Effekt hat die Einstellung? Welche Wechselwirkungen treten auf? Wer muss die benötigten Daten wo pflegen? Auf welche Details können wir verzichten?

# A Der Autor

Dr. Roy Wendler ist seit mehreren Jahren als SAP Inhouse Consultant, Prozessberater und Projektmanager in verschiedenen fertigenden Unternehmen tätig. Sein fachlicher Fokus liegt auf dem Bereich der Produktionsplanung und -steuerung (PP) sowie zusätzlich auf den »benachbarten« Modulen PM, QM und MM.

Er studierte Wirtschaftsinformatik an der Technischen Universität Dresden und wurde im Themenbereich »Agile Organisationen in der Software- und IT-Industrie« promoviert.

In seiner beruflichen Praxis betrachtet er Anforderungen verschiedener Unternehmensbereiche aus einer Prozessperspektive und setzt diesen Ansatz unter Berücksichtigung verarbeiteter und entstehender Daten im SAP-System um. Vor diesem Erfahrungshorizont entstand das vorliegende Buch mit dem Anspruch, durch einen vertiefenden Blick auf die Stammdaten mit weiterführenden Hinweisen und Querbezügen über den Informationsgehalt existierender Publikationen hinauszugehen und so dem Leser die Bedeutung der Stammdaten für die erfolgreiche Prozessgestaltung näherzubringen.

# B Index

## A



## B

## C



## D



## E



## F



## H



## K

# C Disclaimer

Die in diesem Werk wiedergegebenen Gebrauchsnamen, Handelsnamen, Warenbezeichnungen usw. können auch ohne besondere Kennzeichnung Marken sein und als solche den gesetzlichen Bestimmungen unterliegen. Sämtliche in diesem Werk abgedruckten Bildschirmabzüge unterliegen dem Urheberrecht der SAP SE, Dietmar-Hopp-Allee 16, 69190 Walldorf.

In dieser Publikation wird auf Produkte der SAP SE Bezug genommen. SAP®, ABAP®, ExpenseIt®, Joule, OpenSAP®, SAP ActiveAttention®, SAP® Adaptive Server® Enterprise, SAP® Advantage Database Server®, SAP® AppGyver®, SAP Ariba®, SAP Business ByDesign®, SAP® Business Explorer®, SAP® Bex, SAP® BusinessObjects, SAP® BusinessObjects Explorer®, SAP® BusinessObjects Web Intelligence®, SAP Business One®, SAP Business Workflow®, SAP BW/4HANA®, SAP Concur®, SAP® Crystal Reports®, SAP EarlyWatch®, SAP® Emarsys®, SAP Fieldglass®, SAP Fiori®, SAP Garden®, SAP® Global Trade Services (SAP® GTS®), SAP HANA®, SAP® Jam, SAP Lumira®, SAP MaxAttention®, SAP® MaxDB®, SAP NetWeaver®, SAP® PartnerEdge®, SAP® Sapphire®, SAP® PowerBuilder®, SAP® PowerDesigner®, SAP® R/3®, SAP® Replication Server®, SAP® Roambi®, SAP S/4HANA®, SAP S/4HANA® Cloud, SAP Signavio®, SAP® SQL Anywhere®, SAP Strategic Enterprise Management® (SAP® SEM®), SAP SuccessFactors®, SAP Vora®, Taulia®, The Best Run SAP®, TripIt® und weitere im Text erwähnte SAP-Produkte und -Dienstleistungen sowie die entsprechenden Logos sind Marken oder eingetragene Marken der SAP SE in Deutschland und anderen Ländern. Die Angaben im Text sind unverbindlich und dienen lediglich zu Informationszwecken. Produkte können länderspezifische Unterschiede aufweisen.

Der SAP-Konzern übernimmt keinerlei Haftung oder Garantie für Fehler oder Unvollständigkeiten in dieser Publikation. Der SAP-Konzern steht lediglich für SAP-Produkte und -Dienstleistungen nach der Maßgabe ein, die in der Vereinbarung über die jeweiligen Produkte und Dienstleistungen ausdrücklich geregelt ist. Aus den in dieser Publikation enthaltenen Informationen ergibt sich keine weiterführende Haftung.

# Weitere Bücher von Espresso Tutorials

Björn Weber, Nikolaus Fankhauser:

**Schnelleinstieg in die Produktionsprozesse (PP) in SAP® ERP und S/4HANA®** – 3., erweiterte Auflage

- Einstieg in die diskrete Fertigung mit SAP S/4HANA
- Stammdaten, Mengenbedarfsplanung und Fertigungsaufträge im Kontext
- Begrenzte Kapazitäten effektiv planen
- Make-to-Stock-Produktionsbeispiel mit vielen Fiori-Screenshots

*http://5387.espresso-tutorials.de*

Paul-Werner Neiss:

**Schnelleinstieg in SAP S/4HANA® EAM (Anlagenmanagement)**

- Darstellung von Stammdaten und Prozessen der Instandhaltung in Fiori-Apps
- Minimierung des Ausfallrisikos mittels geplanter Instandhaltung
- Schadenbeseitigung durch ausfallbedingte Instandhaltung
- Arbeiten mit Meldungen und Instandhaltungsaufträgen

*http://5423.espresso-tutorials.de*